注册建造师继续教育必修课教材

港口与航道工程

注册建造师继续教育必修课教材编写委员会 编写

中国建筑工业出版社

图书在版编目（CIP）数据

港口与航道工程/注册建造师继续教育必修课教材编写委员会
编写. —北京：中国建筑工业出版社，2012.1
（注册建造师继续教育必修课教材）
ISBN 978-7-112-13859-3

Ⅰ. ①港… Ⅱ. ①注… Ⅲ. ①建筑师-继续教育-教材②港口
工程-继续教育-教材③航道工程-继续教育-教材 Ⅳ. ①TU②U6

中国版本图书馆 CIP 数据核字(2011)第 254570 号

　　本书为《注册建造师继续教育必修课教材》中的一本，是港口与航道工程专业一级注册建造师参加继续教育学习的参考教材。全书共分 4 章内容，包括：港口与航道工程在国内外的发展现状与趋势；港口与航道工程典型案例；港口与航道工程质量与安全事故案例分析；港口与航道工程建设法规和标准规范。本书可供港口与航道工程专业一级注册建造师作为继续教育学习教材，也可供港口与航道工程技术人员和管理人员参考使用。

* 　 * 　 *

责任编辑：刘　江　岳建光
责任设计：陈　旭
责任校对：党　蕾　陈晶晶

注册建造师继续教育必修课教材
港口与航道工程
注册建造师继续教育必修课教材编写委员会　编写

*

中国建筑工业出版社出版、发行(北京西郊百万庄)
各地新华书店、建筑书店经销
北京天成排版公司制版
北京市密东印刷有限公司印刷

*

开本：787×1092 毫米　1/16　印张：15¼　字数：380 千字
2012 年 1 月第一版　　2013 年 1 月第二次印刷
定价：**37.00** 元
ISBN 978-7-112-13859-3
(21907)

如有印装质量问题，可寄本社退换
(邮政编码　100037)

注册建造师继续教育必修课教材

审定委员会

编写委员会

序

为进一步提高注册建造师职业素质，提高建设工程项目管理水平，保证工程质量安全，促进建设行业发展，根据《注册建造师管理规定》（建设部令第 153 号），住房和城乡建设部制定了《注册建造师继续教育管理暂行办法》（建市［2010］192 号），按规定参加继续教育，是注册建造师应履行的义务，也是申请延续注册的必要条件。注册建造师应通过继续教育，掌握工程建设有关法律法规、标准规范，增强职业道德和诚信守法意识，熟悉工程建设项目管理新方法、新技术，总结工作中的经验教训，不断提高综合素质和执业能力。

按照《注册建造师继续教育管理暂行办法》的规定，本编委会组织全国具有较高理论水平和丰富实践经验的专家、学者，制定了《一级注册建造师继续教育必修课教学大纲》，并坚持"以提高综合素质和执业能力为基础，以工程实例内容为主导"的编写原则，编写了《注册建造师继续教育必修课教材》（以下简称《教材》），共 11 册，分别为《综合科目》、《建筑工程》、《公路工程》、《铁路工程》、《民航机场工程》、《港口与航道工程》、《水利水电工程》、《矿业工程》、《机电工程》、《市政公用工程》、《通信与广电工程》，本套教材作为全国一级注册建造师继续教育学习用书，以注册建造师的工作需求为出发点和立足点，结合工程实际情况，收录了大量工程实例。其中《综合科目》、《建筑工程》、《公路工程》、《水利水电工程》、《矿业工程》、《机电工程》、《市政公用工程》也同时适用于二级建造师继续教育，在培训中各省级住房和城乡建设主管部门可根据地方实际情况适当调整部分内容。

《教材》编撰者为大专院校、行政管理、行业协会和施工企业等方面管理专家和学者。在此，谨向他们表示衷心感谢。

在《教材》编写过程中，虽经反复推敲核证，仍难免有不妥甚至疏漏之处，恳请广大读者提出宝贵意见。

注册建造师继续教育必修课教材编写委员会

2011 年 12 月

《港口与航道工程》

编 写 小 组

顾　　问：李悟洲

组　　长：李积平

副 组 长：王建斌　周传琦

编写人员：

王海滨　李进军　田桂平　吴忠仁

徐　进　韩建强　潘永和　沈达怡

倪文源　白　明　顾云刚　徐建军

张荣贞

前　言

　　建设部发布的《注册建造师管理规定》（建设部令第 153 号 2006 年 12 月 28 日发布）第二十三条规定，"注册建造师在每一个注册有效期内应当达到国务院建设主管部门规定的继续教育要求"。据此，住房和城乡建设部制定了《注册建造师继续教育管理暂行办法》（建市〔2010〕192 号文），办法规定："注册一个专业的建造师在每一注册有效期内应参加继续教育不少于 120 学时，其中必修课 60 学时，选修课 60 学时。注册两个及以上专业的，每增加一个专业还应参加所增加专业 60 学时的继续教育，其中必修课 30 学时，选修课 30 学时"。办法还规定"国务院住房和城乡建设主管部门会同国务院有关部门组织制定续教育教学大纲，并组织必修课教材的编写。各专业牵头部门负责本专业一级建造师选修课教材的编写"。"必修课包括以下内容：（一）工程建设相关的法律法规和有关政策；（二）注册建造师职业道德和诚信制度；（三）建设工程项目管理的新理论、新方法、新技术和新工艺；（四）建设工程项目管理案例分析"。"选修课内容为：各专业牵头部门认为一级建造师需要补充的与建设工程项目管理有关的知识"。暂行办法还对继续教育的组织管理、教学体系、培训单位的职责、继续教育的方式以及监督管理和法律责任等做出了明确的规定。这些规定和要求的执行，必将使注册建造师继续教育工作规范化，不断提高注册建造师的综合素质和执业能力。

　　受交通运输部水运局委托，我们组织专业人员编写了本书作为港口与航道工程专业一级注册建造师继续教育必修课中的专业课教材。全书共分四章 43 个条目。四章的内容包括：港口与航道工程在国内外的发展现状与趋势；港口与航道工程典型案例；港口与航道工程质量与安全事故案例分析；港口与航道工程建设法规和标准规范。43 个条目中大多以案例的形式表达，尤其是第 2 章工程典型案例多达 14 个，在教学中可以选择对实践有针对性的部分案例。

　　由于水平所限，书中难免会有疏漏或错误，敬请读者批评指正。

目　　录

1 港口与航道工程在国内外的发展现状与趋势

1.1 综述

新中国成立 60 年来，我国水路运输与社会经济同步发展，取得了令世人瞩目的成就，有力地保障了国民经济和对外贸易的快速发展。水运基础设施建设经历了新中国成立初期的恢复时期、20 世纪 70 年代三年大建港、改革开放初期建设和近二十年的跨越式发展，交通运输面貌发生了历史性变化。改革开放以来，水运基础设施建设得到迅猛发展。由 1978 年全国港口生产性泊位仅 735 个，沿海万吨级及以上泊位 133 个，港口货物吞吐量仅为 2.8 亿吨，1979 年集装箱吞吐量仅为 2521 标准箱，发展到 2010 年底我国规模以上港口年货物吞吐量达到 80.2 亿吨，集装箱吞吐量达到 1.45 亿标准箱，拥有 22 个亿吨大港。沿海港口万吨级以上深水泊位达 1774 个。港口货物和集装箱吞吐量连续 8 年位居世界第一，在世界排位前 20 名的亿吨大港和集装箱大港中，中国大陆分别占了 12 个和 9 个。内河通航里程已达 12.4 万公里，其中三级及以上航道里程 9085km，初步形成了国家高等级航道网络。长江干线、京杭运河成为世界上运量最大、最繁忙的通航河流和人工运河。布局合理、工艺先进和配套齐全的水运基础设施，有力地支撑了水路运输的快速发展，保障了我国能源、原材料等大宗货物运输。随着深水筑港、岛屿筑港、复杂河口深水航道治理、山区河流航道治理、航运枢纽建设和港口装备制造等一大批专项、成套技术以及创新成果的成功实施，我国水运建设技术已达到国际先进或领先水平。同时，我国水运建设行业承担国际工程设计、施工和管理的能力迅速提高，也已达到国际先进水平。

"十二五"期间，交通运输部将贯彻落实党的十七届五中全会精神，以科学发展观为主题，以加快转变交通运输发展方式为主线，以结构调整为主攻方向，按照适度超前的原则，统筹各种运输方式发展，加快安全畅通便捷绿色的交通运输体系建设。就水运建设行业而言，今后一段时间要突出做好以下几方面的工作。一是继续加大水运基础设施投资建设力度，完善机制体制，提高投资质量和效益，保持适度的建设规模和适当的发展速度。二是有续推进沿海港口建设，完善煤油矿箱等主要货种港口布局，推进以临港工业为依托的沿海港口新港区开发建设，促进港口资源的合理开发和高效利用，加快货运站场向物流园区转型步伐。三是加快推进长江等内河高等级航道建设，实施长江南京以下 12.5m 深水航道建设工程、中游荆江河段治理工程、西江航运干线和京杭运河扩能工程等重点项目，加快内河航运干线系统治理步伐。四是深入实施科技强交战略，推进科技创新能力建设，搭建平台、完善机制，开展黄金水道通过能力提升、港口物流枢纽建设和运营等重大关键技术研发和成果应用；进一步做好标准规范的制修订工作，加快节能减排和内河航道建设等重大标准的制定和主要标准规范的外文翻译工作，切实提高自主创新能力和国际竞争力。

图 1.1-1 为沿海港口分布图。

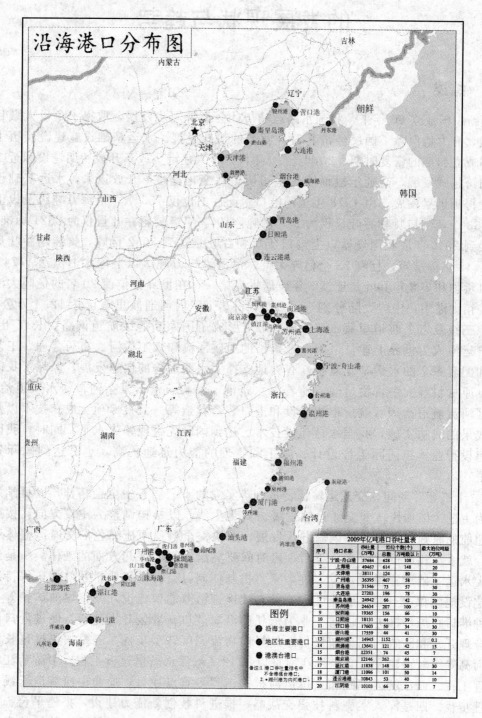

图 1.1-1　沿海港口分布图

图 1.1-2 为内河水系航道图。

图 1.1-2 内河水系航道图

1.2 集装箱码头

1.2.1 集装箱海运量及集装箱船大型化

据日本造船协会的预测，集装箱海运货物量以 2003 年(7.99 亿 t)为基数，到 2010 年增加至 15.14 亿 t，到 2015 年、2020 年将分别达 19.56 亿 t、24.12 亿 t，年均增长 6.7%。

随着集装箱货物的不断增加，集装箱船数量急增，并继续朝大型化发展。截止 2006 年底集装箱船的统计，巴拿马型(3300～4340TEU)在役的约有 536 艘，新订造的约 312 艘；超巴拿马型(4180TEU 以上)在役的约有 486 艘，新造的约 394 艘。2005 年底 9000TEU 级集装箱船只有 4 艘运营，但 2006 年 8 月马士基 1 万 TEU 级船投产后，掀起超大型集装箱船订造热潮，据不完全统计全世界订单 9000TEU 级以上船约有 162 艘，其中超 1 万 TEU 级的约 114 艘，而 1.3 万 TEU 级的约有 52 艘。

集装箱船大型化历程见表 1.2-1。

集装箱船大型化历程 表 1.2-1

年代(时间)	吨级 (万 DWT)	船长 (m)	型宽 (m)	吃水 (m)	载箱量 (TEU)
20 世纪 60 年代(第一代)	1.5	180	27	9	750
20 世纪 70 年代(第二代)	3.0	220	31	11	1500

续表

年代(时间)	吨级 (万 DWT)	船长 (m)	型宽 (m)	吃水 (m)	载箱量 (TEU)
20 世纪 80 年代上半期(第三代)	5.0	250~270	32	12	3000
20 世纪 80 年代下半期~1995 年(第四代)	6.0	290	39	12	4500
1996 年(第五代)	7.0	318	42.9	14	6000
1997 年~2000 年(第六代)	10.0	347	43.0	14.5	8000~8770
2006 年	15.7	397.7	56.4	15.5~16	11000

1.2.2 集装箱码头的发展现状与趋势

1）集装箱码头装卸工艺的发展现状与趋势

专业化集装箱码头通常的装卸工艺有：装卸船作业采用集装箱装卸桥(岸边集装箱起重机)；岸边至堆场运输和堆场作业采用跨运车工艺，岸边至堆场运输采用集装箱卡车(底盘车)、堆场作业采用龙门吊或者正面吊和堆垛机配合工艺等。欧洲、北美等港口采用跨运车工艺较多。

① 集装箱装卸桥的发展与趋势

随着集装箱船的大型化而装卸桥也大型化，外伸臂加大、重量增大，出现双小车、双40′、三 40′的集装箱装卸桥，而且其配置数量也增多(见表 1.2-2)。

装卸桥的外伸臂、规矩、配置数的变化   表 1.2-2

集装箱船 (代)	载箱量 (TEU)	外伸臂 (m)	规矩 (m)	平均配置数 (台)
第一、二代	<3000	35~38	16	1~1.5
第三、四代	3000~4000	38~44	22~26	1.5~2.0
第五、六代	6000~8770	50~65	30~35	2.5~4
此后	>9000	60~70	35	>4

在集装箱装卸桥领域，上海振华港机(集团)股份有限公司的技术达到国际领先水平，国内外市场占有率超过 74%。该公司创新研制出多种品牌产品，例如高速装卸桥，其小车的升降速度和运行速度比通常的快得多，装卸效率明显提高；双小车装卸桥，装卸效率达 70TEU/h 以上，比常规装卸桥提高近 1 倍；双 40′装卸桥效率比常规的提高 60%以上；三 40′装卸桥效率又比双 40′再提高 25%以上。目前双小车装卸桥订货量最多。

② 集装箱码头的自动化趋势

集装箱枢纽港的发展趋势是实现自动化。随着科技的发展，港口自动化、信息化、智能化进程加快。例如，建立信息网络系统；采用 GPS 标签，无纸进出港验证系统，数字化可视扫描读数系统；全自动动态集装箱车辆称量及箱内货物检验系统等应用于装卸作业、堆场堆取作业、门到门全过程运输作业等的自动化运营管理。

自动化集装箱码头的建设概况：1993 年世界上第一个自动化码头在鹿特丹港 ECT 的

Delta Sealand 建成投产，之后 ECT 又分别于 1997 年、2000 年建成 DDE、DDW 自动化集装箱码头；2002 年德国汉堡港 CTA 全自动化集装箱码头投产；还有一些码头仅实现堆场自动化。

上海振华港机集团的全自动化集装箱码头装卸系统：该集团经过 3 年的研究，于 2007 年 11 月推出新型的全自动化集装箱码头装卸系统：双 40′装卸桥←→电动平板车←→底架桥吊(堆场)。平板车、底架桥吊均在轨道上运行，其定位不采用 GPS，而采用轨道定位，定位准确、快速；采用电动平板车更环保、省油。其效率达到 70TEU/h，比普通集装箱码头至少提高 50%，还大大减少人力。

2) 集装箱码头的发展现状与趋势

① 泊位长度和前沿水深

随着集装箱船的大型化而其长度、型宽、型深、吃水加大，集装箱码头的泊位长度、前沿水深、港池尺度等随之也增大。

集装箱船尺度及其相应的已建集装箱码头的泊位长度、前沿水深大体情况如表 1.2-3 所示。欧美主要港口的集装箱码头最大水深如表 1.2-4 所示。

集装箱船尺度及其相应的泊位长度、前沿水深情况   表 1.2-3

集装箱船(代)	集装箱船尺度(m)		码头泊位(m)		备注
	长度	吃水	长度	前沿水深	
第一、二代	180～220	9～11	300 左右	9.5～12	
第三、四代	250～300	12	350 左右	12.5～13	
第五代	300～320	14	380～400	14.5～15	
第六代	约 350	14.5	400 左右	15～16	
1 万 TEU 级	380 左右	15 左右	450 左右	16 左右	

欧美主要港口集装箱码头最大水深情况   表 1.2-4

港口名	最大水深(m)	港口名	最大水深(m)	港口名	最大水深(m)
汉堡	16.7	南安普敦	15.0	长滩	16.8
鹿特丹	16.6	不莱梅	14.5	洛杉矶	15.0
安特卫普	15.5	阿姆斯特丹	13.7	奥克兰	15.2
费里克斯托	15.0	勒阿费尔	14.5	塔科马	15.2

集装箱船第六代后的大型化趋势主要是型宽加大，长度和吃水增幅不大，所以泊位长度可能发展至 450～500m、前沿水深 16～17m，当然也有 1.5 万 TEU 船吃水将达到 18m 甚至更大的预测。如果这一预测实现，则泊位前沿水深将达到 19m 左右。另外，顺岸码头尽可能把几个泊位连成一直线，以便装卸桥互相调用或不同吨位的几艘船舶同时靠泊作业。

② 深水码头结构型式

在软基上多采用大直径高桩承台式结构，桩基多采用钢管桩或灌注桩，其上部结构采用预应力预制梁板（也有现浇的），几跨面板连成一体，以提高整体性。此外，还有钢管板桩结构、格型钢板桩结构等。

在较好的地基上大多采用沉箱（矩形、圆形）结构，也采用嵌岩桩高桩码头结构。沉箱岸壁的沉箱向陆侧倾斜 5°左右，可提高抗倾稳定性。

我国创新的半遮帘、全遮帘式板桩码头结构是新型结构型式，已在唐山港采用，具有广泛推广应用价值。

③ 堆场面层结构

已采用的有混凝土大板、混凝土联锁块、沥青铺面、碾压混凝土面层、灌浆沥青铺面、砾石面层等。混凝土大板、沥青铺面还采用纤维布增强，以提高其强度。欧美采用联锁块较多。

④ 新型的坞式集装箱码头

8000TEU 以上集装箱船的装卸效率需要达 330TEU/h，但通常装卸桥的效率为 30～48TEU/h，需要 9 台同时作业。在 1 个泊位布置 9 台是不可能的，于是出现坞式码头，两侧布置装卸桥，它具有装卸桥外伸臂大大减小，重量减轻等优点。鹿特丹港在 2004 年初建成世界第一座坞式码头（见图 1.2-1），但 U 型港池内船舶进出不方便，使用效果尚未见报道。

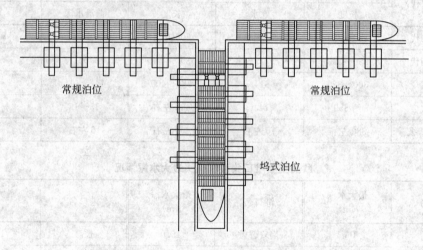

图 1.2-1　鹿特丹港坞式码头示意图

1.2.3　我国集装箱码头的发展

截至 2009 年底，我国大陆地区沿海港口已拥有集装箱专用泊位 299 个，年设计吞吐能力 10578 万 TEU，在南部沿海珠江三角洲、中部沿海长江三角洲和北部的环渤海湾地区形成了上海、深圳、青岛、宁波、天津、广州、厦门、大连等 8 个沿海集装箱枢纽港，初步构建起了布局合理、设施完善、现代化程度较高的港口集装箱运输体系。1990～2009 年沿海港口集装箱吞吐量的平均增长速度达 30.0%。

图 1.2-2 为沿海主要集装箱港口分布图。

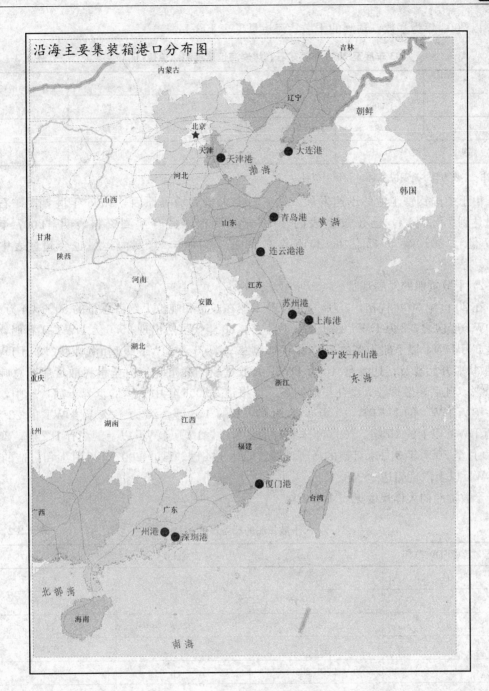

图 1.2-2 沿海主要集装箱港口分布图

1.3 干散货码头

1.3.1 干散货的海运量及干散货船的发展现状

干散货种类很多，但大宗的主要是铁矿石和煤炭。

1）干散货海运量

以 2003 年为基数，预测的干散货海运量见表 1.3-1。

2003 年底至 2020 年铁矿石、煤炭海运量预测 单位(亿 t) 表 1.3-1

年份	实 际	预测			17 年年均增长率(%)
	2003	2010	2015	2020	
铁矿石	5.24	7.11	7.93	8.72	3.0
煤炭	6.19	7.39	8.30	8.86	2.1

注：本表为日本造船协会 2004 年预测资料。

由于中国钢铁工业的迅速发展，铁矿石需求量大增等原因，2006 年世界铁矿石海运量达到 7.22 亿 t，已超过上表的 2010 年预测值。另有预测资料表明，2007 年为 7.67 亿 t，2010 年 9.45 亿 t，2015 年 9.92 亿 t。同样，煤炭海运量也会超过表中预测值。

2）干散货船的发展现状

在 20 世纪 80 年代初，1 万～4 万 DWT 船在数量和吨位上约占总量的 50%，4 万～8 万 DWT 船次之，8 万 DWT 以上的为数不多；80 年代虽然出现 35.6 万 DWT 矿石船，但还是 5 万 DWT 以下船为多数；90 年代初巴拿马型（6 万 DWT 级）和海岬型（12 万 DWT 级）散货船开始普及；1991 年 10 万 DWT 级散货船的载重吨位占全世界散货船载总吨位的 38%。此后，散货船大型化更趋明显。据报道，2006 年中营运的世界干散货船中，10 万～15 万 DWT 的 171 艘，15 万～20 万 DWT 的 445 艘，20 万～25 万 DWT 的 22 艘，25 万 DWT 以上的 15 艘。2005 年末统计的订单中，10 万 DWT 以上的约有 182 艘。2006 年 10 月至 2007 年 3 月末订造的海岬型散货船达 144 艘。截止 2007 年 6 月上旬订造的 30 万 DWT 以上散货船达 36 艘。

干散货船的大体尺度见表 1.3-2。

干散货船的船型尺度 表 1.3-2

吨位(万 DWT)	船长(m)	型宽(m)	满载吃水(m)
1	137	19.9	8.2
4	180～200	29.0	11.8～12
8	250	32.0	14
10	256	39.3	15.1
15	270～286	43～44.3	16.9
20	285	50	18
27	320	55	21
35.6			

1.3.2 干散货码头的发展现状与趋势

铁矿石一般加工成砂状、粒状块运输，所以其装卸工艺、设备及码头布置等基本上与煤炭（除煤浆）运输相同。

1) 干散货码头的装卸工艺及设备

出口干散货码头工艺：非自卸列车→翻车机→皮带机→堆料机、取料机、堆取料机→皮带机→装船机→干散货；自卸列车→坑道皮带机、推土机→堆料机、取料机、堆取料机→皮带机→装船机→干散货船。

进口干散货码头工艺：干散货船→卸船机→皮带机→堆场（设备）→装车或装船。

主要工艺设备的现状（最大能力）：

翻车机：翻车机有单翻、双翻、三翻的，有旋转的、不旋转的。国外翻车机的平均效率大体上：旋转挂钩的单翻和双翻的分别达到 3200t/h 和 5900t/h，不旋转挂钩的单翻和双翻的分别是 2300t/h 和 4000t/h。蟹式液压定位器效率高，能快、准地定位，翻车效率达 30 次/h 左右，最快的达 36 次/h。

皮带机：最宽的有 3.2m；最大带速达 5.2m/s。

堆料机：最大堆料能力达 10000t/h（煤）、16000t/h（矿石）；最大堆高达 20m（煤）。

取料机：最大取料能力达 8000t/h。

装船机：有行走式和固定式两大类。大型散货码头多采用固定式，直线型装船机有逐步代替圆弧型装船机的趋势。装船机的最大能力：固定式直线轨道装船机达 11000t/h（煤）、16000t/h（矿石），圆弧型轨道装船机 16000t/h，移动式装船机 10500t/h。

卸船机：有抓斗式和连续式（链斗式、斗轮式、螺旋式等）两大类。抓斗卸船机最大斗容达 85m³，最大效率 5000t/h；连续式卸船机效率可达 3000～4000t/h 或更大。

2) 干散货码头的自动化

随着科技的发展，20 世纪 90 年代开始普遍利用电子计算机实现信息化管理和自动化管理，以触摸式显示屏幕代替原中控室灯光显示流程屏，其操作简便，流程清晰，随时可变更流程显示，实现了遥控和监视翻车机、堆料机、取料机、装船机等设备的作业状态。

我国上海港罗泾港区矿石码头和秦皇岛港煤五期码头已实现管理和控制一体化、自动化，达到国际先进水平。

3) 深水散货码头的现状

世界主要煤炭出口国如美国、澳大利亚、南非、加拿大、波兰等和矿石出口国如澳大利亚、巴西、印度、南非等国建有许多装船码头；煤炭和矿石进口国如日本、欧洲一些国家、韩国等则建有许多卸船码头。

大型或超大型散货码头，除部分建在水深条件好的海湾或防波堤掩护的岸边外，多数建成离岸式或开敞式码头。离岸式码头建在天然海岬、岛屿等掩护处，以短栈桥或路堤直接连接陆域，码头结构常采用中空承台式；开敞式码头常采用长栈桥和无掩护墩式码头结构。码头一般布置成蝶形。墩基础采用桩基式（软基）或沉箱式（硬基）。桩基多数采用钢管桩，也有采用灌注桩的，钢管桩最大直径达 2.8～3.0m。沉箱多采用矩形的，也有圆形或椭圆形的，矩形沉箱最大尺度达 37.5m×46m×18.6m、重 1.8 万 t（澳大利亚海因波脱煤码头）。

图 1.3-1 为我国沿海主要金属矿石港口分布图。

图 1.3-2 为我国沿海主要煤炭港口分布图。

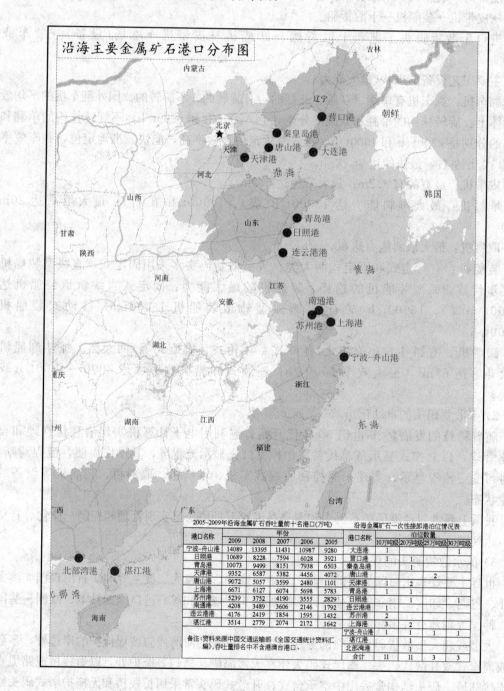

2005~2009年沿海金属矿石吞吐量前十名港口(万吨)						沿海金属矿石一次性接卸港泊位情况表				
港口名称	年份					港口名称	泊位数量			
	2009	2008	2007	2006	2005		10万吨级	20万吨级	25万吨级	30万吨级
宁波-舟山港	14089	13395	11431	10987	9280	大连港	1			
日照港	10689	8228	7594	6028	3921	营口港	1			
青岛港	10073	9499	8151	7938	6503	秦皇岛港	1			
天津港	9352	6587	5382	4456	4072	唐山港		2		
唐山港	9072	5057	3599	2480	1101	天津港	1	2		
上海港	6671	6127	6074	5698	5783	青岛港	1	1		
苏州港	5239	3752	4190	3555	2829	日照港		1		
南通港	4208	3489	3606	2146	1792	连云港港	1			
连云港港	4176	2419	1854	1595	1432	苏州港		1		
湛江港	3514	2779	2074	2172	1642	上海港	3	2		
备注：资料来源中国交通运输部《全国交通统计资料汇编》，吞吐量排名中不含港澳台港口。						宁波-舟山港	1	1	1	1
						湛江港		1		
						北部湾港		1		
						合计	11	11	3	3

图 1.3-1　我国沿海主要金属矿石港口分布图

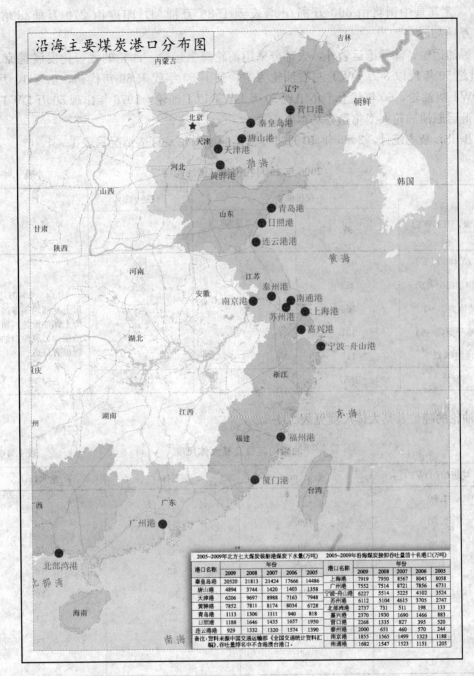

图 1.3-2　我国沿海主要煤炭港口分布图

1.4　原油码头

1.4.1　原油海运量及原油船的发展现状

据日本能源经济研究所最近预测，世界石油需求 2030 年将由 2005 年的 8000 万桶/d 上升到 1.18 亿桶/d，增长 50%，年均增长率为 1.6%。其中，亚洲需求增长

90％，尤其是中国将由 660 万桶/d 增长到 1580 万桶/d，印度由 270 万桶/d 增长到 790 万桶/d。

原油运输，除管道运输外，大部分采用油轮海上运输。油轮的大型化发展是惊人的，20 世纪 50 年代以 3 万 DWT 左右油轮为主，到了 50 年代末 60 年代初，出现 10 万、20 万 DWT 级油轮，60 年代上半年出现 30 万 DWT 以上油轮，1976 年出现 50 万 DWT 级油轮，此后原油油轮大型化趋势基本停止了。

据 ISL 杂志统计，2006 年 10 月世界营运的原油轮及订造情况见表 1.4-1。

2006 年 10 月在役和订造油轮情况 表 1.4-1

船型 (吨级，万 DWT)	在役油轮		订造油轮	备　注
	艘	占总运量 比例(%)	艘	
VLCC(30 以下)	486	53	148	ULCC（30 万 DWT 以上）油轮很多改造成海上储油设施，新订造的很少。灵便型油轮最近也有订造
苏伊型(10～15)	353	20	82	
阿芙拉型(8～10)	606	23	154	
巴拿马型(5～8)	137	3	19	
灵便型(5 以下)	115	1	/	
合计	1667	100	403	

油轮的吨位及其大体尺度见表 1.4-2。

油轮的吨位及其大体尺度 表 1.4-2

吨级(万 DWT)	船长(m)	型宽(m)	吃水(m)
1.60	160	21	9
2.80	190	24	10
7.00	250	34	14
12.00	270	42	16
20.00	325	50	19
32.00	340	55	24
47.60	350	60	28
55.00	379	62	28

1.4.2 原油码头的发展现状与趋势

随着油轮的大型化，原油码头也大型化、深水化。原油码头起初一般靠岸建设，60 年代开始，向外海深水区发展，建成许多大型墩式(岛式、栈桥式)原油码头和单点系泊设施(多点系泊很少采用)。

1) 深水原油码头

深水原油码头有栈桥式和岛式两类。栈桥式原油码头布置有两种形式，即栈桥的一侧或两侧布置泊位和栈桥端部布置泊位形成 L 或 T 型，油管铺设在栈桥上。这种码头，因栈桥有碍船舶通航，一般在离岸较近处建设，作为特例，法国昂蒂费尔港50 万吨级原油码头，离岸 10km、水深 28m。深水岛式原油码头：一般离岸较远，如科威特米纳一艾哈迈德港 32.6 万吨级原油码头，离岸 16km、水深 29m，海底管线输油。

原油码头泊位，一般由靠船墩、系缆墩、装卸平台组成（一般布置成蝶型）。主靠船墩一般设置 2 个，兼顾小船时其中间设置 2 个副墩；系缆墩一般设置 4~6 个（国外最近有取消艏、艉缆的趋势）；主墩台结构多采用沉箱、沉井或钢板桩格型结构，也有采用大直径钢管桩直桩结构或钢导管框架式结构。钢管桩直径一般为 2m 左右，最大的有 3m。系缆墩多采用斜桩式结构，也采用沉箱等结构。

2）单点系泊设施

单点系泊设施，20 世纪 80 年代初以前建得很多，约有 300 多座，韩国蔚山港就有 30万~35 万吨级油轮单点系泊泊位 5 个。单点系泊设施有浮筒式和固定式两类，前者是最广泛采用的形式。我国的茂名港就建有 30 万吨浮筒式单点系泊泊位。

浮筒式单点系泊设施：浮筒一般采用扁圆形的，其中心的通道与海相通，水下输油软管从此通过，一端与海底管线相连，另一端与浮筒顶部旋转接头相接；浮式软管也从该通道通过，与油轮相接。浮筒用锚链、锚碇加以固定。早期的浮筒上作业由人工进行，后来已自动化，不需要人上浮筒。

固定式单点系泊设施：有 1 座圆形塔架，设有可围绕塔架旋转的弓形钢臂（水中），其两端露出水面上，一端设有装油架，另一端兼作系船之用。

3）我国原油码头现状

从我国进口油产地、航线及运距，海峡限制条件，世界及我国原油船队、船舶营运费用等方面分析比较，目前我国沿海进口原油码头均以 30 万 t DWT 油船作为设计船型。考虑船舶大型化趋势，部分深水港口如：大连、曹妃甸、青岛等地的 30 万吨级原油进口码头，规模均按兼顾 45 万 t DWT 油船设计，提高了码头的适应性和经济性。对于沿海原油运输，如近海原油运输、进口原油二程船转运等，主力船型为3 万~10 万 t DWT 的沿海运输船型。近 10 年来，我国沿海大型原油接卸码头建设发展较快，截止 2009 年底，统计全国沿海港口已建成原油泊位 68 个，核定通过能力约4.9 亿 t/a。

现有原油码头分布在全国沿海 21 个港口，其中 20 万吨级以上泊位 20 个，分布在大连、营口、唐山、天津、青岛、日照、宁波、舟山、泉州、惠州、茂名、湛江、北海、洋浦等 14 个港口，布局较合理。根据原油泊位吨级和我国沿海原油运输情况，10 万吨级以上泊位均为一次原油进口泊位，总接卸能力约 3.8 亿 t/a，2009 年我国外贸原油海运进口量 1.87 亿 t，大型原油码头接卸能力可以适应当前及今后一段时期内运量需要。

图 1.4-1 我国沿海主要原油港口分布图。

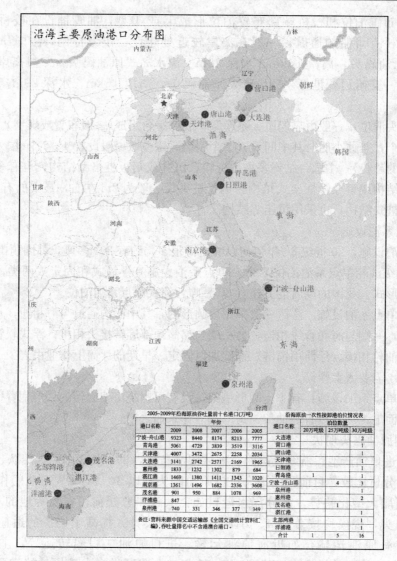

图 1.4-1　我国沿海主要原油港口分布图

1.5　液化气码头

1.5.1　液化气的海运量及液化气船的大型化趋势

液化气主要指液化天然气（LNG）和液化石油气（LPG）。液化气，除管道输送外，主要水上运输。海上运输量以 2003 年实绩为基数预测到 2020 年的情况，见表 1.5-1。

2003 年底至 2020 年 LNG、LPG 海运量预测　单位（亿 t）　　表 1.5-1

年份	实绩	预测			17 年平均增长（%）
	2003	2010	2015	2020	
LNG	1.23	2.31	2.96	3.50	6.3
LPG	0.70	0.88	0.98	1.06	2.5

注：本表为日本造船协会预测资料。

　　至 2006 年 10 月底的不完全统计，全球营运的 LNG 船约有 216 艘，最大舱容为 14.7 万 m³，12 万 m³ 以上为 34 艘。当时手持订单共有 139 艘，其中：最大舱容为 27 万 m³；12 万 m³ 左右船只有 4 艘，14.5 万 m³ 以上船 105 艘（其中 20 万 m³ 以上船 36 艘）。可见 LNG 船明显大型化。

　　2006 年底营运的 LPG 船共有 1019 艘，其中大型 LPG 船（VLCC，8 万 m³ 左右）约有 109 艘、中型船（2 万～6 万 m³）约有 93 艘、小型船（2 万 m³ 以下）约有 817 艘。至 2006 年 8 月初 LPG 船的手持订单量为 169 艘，其中巨型 LPG 船为 61 艘（另有报道称 70 艘），约占现有大型船的 60%；中型船的订造也十分活跃。

　　LNG 船的船型参数见表 1.5-2。

LNG 船的船型参数　　　　　　　　　　　　表 1.5-2

参数（单位）	舱容（万 m³）							
	8	14.2	16.2	17.5	20.3	21.5	25	
总长(m)	239	289.5	293	305	335	325	369	332
型宽(m)	40	48.4	42.25	48.5	51.5	50.0	55.7	51.0
型深(m)	26.8	16.5	26.4	27.3	29.0	28.0	31.7	30.0
满载吃水(m)	11.0	11.59	11.65	12.0	12.0	12.0	12.8	13.5
排水量(万 t)	/	10.45	11.0	12.5	15.25	/	17.25	/
系缆力(t)	/	100	120	/	145	/	165	/
缆绳数(根)	/	16	16	/	20	/	20	/
舱数(个)	4	4	5	5	5	5	5	5

注：摘自《港湾建设》2006 年 3 期

1.5.2　液化气码头的发展现状

1）液化气码头的工艺流程

　　LNG 出口码头的主要工艺流程：天然气储罐→液化装置（除去有害物质，降温至-162℃ 并加压压缩成 1/600 的液体）→装船设备→LNG 船。LNG 接收站码头的主要工艺：LNG 船→卸船设备→LNG 储罐→气化装置（升温、降压）→低压常温天然气罐→天然气用户。

　　以韩国平泽 LNG 接收站（650 万 t/a，6.5 万吨级码头）为例，其工艺设备情况为：卸气臂 11 台、LNG 储罐 10 座（10 万 kL）、LNG 泵 42 台（低压 22 台、高压 20 台）、气化机 18 台（低压海水式 3 台、高压海水式 9 台、高压燃烧式 6 台）、蒸发的压缩机 5 台、气化用海水泵 10 台（10 万 t/a）及常态天然气储罐、消防设备、各种监测传感器等。

　　天然气以 LNG 方式运输，需要在出口和接收站的码头上建设专门的 LNG 处理装置，其设备昂贵，投资很大，当运距不大时更不经济（适宜运距为 2000km 以上），因此正研究天然气的其他运输方式。如压缩天然气（CNG）运输方式，2006 年 9 月加拿大压缩天然气海运公司宣布已设计出 CNG 运输船（其容器是小直径管路绕成直径 15～20m、高 2.5～4.5m 的盘圆体），并通过船级社的批准，计划在今后 10 年内建造各类 CNG 船，即 50Mft³、250Mft³、325Mft³、450Mft³ 的各建造 16、84、108、144 艘。日本便易丸船公司声称要订购 CNG 船。此外，日本正研究天然气水化（NGH）运输方式，即把天然气和水同时降温至-20℃，冻结成含天然气的冰块以冷藏集装箱运输。这种运输方式，天然气的运量虽比 LNG 船少（4 艘 NGH 船相当于 1 艘同吨位的 LNG 船），但无需专用码头和设备，而且装卸方便。

2) 液化气码头建设概况

据 2006 年底不完全的统计，全世界目前共有 13 个国家出口 LNG、16 个国家(地区)进口 LNG，至 2010 年将有出口国增至 20 个、进口国(地区)增至 23 个。出口 LNG 项目，目前已建成的约有 25 个，在建的约 13 个、计划建的 16 个，2010 年以后拟建的 16 个。进口 LNG 项目，目前已建成的 53 个、在建的 19 个、计划建的 36 个。

截至 2008 年底国内 LPG 船共计 80 艘，总舱容 19.2 万 m^3，约 10 万载重吨，平均舱容 2400m^3/艘。其中，1000～3000m^3 全压式 LPG 船舶，主要用于国内沿江、沿海之间运输。远洋进口 LPG 船多为半冷半压式或全冷式船舶，舱容在 1 万～5 万 m^3 之间，部分达到 8 万～10 万 m^3。近 10 年来，深圳、上海、南通、大连、宁波、汕头、珠海、钦州等港口陆续新建了大型低温 LPG 船接卸码头，多为 5 万吨级泊位。

LNG 船队近 10 年来大型化趋势明显加快，根据有关资料，近 3 年世界 LNG 船将交付 125 艘，平均舱容达到 17.6 万 m^3，其中 22 万 m^3 以上的 LNG 船订单达 14 艘，平均容量为 26.5 万 m^3。我国 LNG 船队处于建设期，由中远集团和招商局集团合资成立中国液化天然气运输(控股)有限公司承担广东、福建 LNG 项目的海上运输业务，目前已建造 5 艘 14.7 万 m^3 的 LNG 船。我国广东大鹏湾、福建秀屿等地已投产 LNG 接卸码头均按可靠泊 16.5 万 m^3 舱容 LNG 船舶设计。目前正在设计建造的大连、如东、上海、浙江等地的 LNG 接卸码头考虑到船型的大型化趋势，码头设计靠泊船型采用 8 万～24 万 m^3 舱容 LNG 船。

码头形式：LNG、LPG 码头布置形式和结构形式与原油码头大体相同，不再赘述。

1.6　直立式防波堤

直立式防波堤一般适用于水深较大、地基较好的结构。其主要优点是：当水深较大时，建筑材料用量比斜坡堤省，且水深越大越省，并且内侧可以同时兼做码头。主要缺点是：消除波能的效果较差，重力式直墙地基应力较大，对不均匀沉降反应敏感。因此当用于软基时，需对地基采取加固措施。直立堤建成后，发生整体破坏的后果也较严重，修复极其困难。

直立式防波堤一般由抛石基床、墙体构件和防浪胸墙三部分组成。

抛石基床，用抛石船或方驳抛石，重锤或爆破夯实，整平机或人工整平而成。对于深水防波堤，沉箱很大，整平标准可适当放宽。

墙体构件，最常用矩形沉箱(有的迎浪面开孔)，其次是圆形沉箱、混凝土方块、大直径圆筒等。在软基上，直接采用双排钢管板桩、钢板桩格型结构等，还可软基处理(挤实砂桩、CDM 等)后建设沉箱式直立堤。

直立式防波堤的胸墙结构一般采用现浇或装配整体式混凝土结构，其港外侧的外形为直立面、弧面或削角斜面等，近年来采用削角直立堤的工程较多。

开孔直立堤是直立堤型式的一个重大发展。1982 年在天津新港防波堤工程中，结合削角方块和开孔消浪结构两者的优点，成功设计了一种新型的高基床上削角空心方块防波堤。

当水深很大时，抛石基床很厚，超出一般概念的基床厚度，这种"直立堤"称谓混合堤。例如，日本本州北部釜石港防波堤就采用了大型沉箱混合堤。北堤长 990m，南堤长 670m，口门宽 300m，水深最大为 63m，抛石"基床"厚 25～30m，采用双槽口阶梯型沉箱，其长、宽、高各为30m，重1.6万t，分12节浇筑混凝土，先在6500t浮船坞内施工到9m高，然后下水，海上浇筑至箱顶，拖运安装。

20世纪90年代末期，大连港大窑湾一期工程岛式防波堤，由于设计条件的变化及复杂的地质条件，其设计优化历时近10年，无论是总平面位置的修改、地基处理的比选还是结构型式的优化，均通过多次数模、物模和理论分析论证，最后决定采用梳式结构方案。该结构集消浪、透流、降低地基应力及环保功能于一体，其科研、设计、施工成果获国家科技进步二等奖。

1.7　斜坡式防波堤

斜坡式防波堤一般适用于水深较浅（小于10～12m）、地基较差和石料来源丰富的地方，当护面采用人工块体时，可用于水深和波浪较大的情况。斜坡式防波堤其主要优点是：结构简单，施工方便，有较高的整体稳定性，适用于不同的地基，可以就地取材，破坏后易修复。其主要缺点是耗费的材料用量大（几乎与水深的平方成正比），堤内侧不能兼做码头。

斜坡式防波堤的断面形状接近梯形（其坡角一般不超过45°），一般由天然块石或各种形式的人工混凝土块体抛筑而成；近年来在软基上也采用爆破挤淤法形成抛石堤心，从而避免了一般情况下深厚软泥层的开挖换填。护面层一般采用人工混凝土块体。已建成的斜坡式防波堤有：天然材料的斜坡堤、砌石护面斜坡堤、抛方块斜坡堤、人工块体护面斜坡堤、堤顶设胸墙的斜坡堤等。我国还在大连北良防波堤建设中，首次应用波浪作用下的动态平衡宽肩台抛石斜坡堤新结构获得成功。本世纪初，我国南方某港利用就近爆破开挖山体和峒室出运的1～1000kg自然级配石料作堤心，扭王字体作护面，大块石作中间过渡层，建成了迄今为止我国最深（达－30m以上）的斜坡式防波堤。

空心方块防波堤：2004年，在长江口深水航道整治工程北导堤的水最深、浪最大、地基条件最差的区段，建成一座新型空心方块斜坡堤。空心方块的自重为14.4t/块，自身的空隙率达63.3%，筑成的堤身空隙率高达78%。其堤身自重仅为等高抛石堤重的1/3。圆满解决了在极端恶劣自然条件下，软基承载能力及整体稳定性的重大技术难题。图1.7-1为长江口深水航道治理工程北导堤新型空心方块防波堤。

图1.7-1　长江口深水航道治理工程北导堤新型空心方块防坡堤

1.8　其他形式防波堤

其他形式防波堤主要指特殊形式的防波堤，如半圆型防波堤、框格式防波堤、弧面槽口沉箱防波堤、浮式防波堤、压气式防波堤、水力式防波堤等。

1.8.1　半圆型防波堤

半圆型防波堤是由日本运输省港湾技术研究所研发应用。这种防波堤由预制的半圆型拱圈和底板组成半圆体，放置在基床上，根据使用情况，可在拱圈的前半部或全部以及底板上开孔，在堤身内部形成消浪室，以减小波浪力和波浪反射。这种结构具有波浪作用力小、稳定性好、地基应力均匀、施工简便、断面经济、景观较好等优点，适用于水深较小、软基深厚、砂石料来源缺乏的地区。

半圆型防波堤在我国首次应用于天津港南疆五期围埝工程，是一项结合工程应用的新型防波堤科技成果，经技术鉴定，认为是国内首创并达到了国际领先水平。天津港北大防波堤也是世界首座建设在淤泥土上的半圆型结构防波堤。半圆型防波堤在国家重点工程长江口航道整治工程中得到大量推广使用。

1.8.2　框格式防波堤

框格式防波堤是若干个预制的下面无底、上面敞口的斜坡形钢筋混凝土框格体，沿堤轴线顺序排列就位于抛石基床上，而后在每个框格体内抛填一定高度的堤心石筑成。这种防波堤本身不需要护面块体，只需抛石基床用护面块体保护。

通过模型试验验证，这种防波堤具有造型科学、断面尺寸小、对地基承载力要求低、稳定性好、造价低、施工快、可适用于软基等优点，是有广阔应用前景的防波堤。这种框格体也可用于护岸工程。

1.8.3　弧面槽口沉箱防波堤

这种防波堤是在沉箱的迎浪面上半部采用带有多个槽口的弧形体形成消能室，因此抗浪、消浪性能好，适用于深水恶劣海况条件。日本运输省港湾技术研究所于上世纪 70 年代末～80 年代初研发，并于 1980 年在船川港南防波堤中应用。

1.8.4　浮式防波堤

浮式防波堤之一的废轮胎防波堤，1986 年初由英国 Skimmex 公司研究成功。这种防波堤是用链条或输送机皮带将旧轮胎连接成漂浮体，用锚或锚碇块固定而成。我国沿海第一条浮式防波堤在连云港旗台山海域竣工。该浮式防波堤用 10t 钢筋混凝土块作锚定物，布设两排 90cm 直径汽车轮胎作为挡浪漂浮物（总长 1km）。该堤型具有造价省、可拆装移动，尤其具有不影响水体交换的优点。

1.9　异型护面块体

异型护面块体，主要是从上世纪 50 年代开始，世界一些沿海国家开展大量研究，至今世界上已开发出百余种异型块体。异型块体根据其构造、形状可分为杆件组合式、空心式及实心式等块体。杆件组合式是由几根短粗杆件合成的，如扭工字块、四脚锥体、扭王字块、三柱体等。空心式是带有空洞的块体或板状体，主要通过空洞降低上浮力和靠内部紊流消能起防护作用，如空心方块、中空方块、栅浪板等。实心式通过本身的重量和表面消浪而保持稳定，如搭接式块体、梯形块体、鳞片状块体等。现将常用的几种异型块体简介如下：

1.9.1 四脚锥体

四脚锥体是法国20世纪40年代开发的最早期的异型块体。其稳定性好，制造方便，世界许多国家使用。日本就有0.5～80t的18种定型产品。后来也有演变成四脚角锥体。

1.9.2 扭工字块体

扭工字块体是60年代初南非开发的，并于1964年首次应用于南非东伦敦港防波堤上。由于这种块体连锁性好、稳定性高、空隙率大、消能效果好、混凝土用量少，成为世界许多国家最常用的护面块体之一。世界上最大的扭工字块重达80t。自从悉尼斯港防波堤等几座防波堤扭工字块发生事故后，一般认为其重量超过20t时应配筋(2%)。

1.9.3 钩连块体

钩连块体是1979年法国研制的专利产品。由3个短粗杆件形成扭王字形，不必配筋，块体相互间啮合性能好，稳定性高，护面层糙率大，消能性能好，很快得到广泛使用。最大的钩连块体重达45t，曾用于贝鲁特港防波堤上。

我国把钩连块体的6个突出部分都改进成四角锥台体，称扭王字块体，其性能优于钩连块体，且混凝土用量降低。目前广泛应用于防波堤上。

1.9.4 空心方块

空心方块具有自重轻，混凝土用量少，消浪效果好等优点。空心方块中最常用的是四脚空心方块，是日本早期研发的一种异型块体。其定型产品有0.5～50t的16种规格。

空心方块在我国也广泛地应用。在长江口深水航道治理工程中，还开发了一种新型的空心方块斜坡堤结构。这种新型结构的基本构思是利用各空心方块之间以及空心方块本身的空隙，降低堤身单位体积的重量以及堤身断面总重量，从而满足软土地基的承载力和整体稳定的要求。

1.9.5 三柱体

三柱体是美国早期开发的一种异型块体，美国用得最多，日本也有定型产品(0.5～16t的9种规格)。这种块体护面层空隙率大、表面糙率亦大，消能效果好。

1.9.6 栅栏板

栅栏板是我国1972年开发的一种异型块体，中小工程中使用。栅栏板是大面积铺设的整体结构，稳定性好，透空消浪效果好，上浮力小，混凝土用量少。

护面块体的稳定和消浪性能直接关系到防波堤的安全稳定性，适宜的异型护面块体可以降低波浪在防波堤坡面上的爬高，从而使防波堤堤顶高程降低，节省防波堤工程费用。因此，不断研究开发更适宜港口工程建设的稳定性好、反射系数小、经济、易施工的异型护面块体是一个重要的课题。

1.10 船坞

1.10.1 干船坞的发展现状与趋势

1) 干船坞建设概况

干船坞分为造船坞和修船坞两种，前者底板荷载小，坞深较浅；后者与此相反，底板荷载大，坞深大，所受浮托力、水压力、土压力均大。

随着船舶的大型化，干船坞也随之大型化，最大的船坞已达到100万吨级。就干船坞结构型式而言，有重力式结构和轻型结构，轻型结构又分为桩基、锚杆、预应力锚索、减压排水等多种型式。此外，有岩基上船坞(衬砌式)、浮箱式底板船坞等特殊船坞。从坞墙结构看，有阶梯式(重力式结构常采用)、梯形式、扶壁式、沉箱式、钢板桩或地连墙等。坞门型式有浮箱式、铰接式(卧倒门、人字门、扇形门)、滑动式、提升式等，大型船坞常用浮箱式和卧倒式坞门。现在很少建重力式干船坞，几乎都建轻型式干船坞，其结构型式视当地土质、地下水位等条件选择。填筑地建坞采用浮箱重力式底板是较好型式；深厚地基上建坞，视地下水位情况，当地下水位高时采用桩式、锚拉式底板结构，当地下水位低时采用减压排水底板结构为宜。世界各地船厂已建的大型干船坞很多，韩国蔚山现代重工(造船)就建了9个干船坞，最大的达100万吨级。

2) 国外干船坞建设实例

现将坞长超300m的境外一些船坞情况列于表1.10-1。

境外坞长 300m 以上的一些干船坞情况　　　　　表 1.10-1

船厂名或建坞地	吨级(万 t)	长×宽×深(m)	备　　注
贝尔法斯特(英)	100	556.4×93×12	造船坞
马尔默(瑞典)	70	404.8×75×11.5	造船坞
麻雀岬(美)	30	366×61×12.4	造船坞
纽约等10处(美)		约330×46×20	海军用，坞底板和坞墙均用水下混凝土浇筑成
勃莱姆特(美)	30	362×55×18.6	修船坞
坂出(日)	50	450×72×12.3	修船坞
堺厂(日)	40	380×62×12.5	修船坞
长崎(日)	30	350×100×14.5	修船坞
长崎(日)	25	350×56×10.15	造船坞
相生船厂(日)	30	341×56×12.0	修船坞，排水底板，墙和底板中部有混凝土桩
横滨(日)	32	358×56×╱	修船坞
东京本牧(日)	40	350×60×12.5	修船坞
土伦海军船厂(法)		418×36×15.4	修船坞，2个钢浮箱沉放在基床上作底板
勒哈佛(法)		313×40×18.75	修船坞，钢骨架浮箱(底有刃脚嵌入地基)作底板
巴勒莫(意大利)	40	370×68×16	修船坞，2段浮箱沉放后施工 600 根灌注桩支承
利伏尔诺(意大利)	30	350×56×10.7	造船坞
迪拜船厂(阿联酋)	100	525×100×18	修船坞，162 个重 3580t 钢筋混凝土浮箱作底板
海伦涅克船厂(希腊)		335.3×53.65×12.5	修船坞，小型浮箱作坞墙，坞底板由水下混凝土浇筑成
海伦涅克船厂(希腊)	50	420×75×12.8	造船坞，预应力锚碇式底板，钢筋混凝土梯形墙
格丁尼亚船厂(波兰)	20	320×60×12.0	修船坞，双排钢板桩坞墙，水下混凝土底板
格丁尼亚船厂(波兰)	40	380×70×12.0	造船坞，减压排水底板，钢板桩坞墙
中国造船(中国台湾)	100	950×92×12.5～14	修造船坞，坞室内设闸门，减压排水底板，扶壁式坞墙，可同时进行造船和修船
里斯纳维(葡萄牙)	100	520×97×14.0	修船坞，减压排水底板，扶壁式坞墙
瓦莱塔港(马耳他)	30	360×62×12.51	修船坞，坞墙和底板为分离式锚拉结构
汉拿木浦船厂(韩)	100	500×100×13.0	造修船坞，岩基上钢筋混凝土结构
汉拿木浦船厂(韩)	50	400×70×13.0	造修船坞，岩基上钢筋混凝土结构

3）我国干船坞建设飞速发展

近二十年是我国修造船建筑物大发展的高潮期。这个阶段的特点之一是建设的船坞大部分为30万吨级以上的大型船坞，船坞尺寸最长达700m，最宽达142m，最深达21m。特点之二是结构型式大部分为排水减压式。特点之三是数量多，30万吨级以上的船坞鳞次栉比，船坞的数量上数倍于前40年。特点之四是建设速度加快，建设周期大大地缩短，一个30万吨级船坞仅用15个月就可竣工，460m×135m×14.5m船坞的主体工程157天就可完工。特点之五是各种结构的设计施工新技术也层出不穷；施工设备大型化、现代化，施工技术的进步及创新，新材料、新结构的应用，促进了修造船水工建筑物结构的新颖化、多样化、大型化。

1.10.2 浮船坞的发展与趋势

浮船坞具有不受地质条件限制、建造快、易扩建、便于转移、可兼顾造船和修船、可举起大于本身长度的大船等优点，而且还可用于岸上建造的船舶或预制的大型沉箱下水等，所以世界各地建造浮船坞很多，尤其是20世纪六七十年代随着油轮的大型化而美国、日本等国大型浮船坞的建造盛兴起来。

浮船坞大多数为钢质整体式结构，也有钢筋混凝土整体式结构。为适应大、中、小船的维修或岸上把大型船分段制造、海上对接而建成2个独立的浮船坞，或联结使用或单个使用。举力超过3万t的一些大型浮船坞的实例见表1.10-2。

举力超过3万t的浮船坞实例　　　　　　　　　　表1.10-2

船厂名	举力(万t)	浮箱长(m)	浮箱断面(m×m)	净宽(m)	备注
杰克逊维尔(美)	3.3	234.0	54.8×5.02	43.8	钢质整体式
哥塔维根(瑞典)	3.5			38.0	钢质整体式，4号坞
	5.5	270.0	66.5×5.50	55.0	钢质整体式，5号坞
横滨、相模(日)	3.8	230.4	52.0×5.80	43.0	钢质整体式
马里兰(美)	3.9	234.0	54.8×5.80	45.5	钢质整体式
太阳(美)	4.4	238.0	52.3×4.86	42.6	钢质整体式，3号坞
	7.0	305.0	69.7×6.40	60.0	钢质半段式，4号坞
利顿(美)	5.7	292.0	64.5×7.30	54.8	钢质半段式，4号坞
旧金山(美)	6.0	244.0	56.6×6.08	45.7	钢质整体式
阿冯达尔(美)	8.1	275.0	79.4×9.75	67.0	钢质整体式
热内亚(意大利)	10.0	305.0	80.7×12.20	65.7	预应力混凝土整体式

1.11 疏浚土的有益利用

1.11.1 疏浚土是一种可利用的资源

1972年签订的"伦敦公约"（当时称为"伦敦倾废公约"）曾将"疏浚弃土"列为废弃物。在此后的20多年间，中部疏浚协会、国际航运会议常设协会、国际港口协会等非政府组织以及一些"伦敦公约"的缔约国对疏浚土开展了大量的科研工作，最终认为：港口和航道疏浚工程中的大部分疏浚土与河流、河口、海洋中的天然沉积物没有本质区别，是一种可以利用的资源，不应将它们看作是废弃物，应在自然生态环境中以最有效和经济的方式实现有益利用。这种观点在 1996 年"伦敦公约"的"疏浚土评价体系"中得到了阐明，"疏浚土有益利用的重要性"被"伦敦公约"的缔约国所接受。发达国家已经迈出了坚实的步伐，政府要求有关部门优先考虑疏浚土的有益利用，并通过制定法律或行动计划予以保证，有的还通过政府给予财政补贴等措施加以鼓励。20 世纪 90 年代以来历届世界疏浚大会和国际航运会议的论文中均有相当数量涉及疏浚土有益利用的论文。这些资料为疏浚土的有益利用提供了可资借鉴的经验与方法。国际航运会议常设协会第 19 工作小组还制定了《疏浚土有益利用实用指南》，以指导疏浚土的有益利用。

1.11.2 疏浚土的利用范围

疏浚土的组成可分为：岩石、沙或砾石、固结黏土、软黏土或淤泥及上述成分的混合物。根据疏浚土的成分，其有益利用范围大致分为工程应用、农业应用、改良环境。

1) 工程应用

① 作为建筑材料：用做混凝土骨料、制砖、烧结成轻质混凝土骨料等，解决某些地区建筑材料资源不足的问题。但必须解决运输问题及运输过程中对环境的污染；

② 吹填造陆：解决港口、临港工业区及城市建设用地不足的问题；

③ 土地改良：根据不同疏浚土的土质特点，用来改造荒地、土地填筑，改变土质和土壤结构或地面高程，形成牧场、农场、娱乐场所、高尔夫球场、公园等用地；用沙土等力学指标好的疏浚土置换软弱土层、受污染土层、改善建筑物地基的条件；

④ 海滩养护：将疏浚土输移到受冲刷的区域，保护海滩；用疏浚土在海滩前形成水下底坎，吸收波能、改变波向和局部泥沙的输移方向，为游泳、冲浪、划船等水上娱乐活动提供安全的环境；

⑤ 防护建筑物：用于建造护岸或防波堤的堤心。

2) 农林渔业应用

① 改良农田：用脱水处理后的疏浚土覆盖和改善农田；

② 水产养殖：用维护疏浚土的围堰区进行水产养殖；

③ 改良林地：用疏浚土对林地进行改良；

④ 城市绿化用土。

3) 改良环境

① 营造和恢复湿地：利用薄层疏浚土将已被冲刷的湿地恢复到潮间带高程；

② 形成鸟类栖息地和繁殖岛：利用疏浚土营造鸟类繁殖所需的自然环境，使不再使用的疏浚土围堰区逐渐生长植物并成为鸟类的栖息和繁殖地；

③ 改善水生生物栖息地：利用细颗粒疏浚土在易受冲刷的潮间带或浅水区形成有利于植物生长和鱼类养殖的堆积物或人工暗礁，可为鱼类提供生长和繁殖所需要的不同水深条件。

疏浚土是否会对环境产生污染及其污染的程度，是关系到能否有益利用疏浚土的至关重要的因素。没有被污染的疏浚土可以直接利用，大部分疏浚土都属于这种类型。被污染的疏浚土能否有益利用取决于其物理、化学和生物学特性是否满足利用要求及其是否会对敏感的自然资源产生影响。被严重污染的疏浚土未经处理是不能利用的；受到轻度或中度污染的疏浚土，经过处理后一般都可以利用。发达国家已经成功地开发和研制了污染疏浚土工厂化处理的设备与技术。

1.12 疏浚工程船舶

1.12.1 国际大型疏浚船舶现状及发展趋势

自 20 世纪 90 年代以来，随着世界经济贸易的快速发展，尤其是东南亚、中东地区持续至今的大型填海造地工程，如迪拜棕榈人工岛、新世界人工岛、新加坡裕廊吹填工程等一批巨大围海吹填项目，造就了大型、巨型挖泥船建造的辉煌历史。

1）耙吸挖泥船

1994 年比利时国际疏浚公司建成了世界上第一艘舱容为 17000m³ 的珠江(Pearl River)号超大型耙吸挖泥船。而此前舱容在 8000～12000m³ 之间的耙吸挖泥船全世界仅 19 艘，它的问世标志着耙吸挖泥船的设计，建造水平取得了重大突破。鉴于该船投入工程后显示的巨无霸优势，国外几大疏浚公司纷纷订购建造超大型耙吸挖泥船。在 1994 年以后的不到 10 年间，世界上共建 17000m³ 的耙吸挖泥船 13 艘，数量的增长是惊人的。2000 年 6 月比利时 Jan de Nul 公司建造的 "Vasco da Gama" 号超大型耙吸挖泥船成为世界 "疏浚舰队的旗舰" 舱容达到了 33000m³，总装机功率 3.7 万 kW，见图 1.12-1。2009 年 Jan de Nul 公司建造了两艘舱容 46000m³ 的特大型耙吸挖泥船，最大挖深达 155m。

图 1.12-1 "Vasco da Gama" 船舶图

超大型耙吸挖泥船的主要技术特点：船舶舱容 17000m³ 以上，其航速大于 15 节，特别适用于大型长距离的海上取砂吹填工程；超大型耙吸挖泥船的挖深至少可达 60m，最大的挖深达 155m；船舶装有全集成的驾驶室，将疏浚、测量、导航，电子海图等所有的子系统通过网络连接起来，使信息资源得到共享，实现了自动化导航、操作和疏浚。

2）绞吸挖泥船

20 世纪 80 年代因中东地区深水港建设需要开挖大量坚硬的土质和岩石，使绞吸挖泥船的性能跨入了一个新的发展时代。1986 年 Jan De Nul 公司的一艘总装机功率为 20250kW 的自航绞吸挖泥船建成，其绞刀功率 4400kW，保持 10 年世界绞吸挖泥船之首。1996 年荷兰 IHC 公司为埃及苏伊士运河管理局建造的 Mashour 号，船舶装机总功率 22795kW。随后 Jan De Nul 公司在 2003 年 7 月建成了总装机功率达 27500kW 的 "J. F. J. de. Nul" 号自航绞吸挖泥船，其绞刀功率为 6000kW，水下泵功率 3800kW，舱内泵功率 2×6000kW，最大挖深 35m。2005 年 DEME 公司的"达达尼昂"号（见图 1.12-2）的总装机功率又超过了 "J. F. J. de Nul"号，达 28200kW，该船挖砂时的产量可达7000~8000m³/h，目前各大疏浚公司为应对世界疏浚业的兴旺和持续增长要求均有计划扩大自己的船队。

图 1.12-2 "达达尼昂"船舶图

1.12.2 国内大型疏浚船舶现状及发展趋势

进入本世纪以来，在我国经济持续快速增长，进出口贸易急剧攀升的情况下，迎来了我国港口建设史上的新高潮，长江口、珠江口航道治理工程、洋山深水港、天津港 25 万吨级航道等一批国家重大战略项目相继开工。同时随着国家经济结构和产业布局的调整，天津滨海新区、曹妃甸工业区等沿海工业区的兴起，涌现出大批围海造地项目。在这一巨大市场需求和广阔的发展空间刺激下，我国的疏浚装备也得到了前所未有的快速发展。

1）耙吸挖泥船

2002 年 11 月，中交上海航道局在荷兰 IHC 公司成功地建成了一艘当时世界上技术最先进、自动化程度最高、舱容为 12888m³ 的自航耙吸挖泥船"新海龙"轮。这一举措打破了国内无 10000m³ 舱容耙吸挖泥船的历史。该船长 152.71m，宽 27.0m，型深 10.4m，航速 16.8 节，总装机功率 19528kW，最大挖深达 45m，船舶除了具有通常的挖抛功能外，挖喷、挖吹、右挖左填、浅水抛泥、深水深抛等作业更是其强项。船上配置的集成控制系统，可实现船舶位置和航线的全自动化控制。

在"新海龙"轮建造的同时，中交上海航道局在充分吸收国外先进装备技术的基础上，于 2002 年初和 2002 年底分别将两艘 2.6 万吨级的旧散货船改造成舱客 12000m³ 的耙吸挖泥船；2004 年 11 月又成功地改建了一艘舱容 13000m³、取沙深度达 70m 的疏浚工程船"新海狮"轮。在此期间，中交广州航道局也于 2004 年从荷兰 IHC 建造了一艘 10028m³ 耙吸挖泥船"万顷砂"轮；中交上海航道局和中交天津航道局又分别于 2007 年 4 月和 2008 年 4 月在广州文冲船厂建成了由国内自主设计、自行建造、世界先进、国内一流的舱容为 13500m³ 和 13000m³ 耙吸挖泥船各一艘，船上均配置了"疏浚智能化监控及辅助决策系统"信息平台，技术属国际领先。2010 年中交天津航道局建成了中国最大的耙吸挖泥船"通程"轮，舱容达 18000m³，最大挖深达 85m，见图 1.12-3。

图 1.12-3 "通程"轮船舶图

2) 绞吸挖泥船

2000 年以前，国内最大的绞吸挖泥船为中交天津航道局的津航浚 215 轮，船舶总长 113m、型宽 19m、最大排距 4500m、总装机功率 10800kW、设计生产效率 2500m³/h。其他疏浚公司的船舶装机功率均小于 6000kW。2002 年，中交上海航道局从国外引进了被称之为"亚洲第一"的，总装机功率为 11952kW，最大挖深达 27 米，设计生产效率达 3500m³/h 的斗轮（绞吸）挖泥船"新海豹"轮；接着 2004 年又引进了装机功率为 11617kW 的双刀轮挖泥船，设计生产效率 2700m³/h，最大排距 6500m；在引进装备技术的基础上，2006 年又成功在国内建造了神州第一绞"新海鳄"轮，该船总装机功率为 14600kW，排距 7000m，设计生产效率 3500m³/h。与此同时中交天津航道局、中交广州航道局也分别建成了"天狮号"、"恒龙号"等大型绞吸挖泥船。至此，我国大型绞吸挖泥船的装备能力跃上了一个新的台阶。2010 年中交天津航道局建成了国内首艘超大型自航绞吸挖泥船"天鲸号"，见图 1.12-4。该船装机功率达 19700kW，设计生产效率为 4500m³/h，为目前亚洲第一，世界第三自航绞吸挖泥船。

图 1.12-4 "天鲸号"船舶图

1.13 港口工程船舶

随着水工建筑物的深水化和大型化、水工建筑市场的国际化以及施工工期的紧迫和施工难度的增加，工程船舶已经并正在朝着大型化、自动化、现代化、高效率的方向发展。

1.13.1 起重船和打桩船

1) 起重船的主要技术参数、类型和发展趋势

起重船的技术规格用额定起重量表示。额定起重量是指在设定幅度下的起重量。幅度也叫跨度、吊跨，是指主钩垂线到船艏舷的水平距离。

表示起重船使用性能的主要参数是起重量、吊高(指水面以上高度)、幅度、钩速(钩头速度)和钩距(主钩头之间的距离)。起重船的起重性能用吊重曲线和相应的表格表示。

起重船的主要技术参数除了主尺度(总长、型宽、型深)和起重量、吊高、幅度、钩速、钩距外，扒杆的仰俯角度很重要。扒杆仰俯则幅度变化，幅度变化则起重能力变化。变幅扒杆的型式有 A 字型和门字型，断面有圆型结构和桁架结构；变幅扒杆有单扒杆和双扒杆之分。

变幅扒杆除了变幅外，还能够随起重机 360°全回转者，叫全回转起重船。全回转起重船的起重性能、施工效率和船舶造价都明显高于一般起重船。

起重船的钩头有主钩、副钩和索具钩。起重能力主要是讲主钩的起重能力。目前，国内起重船有 100t、200t、350t、500t、700t、900t、1000t、1200t、2000t、2600t、4000t 等规格。

从 2006～2008 年国内外设计建造的 3000t、4000t、7000t 起重船，就可以大致看出起重船的发展趋势：

大型化——3000t 起重船有"亚洲第一吊"之称，总长 135m，型宽 40m，型深 12.8m，甲板上具备直升机起降条件。4000t 起重船，总长 170m，型宽 48m，型深 16.5m，自重 3 万吨以上，满载排水量 8 万吨；300 人可同时在船上工作和生活，是亚洲目前最大的起重船。4000t 深水铺管起重船总长 204.65m；7000t 起重船吊高可达 110m。

自动化、现代化——上述 3000t、4000t 起重船，可以在无限航区(全球范围海洋)航行和作业，应用国际最现代化的"电力推进"系统和"动力定位"系统，可以在深水海洋给船舶自动精确定位、自动导航。

高效率——推进功率大，航行速度高；抗风浪能力强；全回转，钩速快。船舶造价高，单船造价为 6～20 亿元；由于高效率导致高效益，投资回收期短。

2) 打桩船的技术参数、类型和发展趋势

打桩船的重要技术标志是打桩架的高度，所谓 50m、60m、68m、83m、93m、93.5m 和 95m 打桩船，其数字都说的是桩架高度。

打桩船的性能主要是打桩，兼有起重性能。同样，以上介绍的起重船，在采用"吊打"工艺时，也具备打桩的能力。

表示打桩船技术性能的主要参数包括：桩架高度；船舶主尺度(总长、型宽、型深)；最大起重量；空载和满载状态下的艏、艉吃水和排水量；总吨位；拖航时船上最高点距轻载水线的高度；桩架最高点距轻载水线的高度等。

表示打桩船打桩性能的主要参数包括：龙口长；龙口宽；桩架仰俯角度；能够施打的桩长、桩重和桩径；可以使用的打桩锤类别和规格型号等。

表示打桩船起重性能的主要参数包括：主钩和副钩的起重量；主钩和副钩的数量；水面以上吊高；舷外吊距(幅度)；主钩和副钩的钩速等。钩头的数量和布置对打桩工艺和施工效率影响很大。

其他主要技术参数包括：桩架仰俯的动力和装置；船舶甲板机械（绞车）的数量和技术参数；锚泊系统等。

打桩船的发展趋势是：

① 船舶主尺度越来越大，并且有了平台式打桩船，抗风浪能力越来越强；

② 桩架越来越高，目前桩架最高的在中国，能够施打的钢桩长度达到了"95m加水深"，能够施打的桩径达到了3m，应用液压震动打桩锤可以施打直径12m的混凝土大圆筒。

③ 打桩锤的技术开发和技术进步很快，柴油打桩锤由D40、D60、D80、D100升到D125、D128、D180等，液压打桩锤的打击能量到了500kNm，并且有单作用和双作用液压打桩锤，双作用液压打桩锤可以对任意角度的桩施打；液压震动打桩锤的打击能量可以到320tm。

④ 日本开发了第三代打桩船——全回转打桩兼起重船。

⑤ 西方国家采用"吊打"工艺很普遍（不用固定桩架的工艺），他们认为可以降低施工成本，包括硬件的投入和施工费用。

3）近代的全回转打桩兼起重船

全回转打桩兼起重船的主要设备是全回转打桩（起重）机。目前，国内已经有2艘。一艘是"天威号"，一艘是"海力号"。下面以"天威号"为例做简要介绍。

桩架高82m，最大吊重700t。总长80.00m，型宽32.00m，型深6.00m。总吨位5434t，净吨位1630t。拖航时最高点距轻载水线的高度38m，桩架最高点距轻载水线的高度83m。液压打桩锤型号S-280（双作用液压打桩锤，荷兰IHC产品），锤击能量280kN·m，最大能量打击频率45次/min。龙口长82m，龙口宽1.524m。打桩性能中适应桩长（80+水深）m，桩重80t，桩径2.5m，仰俯角±25°。起重性能中主钩350t×2，水上吊高47m，舷外吊距22.5m，钩速5m/min；副钩100t×1。甲板绞车13台，7t丹佛斯锚8只，10t霍尔锚1只。

在杭州湾大桥施工中，7级风力、3m/s流速下正常施工。

"天威号"的外观如图1.13-1。

图1.13-1 "天威号"的外观

1.13.2 有代表性的混凝土搅拌(拌和)船

混凝土搅拌(拌和)船是在设定海况下、实施现场浇筑混凝土的施工船舶。它具备混凝土拌和材料(石料、砂、水、添加剂等)的储备能力、拌和能力、现场输送和浇筑混凝土的能力。它的规格、名称按每小时混凝土拌和量界定，如：40m³/h、50m³/h、60m³/h……100m³/h、120m³/h 等。下面以有代表性的 200m³/h 混凝土搅拌(拌和)船为例做简要介绍。

该船主尺度：船长(L)72.00m，型宽(B)21.70m，型深(D)4.80m 设计吃水 3.50m。石料舱容积 600m³＋400m³，砂料舱容积 600m³，水泥舱容积 170m³＋140m³，粉煤灰舱容积 70m³×2，硅粉舱容积 40m³×2。生产用淡水舱容积 412.7m³。每上足一次生产原料，可连续生产混凝土 1000m³。主要设备及性能参数：搅拌系统的理论生产能力 200m³/h，成品混凝土总量(捣实)1000m³/船。输送设备：骨料输送水平胶带输送机二条；大倾角胶带输送机二条；粉料输送——螺旋输送机八台；抓斗起重机 2m³×18m 二台。混凝土生产设备：2m³ 搅拌机 二台；100m³/h 混凝土泵二台；42m 混凝土布料杆二台。混凝土搅拌系统采用工业控制微机全自动集中控制。水箱内设有液位自动控制装置和溢流管路。计量时通过粗、精称配料阀进行精确配料。两种外加剂通过放料阀卸入水称量斗内，与水充分混合后，通过加压泵快速、均匀地喷射到搅拌机内。

本船能在我国沿海作业，风力≤7 级，流速≤3.0m/s 时能完成上料、混凝土生产和灌注等作业。风力≤8 级，流速≤3.0m/s 时可就地锚泊抗风。

混凝土搅拌(拌和)船的外观如图 1.13-2。

图 1.13-2 混凝土搅拌(拌和)船的外观

1.13.3 半潜驳浮船坞的技术参数和发展趋势

1) 半潜驳的类型和比较典型的半潜驳

半潜驳的规格主要以举力大小区分。远洋运输的半潜驳有 1 万 t、1.5 万 t、2 万 t、5 万 t 的半潜驳。这里介绍的半潜驳主要是沿海和近海施工的半潜驳。国内沿海和近海施工的半潜驳举力有 1200t、3000t、4000t、5000t、6000t。

半潜驳的技术特征除了举力之外，下潜深度也很重要。半潜驳的下潜，有水平式下潜和纵倾式下潜两种。用半潜驳出运沉箱(或货物)有坐底和搭岸两种方式。

下面以举力 4000t、坐底和搭岸二用的半潜驳为例作简要介绍。

该船总长 58.0m，型宽 34.0m，主体型深 4.6m，最大型深 22.6m，最大潜深 20.6m，甲板以上吃水 16m。建筑物最高点距轻载水线的高度 34m。主甲板有效作业面积 29m×22m。满载水线至最大潜深时间 2h，最大潜深至空载吃水时间 2h。压载舱数量 18 个，压载泵 960m³/h×4 台。

比较典型的半潜驳外观如图 1.13-3。

图 1.13-3　半潜驳的外观

2) 比较典型的浮船坞

浮船坞的外观如图 1.13-4。

图 1.13-4　浮船坞的外观

浮船坞有 2 个坞墙，半潜驳是浮箱；浮船坞是纵向装卸货物，半潜驳是纵向和横向装卸货物；现有的浮船坞作业潜深比较小，半潜驳潜深比较大。

下面以 6000t 举力，比较典型的浮船坞为例作简要介绍。

船长 63.0m，型宽 40.0m，主体型深 4.0m，最大型深 21m，最大潜深 18.6m。建筑物最高点距轻载水线的高度 32.7m。主甲板有效作业面积 63m×32m，满载水线至最大潜深时间 2.0h，最大潜深至空载吃水时间 2.5h。

3）半潜驳的发展趋势

2003 年之前，国内的半潜驳包括远洋运输的半潜驳和沿海近海施工的半潜驳，都是非自航的。2004 年开始，国内有了荷兰技术设计、国内施工设计、由国内建造、关键设备进口、载重量 18000t 的自航半潜驳。

2007 年开始，国内独立设计或联合国外设计公司设计，正在设计建造载重量 20000t 和 50000t 的自航半潜驳。

上述自航半潜驳均可在无限航区航行，并应用了国际先进的自动化、现代化技术。

1.13.4　基床抛石整平船

1）坐底式基床抛石整平船

坐底式基床抛石整平船是在浅海水域施工，用于抛石和整平的专业化施工船舶。它具备抛石、整平、质量控制和自动检测的功能。在浅海水域施工，它取代了潜水员的人工作业，提高了施工质量、效率和施工的安全性。

已有的抛石、整平船的主要技术参数是：船长 60.8m，型宽 34m，片体型深 6m，最大型深 16m，坐底最大吃水 14m，中间开口尺寸 45m×22m，满载排水量 7815t。建筑物最高点距轻载水线的高度 30m。整平厚度 0.5～3m，整平精度 ±5cm，适应海床坡度 1/60。该船曾应用于我国长江口深水航道整治工程，取得了显著成效，见图 1.13-5。

图 1.13-5　坐底式基床抛石整平船

2）平台式基床抛石整平船

长江口深水航道治理二期工程同期，于 2002 年底研发了平台式抛石整平船（见图 1.13-6）。该船主尺度为：39m×36m×3.2m；中间开口尺寸为：28m×16m；桩腿：Φ2.1m×28m×4 根。生存条件：最大蒲氏风力 9 级，最大波高 3.0m，最大流速 3.0m/s；升降作业条件：最大蒲氏风力 6 级，最大波高 1.2m，最大流速 1.5m/s；抛石整平作业条件：最大蒲氏风力 7 级，最大波高 1.5m，最大流速 1.5m/s；作业水深：4～11m；整平厚度：0.5～5.0m；一个船位整平面积：14m×20m；作业效率：每个有效工作日两个船位。

图 1.13-6　平台式抛石整平船

3）漂浮式基床抛石整平船

坐底式抛石整平船一般适用于地基有一定承载力且坡度变化相对小的基床抛石整平，对泥面坡度变化较大的重力式码头基床抛石整平并不适用。随着港口建设不断向外海深水区域的发展，解决其基床人工整平施工难度大、风险高和作业效率低下的问题迫在眉睫，于 2008 年进行了深水整平船的研发，将原坐底式基床抛石整平船"长建 1 号"改造为漂浮式深水整平船，见图 1.13-7。

图 1.13-7　漂浮式抛石整平船

深水基床抛石整平船由工作母船和整平机两部分组成。工作母船是整平机的载体和工作基站。本船是在已预抛石料并经过夯实的基础上进行细石料的抛放与整平作业。工作母船主体为一中部有上下贯通形大开口的箱型驳船，整平机安装在大开口区域内，并由母船起重绞车控制整平机升降。母船上设有抓斗式起重机 2 台，用于给整平机料斗运送石料。

母船上设有整平机的定位、监测和控制系统。整平机主要由定位框架和上料斗、喂料溜管、下料斗、整平刮刀组成。在调遣或转场时,工作母船作为整平机的运载工具将整平机收起在船体中间开口内,由拖船拖曳母船调遣转场。作业环境及条件:作业水深≤40m,蒲氏风力≤6级,水流速度≤2.0m/s,波高≤1.2m;生存条件:蒲氏风力≤9级,水流速度≤3.0m/s,波高≤2.5m;施工作业能力:整平料粒径≤20cm,整平厚度≤50cm,整平效率:整平机一次驻位有效整平面积,36m×18m,24小时1~2个船位;整平精度:±5cm。该船集抛石、整平及检测于一体,有效地解决了外海深水人工整平的难题。经业内专家鉴定,该船的技术研发成果为世界领先水平。

4) 基床抛石整平船的发展趋势

日本开发和应用了水下步履式整平机,我国也曾应用于长江口深水航道整治工程。为了适应港珠澳大桥隧道涵管基础的抛石整平需要,中交股份正在研发新一代应用于外海施工、水深40m的基床抛石整平船。

1.13.5　砂桩船

砂桩船是利用振动锤将砂管打入软基一定深度形成砂桩以实现软基加固的一种专用施工船舶。砂桩船分为非挤密砂桩船和挤密砂桩船两种。非挤密砂桩船形成的砂桩未经打回方式进行扩径;挤密砂桩船是利用套管的自重、砂重、气压和振动锤的振动力将砂和原有土壤紧固在一起,并通过打回的方式进行扩径,使原有土壤的密度增大、地基承载力增强进而达到软基加固目的的一种专用施工船舶。图1.13-8为典型的非挤密砂桩船,图1.13-9为典型的挤密砂桩船。

图1.13-8　非挤密砂桩船　　　　　　　　图1.13-9　挤密砂桩船

砂桩船的主要组成:

砂桩船主要由船体、移船系统、管架系统、提升绞车系统、供砂装置、供气和供水系统、动力装置及施工管理系统等部分组成。

砂桩船曾广泛应用于日本的海上软基加固处理施工,主要是由于日本国土狭小,很多工程都是建在海上的原因,如大阪关西机场、石卷港雲雀野防波堤等。我国海上砂桩船的大规模应用始于2005年,在上海洋山深水港建设中采用的砂桩技术取得了显著的经济效益和社会效益。目前,国内所用砂桩船大部分是从日本进口的二手船,一般为三联或六联桩船。最近，国内正在研制建造新型砂桩船。

1.13.6 软体排铺设船

在长江口航道治理工程中，为了加固导堤基础采用了护底软体排结构，利用针刺复合土工布的保土透水性能，施加长管砂肋和混凝土联锁块作压载，有效地满足了水上建筑物的整体稳定性。一、二期工程动用了 15 艘软体排铺设船，铺设面积高达 1189 万 m² 。铺设船多为适宜的方驳改造而成，少数是针对工程需求专门设计和建造。根据设计和施工要求，软体排一次铺设宽度为 40m，船舶的理想尺度约 $70 \times 24 \times 4.2$m，满载排水量约 4000t。一般的布置方式，是在甲板的一舷安装长轴卷筒，卷筒的长度根据铺设宽度而定，另一舷装有与卷筒等长度的倾斜滑板。砂肋或连锁块在甲板上充填或绑扎，利用吊机将处理好的排体移向滑板并向下溜放，以后的过程就是利用排体的自重、卷筒的随动释放和适当的移船速度来控制软体排的铺设。铺设船还安装了 DGPS 定位系统，以提高铺设的精度和效率。典型的铺设船见图 1.13-10。

图 1.13-10 软体排铺设船

2 港口与航道工程典型案例

2.1 大型深水港码头工程

2.1.1 工程概况

洋山深水港区是上海国际航运中心的集装箱枢纽港区，位于杭州湾口东北部，上海芦潮港东南的崎岖列岛海区，是世界上首座在外海依托岛礁地形建设的超大型集装箱港口，规划岸线10余公里、共30多个集装箱泊位，设计年吞吐能力1500万标准箱以上。一期工程位于小洋山岛与镬盖塘岛之间，二期工程位于小洋山岛与蒋公柱岛之间，从一期工程西端向西延伸。三期工程位于一期工程的东侧。

一期工程岸线长1600m，共建5个第五、六代集装箱泊位，设计年吞吐量为260万TEU；二期工程岸线长1400m，共建4个第五、六代集装箱泊位，设计年吞吐量为210万TEU。三期工程码头长度2600m，分两阶段进行建设，其中一阶段港区码头岸线（西侧）长1350m，建设4个7～15万吨级集装箱泊位，设计核定年吞吐能力280万TEU；二阶段港区码头岸线（东侧）长1250m，建设3个7～15万吨级集装箱泊位，设计核定年吞吐能力220万TEU。一、二、三期工程共建成16个集装箱深水泊位，岸线总长5600m，设计核定年吞吐能力970万TEU。

2002年国务院批准建设洋山深水港区，2006年底二期港区建成投产。三期工程于2006年4月开工，2008年12月建成试投产，2009年9月通过国家验收。图2.1-1为上海国际航运中心洋山深水港区一、二、三期工程全貌。

图 2.1-1　上海国际航运中心洋山深水港区

一期码头结构总宽度51.5～56.5m，由码头和接岸结构组成。其中码头宽37m，驳岸结构宽13m和18m，码头和驳岸通过5m跨的简支板连接。

二期码头结构断面见图2.1-2，码头承台总宽度为60m，分为码头和接岸结构两部分，其中码头宽度为37m，接岸结构总宽度为23m。接岸结构为斜顶桩板桩承台结构，包括斜顶桩板桩承台、现浇挡土墙以及分别连接码头与承台和承台与挡土墙的简支板。承台顶宽13m，与挡土墙连接的简支板净跨7.5m，与码头连接的预制简支板净跨4.0m。

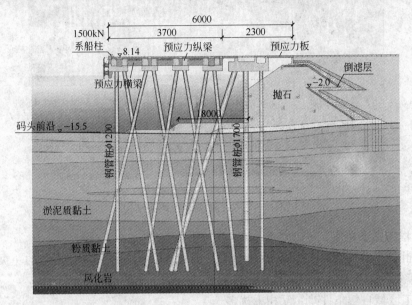

图2.1-2　洋山二期码头结构断面图

三期工程水工码头总长2600m，宽66m，为满堂式高桩梁板结构。上部结构为现浇桩帽，预制纵、横梁等高连接，现浇上节点，安装预应力面板及现浇面层，码头与接岸结构的承台采用3.5m跨简支板相连。接岸结构采用斜顶桩板桩墙结构，上部为现浇承台，其后方为抛石棱体及防漏砂混合倒滤层，上部为"⌐"形挡墙。接岸结构通过7m跨大板与后方道路堆场连接。三期工程典型段码头结构见图2.1-3。

三期工程陆域纵深1400～1800m，陆域面积约591.35万 m^2，分为港口作业区、进出港道路、工作船港池基地和港口作业区北侧区域四部分，堆场采用三渣基层、钢筋混凝土条基和混凝土面层结构。进港道路由高架桥和地面道路两大部分组成，高架桥为分离式双向6车道，打入式钢管桩基础，现浇钢筋混凝土承台，双柱式墩；上部结构采用现浇预应力混凝土连续箱梁，标准联为4×35m的四跨连续梁结构。

洋山深水港区三期工程（港口工程）总投资约160亿元。在工程建设过程中，通过科学管理、优化设计、技术攻关、科技创新提高了建设效率，降低了建设成本，并确保了三期工程按期建成投产。尽管2008年受金融风暴影响，但洋山深水港区年完成集装箱吞吐量仍达823万标准箱，直接创造就业机会4000余人，实现营业收入46亿元。洋山深水港区的建成投产，带动了上海及其周边地区的经济特别是航运物流业的快速发展，使国际集装箱运输在长江流域特别是长三角港口群发生了集聚效应，全面提升了我国参与国际经济竞争的综合实力，对实现国家战略、竞争东北亚国际航运中心做出了重要贡献。

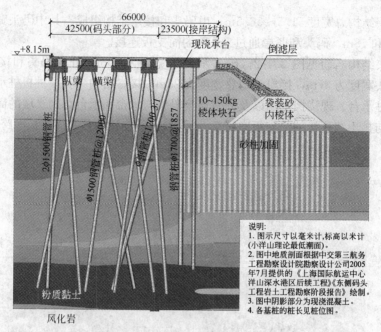

图 2.1-3　三期工程典型段码头结构图

2.1.2　工程的主要特点

上海国际航运中心洋山深水港区的建设，开创了我国外海孤岛建港新的一页。工程所处区域环境条件，与常规水运工程施工项目相比有如下不同的特点：

1）施工区域自然条件差、互相干扰多。

① 陆域施工环境条件差

建设初期，施工、设计等数十家单位汇集在面积仅有 176 万 m² 崎岖不平的外海孤岛上，在缺水、缺电、缺住房的艰苦环境条件下，开展建设洋山深水港区的攻坚战。众多的工程施工工序同时展开，相互牵制。

② 施工区域水文条件差

洋山岛地处外海，风大浪高、流急，对水上施工影响很大，有效作业天数少；洋山远离大陆属孤岛施工，交通不便，各种材料、施工设备均需从大陆运来，这给工程施工组织增加了困难。

③ 水陆同时施工，交叉作业，相互干扰大

一期工程建设水工码头与陆域形成同时施工，水上施工作业的船舶多，需设置大型船舶作业水上通道，施工安排难以形成有序的施工流水作业面，给工程进度、安全管理带来很大的难度。

2）工程结构新颖，施工技术难度大，质量要求高。

① 水工码头采用新颖的斜顶桩板桩墙高填土挡土结构，板桩墙的沉桩施工、大方量高性能混凝土的浇筑、外海深水大直径砂桩地基加固、深水裸露岩基段的大直径嵌岩桩施工等均为首次，无经验参考，技术难度大。东围堤在软基上的深水筑堤高达 30 多米，技术措施复杂。

② 洋山工程是上海市重点工程，指挥部明确要求建"一流工程"，高架桥要达到"景

观工程"要求，因此质量目标必须争创国优，质量管理必须达到一流水平。

③ 工程规模大、工期紧是洋山港区工程建设的显著特点。一期码头 AB 标现浇、预制混凝土工程量高达 15 万多方，桩基近 2000 根，抛石及倒滤层 169 万多方，预制安装构件 2640 多件。进港道路高架主桥总长 1700m，均为浇筑箱梁，合同工期只有 22 个月。道路堆场 AD 标有 8 个箱区，总面积达 49 万 m²，浇筑面层混凝土 16 万 m³，合同工期只有 17 个月。三期工程规模更大，工期更紧。

2.1.3　主要施工工艺

1）测量工程

洋山港一期工程位于小洋山与镬盖塘之间，码头结构物离岸在 1000m 左右。施工区域浪大流急，可作业时间少，为加快施工进度及充分利用可作业时间，施工测量采用常规测量与 GPS 卫星定位系统相结合的测量工艺。

2）钢管桩施工

① 沉桩顺序

以一期工程为例，本工程 AB 标段码头 $\phi1200$ 钢管桩共 696 根；承台桩 1004 根，其中 $\phi1700$ 钢管桩 694 根，$\phi1200$ 钢管桩 310 根。沉桩顺序原则上先打承台桩，后施工码头桩。

② 工艺流程

吊桩→定位→稳桩→压锤→沉桩→停锤

③ 吊桩

吊桩采用二点吊，钢管桩上设 3 个吊耳，上吊点设 2 个吊耳，左右对称，下吊点设 1 个吊耳，起吊和立桩采用上、下 2 个吊耳，桩进龙口后采用上吊点的 2 个吊耳，使桩保持平衡。

对钢管板桩墙的 $\phi1700$mm 桩，取消吊耳，上、下吊点采用钢丝绳捆绑，上吊点钢丝绳包覆土工布，避免损坏钢管桩防腐涂层。

④ 桩帽的选用

采用通用桩帽，既能满足 $\phi1200$mm 的码头钢管桩，又能满足承台 $\phi1700$mm 钢管桩的沉桩需要，避免在承台沉桩施工中经常更换桩帽的现象。

⑤ 停锤控制

沉桩停锤以标高控制，即桩顶标高达到设计标高时可停锤。

当沉桩贯入度小于等于 3mm 时，再锤击 30 击，而贯入度无明显变化，也可停锤。

⑥ 沉桩定位

平面位置由岸上一台全站仪、二台经纬仪按前方任意角交会法控制。选取测量控制点时，交会角在 60°～120° 之间。

桩身平面扭角、倾斜度：桩身平面扭角由设置在打桩船上的经纬仪按放样角度控制。

GPS 定位方法：可利用打桩船上设置的《海港工程 GPS 远距离打桩定位系统》，直接进行沉桩定位。

⑦ 高程控制

本次沉桩施工所采用的高程系统为小洋山理论最低潮面。

桩顶标高由岸上水准仪按高程测量法读取桩身或替打上的读数控制。

⑧ 船机设备

选用三航桩 12 号船，桩架高度 80.4m，三航桩 7 号船，桩架高 60m，码头最长桩为 63m，借水深桩架高度满足沉桩要求，桩锤选用 DM100 柴油锤。运桩采用 1000～1500t 方驳 5 艘，每驳装钢管桩 9～12 根。配备 3 艘 834～1377kW 拖轮拖航，1 艘专用抛锚船抛锚。

⑨ 钢管桩涂层保护

钢管桩防腐涂层完成后，在所有的吊运过程中，都不得采用钢丝绳直接捆绑吊运，尽量使用桩上的吊耳板吊运。钢管板桩墙桩采用钢丝绳落驳时，钢丝绳用土工布包覆，运输驳船垫木和限位架用麻袋或土工布包裹，桩与桩之间用木楔垫紧．

3）嵌岩桩施工

嵌岩桩施工是制约本工程的关键工序，原设计为套箱灌砂作为稳桩措施，但因施工难度大，施工时间长，经设计、业主、监理同意改为人造基床。

① 水下地形测量及探摸

由测量船对拟铺设人造基床的海域进行水下地形测量，同时通过潜水员对海底进行探摸，查清海底表面的底质情况，以便后续施工。

② 人造基床铺设

a. 由于嵌岩桩位置的覆盖层基本呈水平状态，且略微有前高后低的趋势，为保证砂袋层的整体稳定，采用在原设计混凝土套箱的部位整体抛设砂袋的方案。为减少原有覆盖层的冲刷，在嵌岩桩区域范围全面抛设 2m 厚碎石袋垫层，作为防冲护底。

b. 砂（碎石）袋铺设主要施工方法

考虑到施工现场的实际工作量及水文地质情况，每天的抛石（碎石）量约为 1000m³，定位船用 400t 自航方驳改造，方驳上配 16t 吊机 1 台，5t 锚机 4 台，2t 海军锚 4 只。

运砂船采用 500t 运输船，根据本工程的实际抛砂（碎石）量及运砂（碎石）的时间，配置 10 艘运砂（碎石）船。

在施工现场由全站仪或 GPS 定位系统对定位船进行定位。运砂（碎石）船把砂由北仑运至施工现场，并停靠在定位船边上，由人工进行灌装，灌装后用砂袋封口机封口，并搬运至网络上，用 16t 吊机起吊并放入水中，翻网抛砂（碎石）。砂（碎石）袋分层抛设，每层厚度控制小于 2m，抛设完成后测量水深，并进行潜水探摸，以确定抛砂（碎石）是否到位。然后再进行上一层砂袋的抛设。

③ 钢套筒制作打设

钢套筒直径为 2200mm，材质为 Q235 镇静钢，长度为 31.5～48m 不等。由专业钢结构加工厂制作，水上运至现场，由打桩船定位打设。

④ 钻机平台搭设

在钢套筒上焊接牛腿，先安装排架方向的底层钢梁，再安装排架之间的上层钢梁，与钢套箱之间连成整体，以抵抗波浪、水流荷载及钻机嵌岩成孔而产生的扭矩。底层钢梁采用 3 排贝雷架，上层钢梁采用 HK400b 型钢，贝雷架与贝雷架之间采用垂直和水平剪力撑连接。

贝雷架与 HK400b 型钢均在宁波镇海采购加工，驳运至现场，由大型起重船进行安装与拆除。搭设平台的钢梁计划周转一次，约 1000t。平台四周设安全护栏与醒目标志，上下平台设安全梯固定。由于设计高水位为 +4.51m，考虑风浪的影响，钻机平台标高确定为 +6.0m。

钢牛腿宜制成环形，加强钢套筒顶端的钢度，防止钢牛腿处钢套筒局部变形。

⑤ 嵌岩桩施工

一期工程共有嵌岩桩104根，嵌岩桩施工基本采用2台XZ-300型和6台QJ-250型钻机成孔。钢筋笼分节安装，混凝土由水上搅拌船浇筑。

a. 工艺流程

见图2.1-4嵌岩桩施工流程图。

b. 设备选用

嵌岩钻孔拟投入2台XZ-30和6～8台QJ250-1型钻机，每台钻机配备一台150kW以上发电机。

c. 成孔

钻机就位必须准确牢固，并保持天车中心与桩位中心在同一铅垂线上，确保施工中不发生倾斜、移位。钻机就位以转盘中心或立轴对准护筒中心为准，偏差不大于20mm。

根据覆盖及岩石情况，在覆盖层较厚时钻进采用梳齿型钻头，在岩石钻进阶段采用球型滚刀钻头，具体依据实际地质情况安排施工。钻头安装和修理由起重船配合进行。

当钻头在钻进时发生突然的强烈振动，或反映扭矩的电流表出现异常变化时，应停止钻进，更换钻头，进行岩层钻进。

在强风化层钻进，特别钻到钢套筒底部时，因岩面存在倾斜，为防止出现斜孔，必须缓慢钻进，反复扫孔，待钻进0.5m后才能加快钻进速度。

嵌岩起始面的确定：不断收取渣样，并进行留样，记录取样时间、桩号、标高等数据。

对所取的渣样进行强风化及中-微风化碎粒的含量比较，尤其是按地质钻孔资料描述的岩石物理性质及柱状图标高综合判断，根据施工经验，一般当中-微风化岩屑的含量占总出渣量的70%时，可认为已经进入设计要求的嵌岩起始面。嵌岩起始面的确认需由监理工程师和施工单位共同参与进行。以此嵌岩起始面向下钻进3.4～4.4m。

通过嵌岩起始面确认后，即进入中-微风化层的钻进，进入嵌岩。

嵌岩段使用球齿滚刀钻头，气举反循环钻进。根据不同的钻机分为加压钻进和减压钻进，其中XZ-30钻机具有加压钻进的功能，可以使作用于岩石的单位压力相应增加，进而加强了破岩能力，加快钻进的速度。

钻进到根据嵌岩起始面计算的嵌岩深度后，必须对该部位所出的岩渣留样，经监理工程师验收后继续钻进超深5cm方可停钻。

d. 清孔

清孔分为一次清孔和二次清孔。

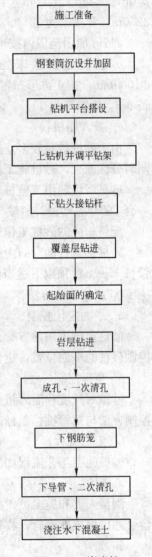

施工准备

↓

钢套筒沉设并加固

↓

钻机平台搭设

↓

上钻机并调平钻架

↓

下钻头接钻杆

↓

覆盖层钻进

↓

起始面的确定

↓

岩层钻进

↓

成孔、一次清孔

↓

下钢筋笼

↓

下导管、二次清孔

↓

浇注水下混凝土

图2.1-4　嵌岩桩
施工流程图

e. 钢筋笼及水下混凝土

钢筋笼及水下混凝土浇灌系常规施工。

4）砂桩施工

① 一期工程 A、B 标段砂桩加固软基的范围为：

a. A 标段承台后沿：加固范围为 417.0m×35.0m，砂桩直径为 ϕ1000mm，桩间距为 2.0m×2.0m 或 2.0m×1.62m，计 3813 根。泥面标高 −19.0～22.5m，砂桩长 13.5～22.0m，置换率为 20%。

417m 加固范围内按不同深度总共分成 7 个区。

b. 沉箱抛石基床处：加固范围 40.0m×50.0m，置换率为 30%，砂桩直径为 Φ1000mm，按正方形布置，桩间距 1.62m，共 25×31=775 根。泥面标高 −26.5m，砂桩长 9m。置换率为 30%。

② 投入船机：

由于砂桩数量较多，且砂桩施工直接影响承台的钢管桩施工，因此砂桩由三艘砂桩船同时分区施工，砂桩施工以不影响打桩船抛锚为前提，依次展开。

砂桩沉设船由三航桩 3 号、4 号，三航起 10 号改造成砂桩专用船，每艘打桩船配备一套 DZ90 振动锤，船舷口设置定位导架，吊打钢套筒。

配备相应的砂桩工作船 2 艘（各配砂泵 1 台，抓斗吊车 1 台），配备运砂船 6 艘。

砂桩钢套管的套筒内径 ϕ1000mm，壁厚 14mm，由 A3 钢直缝管或螺旋焊缝管焊接，管长 45m。桩顶以下适当位置开设灌砂用法兰接口和排水口各 2 个，接口直径 16cm。

③ 沉桩定位方法：

a. 平面定位控制

砂桩定位采用前方交会法，由陆上 2 台经纬仪控制打桩船上的钢套管位置，从而达到控制砂桩的平面位置，定位方法同钢管桩。

b. 高程控制

砂桩的长度和灌砂量由标高控制，在钢套筒上划好刻度线，高程由陆上水准仪控制，控制方法与钢管桩控制标高方法相同。

④ 工艺流程：

砂桩施工工艺流程如图 2.1-5。

a. 定位

测量人员和施工员指挥砂桩船移位，当砂桩船上的钢套管达到理论计算位置时，经两台经纬仪校核准确后，收紧锚缆，准备沉管。

b. 沉管

钢套管底部设 3 瓣活叶，确保活叶启闭灵活可靠。3 瓣活叶用 ϕ37 钢丝绳串联后从管内引至卷扬机，下桩前用卷扬机牵引钢丝绳关闭活叶。

桩位经监理工程师确认并同意沉管后，松套管吊钩，压锤，当套管自沉停止后开动振动锤（振动锤采用 DG90 型），使套管继续下沉。沉管时应使套管保持垂直。

c. 停锤

接近设计桩底标高时，注意观测套管下沉速度，当套管下沉速度突然减缓乃至停止下沉，表明套管已进入黏土层，而黏土层不必砂桩加固，即加固的深度已满足要求。从停止

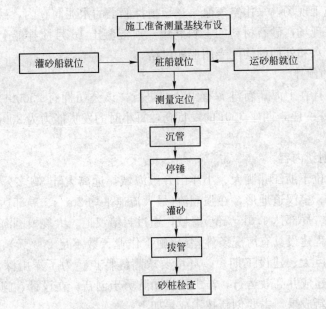

图 2.1-5 砂桩施工工艺流程图

下沉起，再留振 20s，即可停锤，准备灌砂。当套管下沉速度突然减缓，但桩尖未达到设计标高时，留振时间延长 40~60s，仍下沉很缓，也可停锤。

d. 灌砂

套管沉至设计标高或满足加固深度后，通过工作船上设置的 2 台灌砂泵和输砂软管向套管内灌砂，灌砂量按设计或实际桩长计算，砂经计量斗计量后用砂泵吸取，经输砂软管送入钢套筒，灌砂量考虑一定富余。

e. 拔管

套管上拔时开启振动锤并起吊钢套筒，拔管的速度应控制在 2m/min 左右，均匀地振动拔管，避免出现断桩。上拔时放松牵引钢丝绳，靠砂自重打开活叶管口。

5）高性能混凝土施工

本工程的现浇高性能混凝土共计 75045m³，具体的分布为桩帽 12166m³，横梁 22202m³，承台 37808m³，承台胸墙 2869m³。

① 施工船机设备的选用

考虑到本工程的现浇高性能混凝土的总工程量大，按照总体进度计划安排，月平均浇注方量为 4000m³ 以上，高峰期月浇注混凝土方量将达到 6000m³ 以上，为此，高性能混凝土浇筑采用三航混凝土 16 号搅拌船。三航混凝土 16 号一次装料 1000m³，生产能力为 100m³/h。当生产能力满足不了现场施工时，安排三航混凝土 11 号协助施工，三航混凝土 11 号一次装料 400m³，生产能力为 50m³/h。

② 原材料的供应

根据施工现场的实际情况及本工程的现浇混凝土需求量，搅拌船拖到镇海上料在时间上不允许，因此原料采用现场上料方式，以减少拖航时间。

考虑到在工地现场进行水泥与磨细矿粉掺合料的拌和，其搅拌的均匀性不能得到保证，因此，我们采用水泥、掺合料由厂家进行预拌的方式，然后落驳到水泥运输船上，由水泥运输船运至施工现场，采用空气泵泵送至搅拌船上的水泥筒仓内，砂石料等由运输船从产地运输至施工现场，砂石材料的上料利用三航混凝土 16 号搅拌船上的 2 台 3t 吊车，卸至材料储备仓；水和外加剂均配专用船舶供给。

③ 胶凝材料的预拌

胶凝材料的预拌在上海嘉新港辉有限公司进行，该公司拥有 25000t 的散装水泥库一座，3000t 的矿粉库一座，四座 300t 的发货仓，每小时的发货能力为 200t。胶凝材料的预拌均匀性可达 98%。

2.1.4　主要科技创新内容

洋山深水港区位于浙江嵊泗大、小洋山开敞海域，远离大陆 30 多公里，是世界上首座依托外海多岛礁、多汊道地形，在强潮流（最大流速平均 2m/s、局部达 3m/s）、高含沙量（平均 $1.5kg/m^3$、局部达 $4.0kg/m^3$）海域，通过封堵汊道、大规模围海造地建设的超大型集装箱港口。工程建设具有海况条件差（年施工作业天数不足 200 天）、自然条件复杂、依托条件差、规模巨大、建设工期短、环境要求高等特点。为了洋山深水港区安全、优质、环保、快速地建成并高效运行，洋山建设团队勇于创新，在设计、施工管理、科研等方面涌现出许多创新成果，主要创新技术成果如下：

1）选择先进合理的装卸工艺和灵活的平面布置，适应分阶段建设及管理的需要

港区总体布局采用"一进两出"的布置形式，进港闸口布置于港区中央，两个出港闸口分别布置于港区的东、西两侧。西侧港内车流方向为顺时针方向，东侧港内车流方向为逆时针方向。这样布置既可满足统一运行，也可适应分开运作，也为分阶段实施提供有利条件。各港区设置内部通道，减小各港区中转的水平运输距离。

优化设计后的码头前方作业带，对工艺方案和大型装卸设备的机型选择进行了优化和改进，结合三期工程施工条件、进度及设备的可靠性、经济性等因素，确定了其工艺方案，即前方采用轨距为 35m、起重量为 80t 的双 40ft 箱吊具型岸桥和起重量为 65t 的双 20ft 箱吊具型岸桥，水平运输采用牵引车、半挂车，重箱堆场采用 RTG 的作业方式。为适应双 40ft 箱吊具型岸桥作业方式，纬一路路幅调整为 32m，设置 2 条专用车道作为前方作业集卡的缓冲车道。岸桥锚锭座采用八字形式锁定，增强了台风期岸桥的整机稳定性。防风拉索装置固定拉钩式改为活动拉环式，方便了在台风期机上防风拉索装置与坑内防风拉索座的连接。

2）进一步优化码头和接岸结构，适应岩面起伏的地质条件

结合对一期、二期工程码头和接岸结构的实践和总结，针对三期工程的地质和使用要求，采用高桩码头结构＋斜顶桩板桩承台结构，码头与接岸结构均为独立的稳定结构，码头与承台施工基本不受陆域施工的影响。为确保水工码头工程建成后达到使用 50 年的要求，采用了整体的防腐技术。上部结构混凝土采用预拌胶凝材料的高性能混凝土，能够满足现有规范对于使用年限的要求。预制构件除采用高性能混凝土外，构件表面还采用硅烷浸渍喷涂进行防腐以增加结构的耐久性。钢管桩防腐采用壁厚预留、防腐蚀涂料、牺牲阳极、局部灌混凝土芯等综合措施，确保结构使用寿命。码头宽 42.5m，接岸结构宽23.5m，标准段的码头排架间距为 12m，承台标准分段为 24m；在东端接近小岩礁局部位置处，由于基岩面较高、覆盖层较薄，码头采用全直嵌岩桩结构，排架间距为 10m，承台第一次采用直径为 1.9m 斜桩嵌岩的板桩承台。

3）创新无填料振冲地基加固技术，实施对高回填粉细砂层的处理

施工中采用深厚粉细砂高回填土无填料振冲地基加固新方法，并形成了 16m 以上回填粉细砂地基的无填料振冲加固成套施工技术。粉细砂高回填土地基处理研究成果改进了传统振冲法的有关施工工艺和技术参数，提出了适用于加固饱和、疏松吹填粉细砂的双机共振、低水压无填料振冲技术及有关工艺参数，成为在洋山深水港区吹填砂成陆区的主要地基加固处理方法。同时，自主研制成功振冲施工自动监控系统，做到施工过程实时监控，确保了地基加固的施工质量，见图 2.1-6、图 2.1-7。

图 2.1-6　振冲地基加固

图 2.1-7　自动监控系统

4）创新采用挤密砂桩工艺，对重力式结构软土地基进行加固

洋山三期避风港池码头为沉箱重力式结构，码头处于软土地基之上，Ⅳ1-2 层灰色粉质黏土含水量为 34.7%，重度为 18.6kN/m³，液性指数为 1.14，标贯击数为 3~11。施工中创新性地采用置换率为 50%~60% 的水下挤密砂桩对软土地基进行加固。经检验，挤密砂桩的成桩直径达到 $\phi1800$mm，钻孔取样表明砂桩长度达到要求，桩身连续性好，其标贯击数 $N=21~47$ 击，密实度为中密~密实状态，施工后 6 个月的残余沉降仅为 24mm。挤密砂桩加固处理后的软土地基达到了较好的效果，为国内外沉箱结构码头软土地基处理提供了新的解决方案。详见图 2.1-8、图 2.1-9。

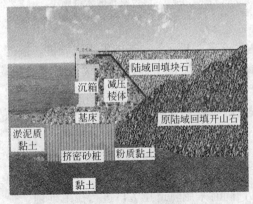

图 2.1-8　挤密砂桩地基处理示意图

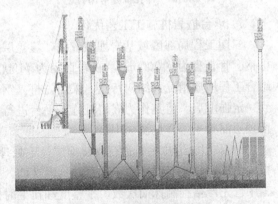

图 2.1-9　挤密砂桩工艺图

5）创新导管架平台和钢护筒跟进冲击成孔工艺，解决厚抛石层沉桩难题

三期一阶段码头第一分段及承台1～3分段，处于洋山一期工程东侧围堤的护岸抛石区，抛石厚度为3～22m，且块石组成比较复杂，大部分护岸抛石区域钢管桩难以直接打入穿透，无法直接实施水上沉桩。施工中经过反复认证和计算，制定了海上导管架施工平台工艺和钢护筒跟进冲击钻冲击成孔工艺，在桩位处抛石层中形成比钢管桩直径略大的桩孔，再采用大型起重船配合液压锤或柴油锤分节吊打钢管桩工艺，成功将39根钢管桩打入，为整个水工码头Ⅰ标段按期完工创造了有利条件，详见图2.1-10。

6）改进国产设备，完善大直径斜桩嵌岩工艺

洋山深水港区三期（二阶段）工程水域地质条件十分复杂，局部基岩裸露或基岩上覆盖层较浅，部分承台结构的斜顶桩创新采用斜向嵌岩。大直径斜嵌岩桩在国内尚属首次，施工难度大、技术风险高。工程实施过程中，研发了在外海水深、流急工况条件下适应斜向嵌岩施工要求的ZX-30钻机和配套设备，成功实施了 ϕ1900mm 的大直径斜嵌岩桩的施工；形成了斜嵌岩桩的钻压钻速、清渣工艺、导向方式、护壁工艺等成孔工艺，解决了钻头的导向和定位等技术难题，确保了斜嵌岩桩进入中风化岩2.0m以上。通过研究开发制定了大直径斜向嵌岩的施工工艺流程，确定了斜向嵌岩主要工艺参数、钢筋混凝土施工工艺以及斜嵌岩桩的质量检测方法，保证了基桩成桩的质量。通过设备改进、技术创新等手段，成功地在外海深水条件下实施了斜向嵌岩桩施工，确保了三期工程水工码头的顺利建成，详见图2.1-11。

图 2.1-10　冲孔桩分节吊打

图 2.1-11　承台斜孔嵌岩桩施工

7）承台嵌岩桩施工工艺优化

三期工程局部区域基岩埋藏较浅，覆盖层厚度较薄，部分承台基桩采用嵌岩桩，嵌岩桩钢套管直径为 ϕ1900mm，嵌岩直径为 ϕ1500mm。为了加快工程进度，减少工程投资，结合工程地质情况和结构特点，采用先打入钢套管浇筑承台下部混凝土，待承台混凝土达到一定强度后，将其作为嵌岩桩施工平台进行嵌岩施工，完成嵌岩桩施工后，浇筑承台预留顶层混凝土，详见图2.1-12。

8）采用轨道拉毛机进行现浇面层拉毛处理

为提高码头面层的观感质量和抗滑性能，三期码头面层采用了拉毛工艺进行处理。施工中首先严格控制抹面次数、平整度和拉毛时机，同时采用轨道拉毛机进行拉毛处理，提高拉毛的均匀性和顺直度，提高了现浇面层的观感质量。图2.1-13为轨道拉毛机正在进行拉毛作业。

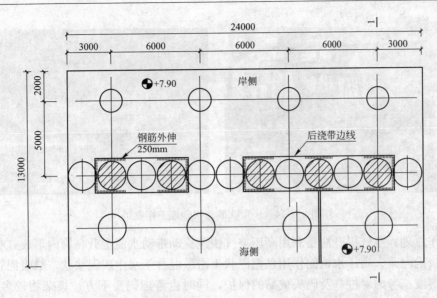

图 2.1-12　嵌岩桩利用现浇承台作施工平台的处理示意图

9）耙吸疏浚监测平台 V2.0 系统的开发

三期疏浚工程中耙吸船均采用自主研发具有自主知识产权的"耙吸疏浚监测平台 V2.0"系统，进行施工质量控制。系统采用先进的模数转换技术，将安装在船体不同部位传感器获取的各种信号源转换成计算机可以识别的数字信息，再通过专用计算机软件对数字信息进行分析计算后以图形界面的方式输出分析计算结果，操作人员凭借图形界面可以方便、直观地对作业过程进行监视和控制。实际施工过程中，计算机按照测图水

图 2.1-13　轨道拉毛机

深不断显示前方断面的水深形态，同时将耙头定位姿态加入断面图中，并实时更新耙头所经过的水深轨迹线，驾驶员可以方便地依据图形界面使船舶准确上线开挖边坡。由于采用该技术，疏浚施工进度比工前测算的计划进度提前不少时间。"耙吸疏浚监测平台 V2.0"采用三维精确定位，全面提高疏浚精度，综合利用计算机辅助疏浚系统，快速清除航道回浮泥。

10）小型吹砂船吹砂设备的配置与优化改进

针对三期工程的特点，改进了在一、二期工程吹填施工中得以成功实践的新工艺、设备，优选了适合三期工况条件的施工参数。通过对一、二期工程中运用的小型吹砂船吹砂工艺的改进、设备改造的总结分析，在三期工程提高了泥浆泵吹砂效率，并根据三期施工工况条件，优化了施工参数（图 2.1-14 为小型吹砂船吹砂施工作业照片），为三期陆域形成工程总工期提前 23 个月打下了坚实基础。

11）码头桩区泥面削坡新工艺

经综合考虑三期工程码头下方泥面冲挖采用了高压冲水破土和空气提升法吸取泥浆的工艺和方案。

图 2.1-14   小型吹砂船吹砂施工作业照片

工作原理：空气提升法是利用高压空气快速流动带动水流上升在管内形成虹吸，负压加大，吸走泥浆。高压水枪的作用是把原状土击散混合于水中成泥浆状，给吸泥管以可以带动的溶液。考虑对桩基及码头成品的保护，同时也考虑码头下方垃圾杂物较多的原因，码头下方泥面处理宜采用水力冲挖的工艺，详见图 2.1-15、图 2.1-16。

图 2.1-15   小型施工平台搭设   图 2.1-16   桩区泥面削坡施工

采用高压冲水和空气提升法工艺施工，对码头桩基的保护以及施工效率要比绞刀机械施工工艺好。

12）渔业资源增殖放流生态修复技术创新

为了确保生态安全和放流苗种质量，提高增殖放流生态修复效果，三期工程渔业资源增殖放流生态修复技术在以下几方面进一步创新。一是对放流品种育苗的过程、苗种的种质、疫病加强过程管理和质量控制；二是对放流鱼类苗种全部实行活水船运输、三疣梭子蟹苗种全部实行桶装充氧运输，运输时间控制在 12 小时之内，有效提高放流苗种的成活率；三是在效果评估方面，应用多样性分析方法，评估增殖放流对放流海域生物多样性保护的作用，采用公众问卷调查方式，分析评价公众对增殖放流效果的认可度。

图 2.1-17   鱼苗增殖放流

2.1.5 新技术应用与效果

洋山港建设在设计、施工管理、科研等方面积极应用国内外最新的科技成果，优化了设计，提高了工效、质量，保护了环境。洋山三期工程应用的新技术如下：

1）结合现场自然条件，通过数学物理模型，科学规划码头前沿位置及走向

对于三期工程码头前沿线方位角，设计在大量科研工作的基础上，综合考虑码头前沿水流流速、流态、潮量、船舶航行安全、可利用深水岸线长度等方面因素，提出了三个走向方案，分别进行了潮流数学、物理模型试验及船舶航行安全试验研究，最终在充分考虑小岩礁炸礁对流强、流态、船舶航行安全的影响及炸礁施工周期等多个因素的基础上，确定码头前沿线方位角采用 N126°～N306°，即西端与一期工程相连有 4°夹角，东端与小岩礁相连。

2）针对大规模、大面积的陆域形成，结合工期的要求，采用合适的回填材料、形成方案和因地制宜的地基加固方案

三期工程陆域形成总方量约 7549 万 m³。结合工期要求、施工能力及工程地质条件等因素，对于不同区域分别采用开山石、吹填砂及疏浚土作为回填材料。港区陆域形成和地基加固因其工程量大、施工周期长而成为控制工程工期的关键工序。采用分期分块形成陆域，总体呈"田"字形布置，形成流水作业，保证地基加固尽早开工。道路堆场区天然地基加固采用打塑料排水板加堆载预压，回填层地基则须根据不同的区域分别采用振冲联合振动碾压、强夯联合振动碾压及振动碾压等方法进行加固。接岸结构地基主要采用打设砂桩排水固结法进行加固。

3）深水筑堤施工技术的应用

突破长江口的 8～10m 水深，实现了外海 30m 以上水深筑堤的跨越，形成外海深水筑堤施工的成套技术。将深海筑堤技术研究成果，即袋装砂堤心斜坡堤和砂肋软体排筑堤技术（详见图 2.1-18、图 2.1-19）等成功应用于东侧北围堤工程建设中，解决了双向水流及波浪对堤前和堤身的冲刷问题，先期形成了三期工程港区陆域北侧吹填边界，加快了施工速度，为同步实施后续陆域形成施工，确保工程建设按期顺利完工提供了边界条件。

图 2.1-18　洋山二号袋装砂抛填

图 2.1-19　砂肋软体排沉放

4）应用外海深水裸露岩基人造基床技术实施嵌岩桩桩基施工

洋山深水港区三期工程水工码头最东端为小岩礁礁体延伸区域，码头区域实施了炸礁

处理，码头约有 100m 区域基本为爆破清礁后裸露基岩，并有一定深度的破碎岩层，基桩所处位置基岩标高最深达到 −20.5m。施工中借鉴相关施工经验，应用了人造基床稳桩技术，先抛填一定厚度的袋装碎石，再施打钢套筒，利用钢套筒搭设施工平台，最后实施嵌岩桩施工，并采取可靠措施顺利在破碎岩层中成孔。通过以上措施，成功解决了外海深水裸露岩基桩施工难题，图 2.1-20 为人造基床稳桩。

5）应用 A150 轨道铝热焊工艺

通过广泛调研国内外大型集装箱港区码头轨道实施和使用情况，并在充分分析洋山深水港区一期、二期码头运行情况的基础上，在国内港口工程中首次采用了新型的大截面 A150 轨道以及铝热焊焊接工艺，从而解决了在极端气温条件下轨道本体以及轨道与焊缝的应力传递和分配问题，提高了轨道焊接的质量。通过一阶段运行和二阶段半年多来的试运行证明，A150 轨道及铝热焊工艺是稳定可靠的。图 2.1-21 钢轨铝热焊焊接。

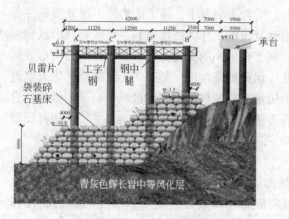

图 2.1-20　人造基床稳桩

图 2.1-21　钢轨铝热焊焊接

6）采用少支架工艺进行高架桥现浇箱梁的施工

由于高架桥桥位处存在大面积达 20m 厚的淤泥夹吹填砂层，地基较软，且沉降量大，难以在短期内通过压载满足设计要求的沉降稳定指标，无法采用满堂支架现浇箱梁，因此采取少支架方案。施工中在 35m 桥跨范围内插打 2 排 $\phi800$ 的 PHC 临时支撑桩，利用在支撑桩顶搭设纵横向贝雷片梁作为现浇箱梁的支撑系统，通过支撑桩将箱梁自重和施工荷载传到持力层上，避免因地基不稳定对现浇混凝土结构的影响，保证了现浇箱梁的施工质量，加快了施工进度。图 2.1-22 为箱梁少支架搭设。

7）塑料波纹管及真空辅助压浆工艺的应用

高架桥箱梁的预应力体系是箱梁施工中的关键工序，预应力体系的施工质量直接影响到桥梁的使用寿命，施工中积极采用新材料和新工艺，保证了预应力体系的施工质量。用塑料波纹管成型预应力孔道，解决了铁皮波纹管易损易进浆的毛病，保证预应力孔道的通畅，降低了施工过程中的预应力损失，提高了预应力筋的张拉质量，同时也加快了施工进度，选用真空辅助压浆工艺提高了孔道内浆体的密实性，保证了工程的内在质量。图 2.1-23 为塑料波纹管成型预应力孔道。

图 2.1-22 箱梁少支架搭设　　　　　　图 2.1-23 塑料波纹管成型预应力孔道

8）采用布鲁特碱性吹填砂深层基质改良结合柔性防冲蚀技术，解决了外海岛礁建港陆域生态修复技术难题

在三期二阶段绿化工程项目实施中，采用了布鲁特碱性吹填砂深层基质改良结合柔性防冲蚀技术。布鲁特碱性吹填砂深层基质改良配方对碱性吹填砂进行 30cm 以上深层基质改良，使盐分含量降低了 80%，pH 值改良到满足植物正常生长需要的范围以内（pH5.5～7.5）。防冲蚀网与生物材料相结合的柔性防冲蚀复合技术，在工程创面形成的强风化岩及劣质边坡上，利用植物根系与防冲蚀网形成柔性加筋植物覆盖层，解决了边坡防冲刷加固土问题，植物修复效果显著，与传统方法浆砌石护坡、骨架护坡相比，节约工程成本约 40%，缩短工期 30% 以上，地被植物覆盖率达到 95% 以上，景观植物成活率达 100%。

9）疏浚土成陆技术的运用

在三期工程中运用了疏浚土吹填成陆技术，疏浚土来源于小洋山避风港池砂石料码头前沿的泥土开挖（总量约 30 万 m³），采用了耙吸船运输疏浚土加绞吸船吹填疏浚土上滩成陆的施工工艺，这种施工工艺将会极大提高上海地区疏浚土综合利用的效率，对缓解长江口地区砂土资源短缺矛盾、增加土地资源、改善疏浚土对海洋环境的影响，实现自然资源合理利用，作用巨大。

2.1.6 项目管理

按照项目法施工的要求，本着有利于洋山工程的顺利实施，有利于充分发挥全局的技术资源、人才与管理优势，有利于施工重大问题的快速科学决策，有利于满足深水港指挥部对工程实施各阶段的指令要求的原则，采用动态管理、不断调整充实的方式设置洋山深水港一、二、三期工程的施工组织管理机构。

2002 年 6 月，根据洋山深水港一期工程投标承诺，组建了以局长为组长的洋山工程领导小组，以宁波分公司人员为主体的洋山深水港一期工程水工码头 A、B 标项目部、东围堤项目部；2003 年 11 月组建了以江苏分公司为主体的进港道路高架桥 A、B 标项目部；2004 年 4 月组建了以江苏分公司为主体的一期道路堆场 A、D 标项目部；2003 年 11 月组建了以上海港湾院为主体的一期 $1.3 \times 10^6 \, m^2$ 地基加固检测工程项目部。现场施工实施项目经理负责制、项目班子年度考核制，强调项目经理必须全面负责工程计划、质量监控、安全监督、成本控制、文明施工等组织管理工作，项目班子成员实行分工负责制。通过职权明晰、责任到人，一级对一级负责，使整个工程项目的施工处于有效管理之中，确保工程各重大项目按计划实现。

2004 年 5 月，随着工程承建项目的不断增加，各工程项目施工进度的加快，局成立了中港三航局洋山工程总项目部，代表局全面履行与业主签订的合同，总项目部下设工程技术部、经营财务部、安质部、综合办公室、总工办公室，全面负责现场各项目部的工作协调，负责与业主、设计等重大问题的沟通，确保各项目的顺利实施。与此同时，局还建立了每月一次的局长现场办公会制度，及时解决工程实施过程中的重大问题。在各有关方面的大力支持配合下，通过三航人的奋力拼搏，洋山港工程提前、优质、安全完成任务，为早日投产奠定了基础。

2.2　深水航道治理工程(整治建筑物)

长江口深水航道治理工程是我国历史上规模最大、技术最复杂的航道治理工程，经过近十年的建设，已经完成了一、二期工程，目前正在进行三期工程的施工。

2.2.1　工程概况

长江口是巨型丰水多沙河口，经过长期的历史演变和近半个世纪的工程治理，形成了目前三级分汊、四口入海的稳定格局。自 1958 年以来，一大批专家学者从不同学科专业角度，针对长江口治理方案做了大量研究。特别是 1991~1993 年开展的"八·五"国家重点科技项目(攻关)"长江口拦门沙航道演变规律及整治技术的研究"取得了重大进展。根据河口总体河势的稳定性、受上游河势局部变化影响程度、过境底沙量及通达上海港的方便程度等，选定北槽作为深水航道，明确了采用整治与疏浚结合的工程方案。建设分流口鱼嘴工程以稳定北槽有利河势，控制分流、分沙比；建造南、北导堤以归顺水流，形成北槽优良河型，阻挡堤外滩面泥沙侵入北槽，归集漫滩落潮水流并拦截江亚北槽的落潮分流，增强北槽水流动力，消除横沙东滩窜沟对北槽输沙的不利影响；建造 19 座丁坝以调整流场，使自然深泓与航道轴线趋于一致，增加航道范围单宽流量，有利于深水航道的成槽与维护；通过疏浚工程，加速形成深水航道，维护航道水深。

1) 地理位置

长江口深水航道治理工程位于长江口南港北槽水域。工程总平面图如图 2.2-1 所示。

2) 整治建筑物功能

从总体上发挥"导流、挡沙、减淤"的功能。据此，提出整治建筑物主体工程采用"分流口工程(鱼嘴和潜堤)、宽间距双导堤及长丁坝群"的布置形式。

① 分流口工程的功能

a. 稳定南北槽天然分流口的良好河势，稳固江亚南沙，阻止沙头的冲刷下移。

b. 稳定北槽上口良好的进流、进沙条件，使北槽上主流与南港下段主流顺畅连接；继续保持底沙主要从南槽输送出海的状态。

c. 稳定潜堤北侧深泓，拦截底沙向北槽转移，维持南港下段圆圆沙航道良好水深条件。

② 南、北导堤工程的功能

a. 形成北槽南北固定边界。

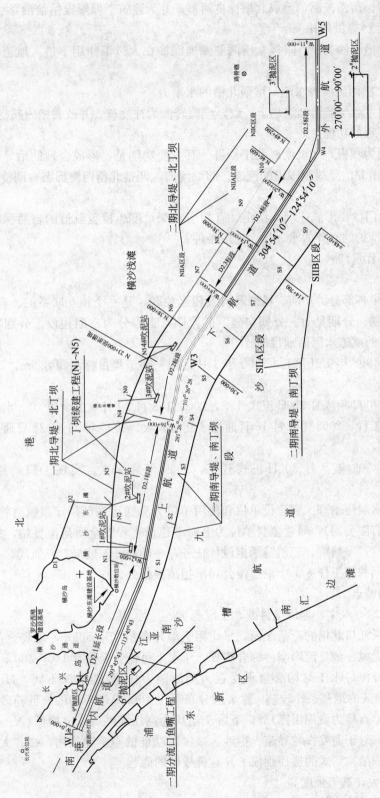

图 2.2-1 长江口深水航道治理工程总平面图

b. 归顺涨、落潮流路，形成北槽优良河型，并为建筑丁坝形成整治治导线（丁坝头部连线即为治导线）提供依托。

c. 减少滩槽泥沙交换，阻挡北槽两侧滩地泥沙在大风浪作用下进入航道，减轻航槽回淤。

d. 归集北槽两侧漫滩水流，增强北槽的水动力。

e. 使落潮主流与航道轴线趋于一致，变旋转流为往复流，并改善槽内航行条件。

③ 丁坝工程的功能

a. 以导堤为坝根，布设南、北丁坝群。其主要功能是：形成合理的治导线，调整流场，适度增强南北治导线范围内的流速、归顺流向，调整北槽河湾形态，调整河床断面从宽浅变为窄深。

b. 消除拦门沙，形成连续、稳定、有相当宽深尺度、覆盖航道的自然深泓，提供有利航道开挖和维护的必要的水、沙、地形条件。

3）主要工程量（略）

4）工期

总体方案中各部分的功能、机理及效果相互关联，是一个相互联系的、有机的整体。本着"一次规划、分期见效、分期实施"的原则，工程分为三期建设，分别实现 8.5m、10m 和 12.5m 的航道水深治理目标。

一期工程 1998 年 1 月开工，2000 年 3 月达到一期工程目标水深 8.5m，2002 年 9 月通过国家验收。

二期工程 2002 年 4 月 28 日正式开工，2005 年 3 月 29 日航道全槽 10m 水深贯通，提前完成了二期工程，2005 年 6 月 16 日通过了交工验收，2005 年 11 月 21 日通过国家竣工验收。

三期工程 2006 年 9 月 30 日正式开工，2009 年底完工，实现工程最终治理目标 12.5m 水深。

长江口深水航道治理工程建设单位和使用单位为交通运输部长江口航道管理局（原长江口航道建设有限公司），质量监督单位为上海港建设工程安全质量监督站，总体设计单位为上海航道院，一航院、三航院承担设计任务，一航局、二航局、三航局、上海航道局承担导堤和丁坝的施工任务，中港疏浚公司承担疏浚任务。

2.2.2　工程的特点

1）远离陆域，水文、地质条件差，工况恶劣

工程位于长江口北槽的茫茫江面，平均距上海外高桥江岸 50km，现场全部作业无陆基依托，常年受风、浪、流影响。综合测算，年水上可作业天仅有 140～180 天。

由于地处外海，水工结构必须承受强大的波浪力作用（随水深不同，$H_{1\%}$ 可达 3～8m）；且河口地区的地基条件较差，除表层分布着 1～6m 厚度不均的松散粉砂层（二期工程下游端缺失，直接为淤泥出露）外，下卧土层均为高压缩性、强度很低（$N=1～2$）的淤泥或淤泥质土。对于需发挥"导流、拦沙、减淤"功能的整治建筑物，在"大浪、软基"的条件下，合理结构形式的选择则成了具有挑战性的课题。

2）工程量大，施工强度高

本工程各类整治建筑物的总延长超过 130km，从总进度安排上要求每个月平均建成

2km 以上的导堤。如此高的施工强度在国内外水运工程建设史上是前所未有的。

3) 滩面泥沙具有高可动性

对建筑物下的滩面,采取了能有效控制建筑物周边河床冲刷的整治建筑物结构设计、施工工艺及工程管理措施,成为保证工程成功建设的又一技术关键。

4) 局部河势变化的不确定性

长江口是巨型多汊河口,有其独特的水沙运动和演变规律,南支河段洲滩尚不稳定,北槽的来水来沙条件存在一定的不确定性;在当前技术水平条件下,作为整治方案基础的数、物模研究成果尚不可能做到定量准确;尤其是对整治建筑物及疏浚工程施工过程中可能引起的局部流场及滩槽冲淤的变化尚未作过深入具体的研究。长江口深水航道治理工程的建设管理,必须始终围绕获得最佳整治效果,把现场监测、试验研究、设计和施工管理有机地结合起来,实施科学的动态管理。

5) 整治建筑物顶高程在平均水位以下

长江口流场的特点之一是落潮流占优势。为了充分利用落潮流挟沙入海,经细致研究、论证,在总体设计方案中,导堤顶高程统一确定为 +2.0m(平均水位),潜堤和丁坝的坝头则取为 -2.0m 和 ±0m。这一"半潜堤"的特点对结构波浪力计算、稳定性验算及施工方案等提出了新的课题。

2.2.3 主体结构形式及施工工艺

1) 护底软体排结构

软体排最根本的功能是依靠足够的排宽,使排外形成"最终稳定冲刷坑"(即冲刷坑近堤轴线的内坡不再向堤轴线方向发展)时,能确保建筑物地基的整体稳定性。

本工程中主要使用了混凝土联锁块和袋装砂肋两种排体压载材料。代表性的软体排结构见图 2.2-2。混凝土联锁块排单价较高,主要用于堤(坝)头周边易产生三维冲刷(冲刷坑)的部位;长管砂肋排虽然价格较低,但充砂管有一定的刚度,适用于易产生二维冲刷(冲刷沟)的导堤、丁坝的堤(坝)身段。

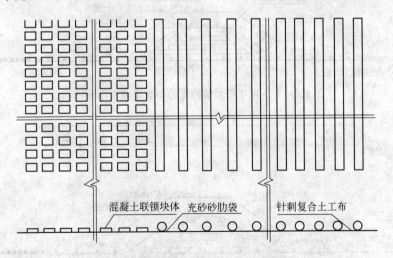

图 2.2-2 混合式软体排结构示意图

软体排的铺设如图 2.2-3 所示。软体排的铺设工艺流程如图 2.2-4。

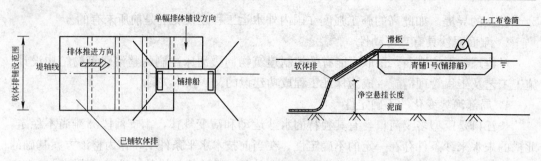

图 2.2-3 软体排的铺设

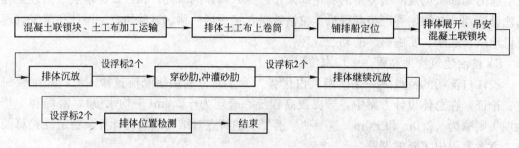

图 2.2-4 软体排的铺设工艺流程

一、二期工程各类土工织物总用量达到 3701 万 m²

2）袋装砂堤心斜坡堤结构

图 2.2-5 和图 2.2-6 分别是一期工程和二期工程采用的袋装砂堤心斜坡堤的典型断面图。

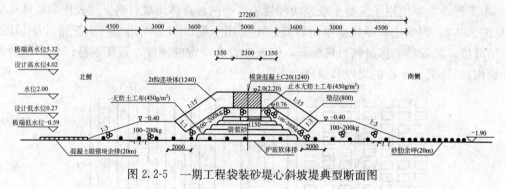

图 2.2-5 一期工程袋装砂堤心斜坡堤典型断面图

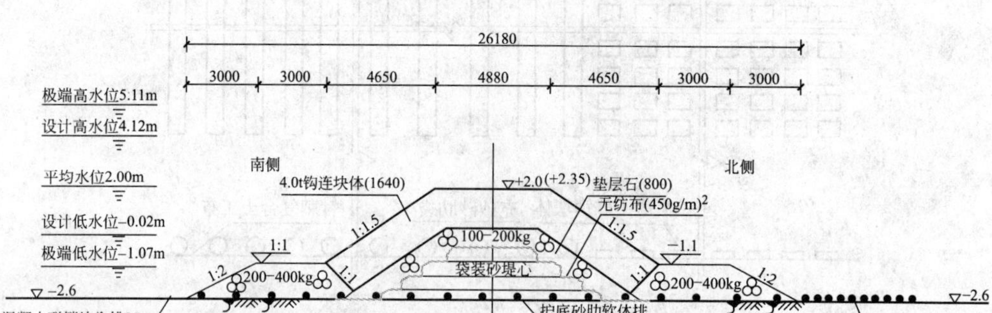

图 2.2-6 二期工程袋装砂堤心斜坡堤典型断面图

一期工程斜坡堤设置压顶模袋混凝土,是担心使用空隙率大的钩连块体后会导致堤身透水性增大,弱化导堤整治功能。经过一期工程实践的检验,二期工程取消了压顶模袋混凝土结构。

袋装砂堤心充灌工艺流程如图 2.2-7 所示。

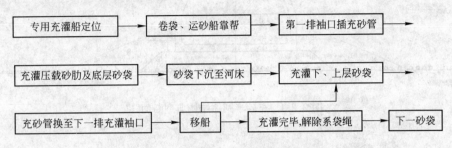

图 2.2-7 袋装砂堤心充灌工艺流程图

一、二期整治建筑物共 38.1km 的堤段采用了袋装砂堤心斜坡堤结构,充砂总量达 52 万 m³。

3) 半圆型导堤结构

半圆型结构是一种施工简便、造价较低的新型结构(图 2.2-8),得到大面积应用。一、二期工程采用半圆体结构的堤坝段总长达 50.01km。

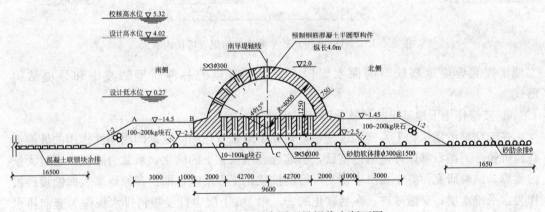

图 2.2-8 一期工程半圆型导堤代表断面图

在长江口深水航道治理工程中,自主开发了两种新型结构。

① 充砂半圆体结构

二期工程中,开发了充砂半圆体混合堤结构形式(图 2.2-9)。

这种结构改善了在施工及使用期的受力状况。结构腔内充砂,减薄钢筋混凝土拱圈和底板,减少混凝土用量,节省了工程造价。

② 半圆型沉箱结构

针对二期工程水深、浪大、软基、工期紧迫等特点,创新地提出了半圆型沉箱结构(图 2.2-10)。

半圆型沉箱堤兼具半圆体构件堤波浪力小、稳定性好、地基应力分布均匀、整体性好,同时又便于浮运、沉放,不需大型起重船,施工进度快等优点。特别适合于

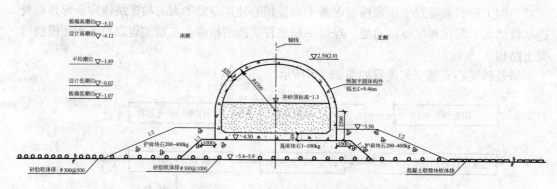

图 2.2-9　充砂半圆体结构典型断面

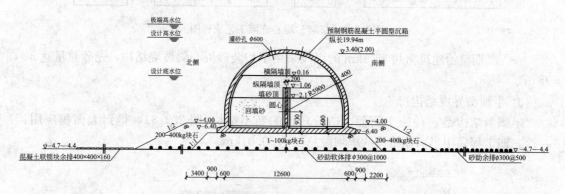

图 2.2-10　NIIB 区段充砂半圆型沉箱混合堤代表断面

二期工程北导堤地基软弱的深水堤段，是世界首创的一种新型防波堤和导堤结构形式。

　　③ 波浪作用下地基土的"软化"及工程措施

　　在二期整治建筑物工程施工过程中，遇到了地基软化的问题，即周期性作用的波浪荷载经沉箱——抛石基床传递给地基后，引起近表层软黏土的软化，承载力降低。通过大量的验算、试验研究，终于找出了切实可行的抗软化工程措施，即：在原地基表面铺设砂被作为水平排水层；穿透砂被，在易软化的②$_{2-0}$和②$_{2-1}$土层中打设塑料排水板作为竖向排水通道；利用抛石基床及与之等厚的部分护肩棱体块石的重量作为预压荷载，加速软土的排水固结；待软土强度提高至具备抵抗施工期波浪动荷载可能引发的软化作用后，再安装半圆沉箱堤身结构，完成设计断面。

　　综合采取了适当增大沉箱底宽、增加基床厚度和边载棱体宽度等措施。为确保主体结构的抗滑稳定性，对箱内填砂高度、过水孔设计等进行了优化，代表断面见图 2.2-11。

　　半圆型沉箱混合堤断面的主要工序施工流程如图 2.2-12 所示。

　　半圆型沉箱在横沙基地预制场预制。预制成型的沉箱达到出运强度后，使用步行式液压顶推系统，将沉箱经横移、纵移至出运滑道端头，经顶升上斜架车沿滑道溜放下水，拖轮拖至存放场存放或直接拖至现场安装。

　　沉箱安装使用专用沉箱安装船"长安 1 号"进行。安装船在 GPS 引导下，就位于基床北侧设定的沉箱安装位置，调准安装位置，注水坐底；拖轮拖沉箱逆流顺靠安装船带

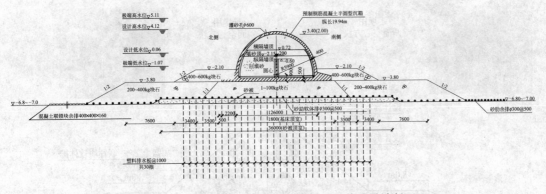

图 2.2-11 北导堤 N44+000~N45+000 修改设计断面

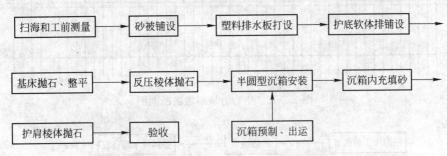

图 2.2-12 半圆型沉箱混合堤施工流程图

缆,使沉箱与设定理论位置重合后,注水下沉,使沉箱准确坐底于基床上。

沉箱安装后,按照对称、均匀的原则进行充砂。采用现浇混凝土对充砂孔进行封堵。

4)空心方块斜坡堤结构

针对北导堤堤头 2.6km 地质条件极差的区段,提出新型空心方块斜坡堤方案,经论证、试验、优化后被采纳,断面结构如图 2.2-13 所示。

北导堤堤头段空心方块斜坡堤采用的六面钢筋混凝土空心方块外形为边长 2.5m 的正六面体,单体重量为 14.4t,三维开孔(方孔尺寸为 1.5m×1.5m)。

北导堤 N6、N8 及 N10 丁坝坝头空心方块斜坡堤采用的两面钢筋混凝土空心方块外形为边长 2×2×3(m)的六面体,单体重量为 19.7t,一维开孔(方孔尺寸为 1.2m×1.2m)。

空心方块斜坡堤断面的主要工序施工流程如图 2.2-14 所示。

空心方块安放施工中严格按照"水平分层、质心定点、姿态随机、坝体的空隙率不大于设计规定"的要求进行。

二期工程共使用新型空心方块 27028 块,建成堤坝 3.08km。

2.2.4 工程质量管理

1)制定创优目标,落实创优计划

制定了创国家优质工程及每标段创一项上海市水运工程优质结构"申港杯"奖的创优目标,落实了创优计划。

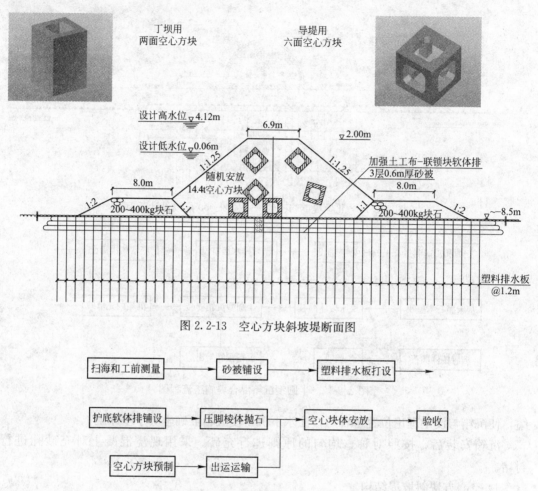

图 2.2-13 空心方块斜坡堤断面图

图 2.2-14 空心方块斜坡堤施工流程图

2）编制技术标准

及时、认真地组织编写了《长江口深水航道治理工程整治建筑物工程质量检验评定标准》及其《局部修订》，经交通运输部批准发布实施，对全部采用新型结构的一、二期工程质量管理提供了技术标准。

3）建立试验检测中心

在横沙基地专为一、二期工程建立了"长江口航道建设有限公司试验检测中心"，取得水运工程乙级资质，为各监理单位对工程用料及混凝土制品质量进行平行检测服务，提高了质检资料的公信度。

4）组织专题技术攻关

组织专题技术攻关，解决质量控制难点。例如通过专题研究，解决了塑料排水板打设的"回带"问题和打设孔砂被漏砂问题；通过空心方块安放室内试验，解决了安装数量和堤身断面尺度的控制问题。

5）强调以工序质量保分项及单位工程质量的管理原则

强调以工序质量保分项及单位工程质量的管理原则，执行质量一票否决制。凡不合格的原材料,一律退货。二期工程中的退货批次和数量较一期工程显著减少,其发生退货土工布 4 家各 1 批,共 13.9 万 m²,塑料排水板 1 批,10 万 m,分别占总用量 2176 万 m² 和 624 万 m 的 6‰ 和 1.6%。

2.2.5 施工组织管理

1) 实施科学的动态管理

在长江口深水航道治理工程建设过程中,始终坚持"以确保整治效果和建筑物稳定为目标,以现场监测成果为依据,以科研试验为手段,适时优化设计施工方案"的原则,密切关注整治建筑物推进过程中局部河势的变化,依靠科学试验和严密的现场监测,把科研、监测、设计、施工等各个环节有机地结合起来,因势利导,适时调整结构型式、施工方案和计划,确保工程的顺利实施,成功总结了一套对本工程实施动态管理的基本程序(图 2.2-15)。

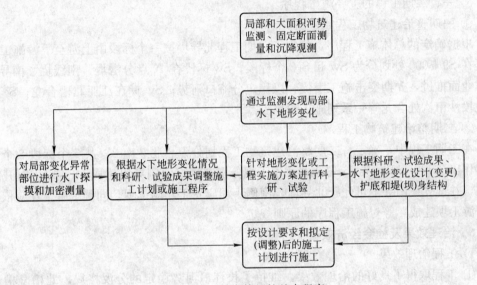

图 2.2-15 动态管理的基本程序

2) 确定总体施工程序的主要内容

① 根据总工期及水上施工工程量的要求合理划分导堤(丁坝)的标段;

② 确定各标段各堤(坝)段水上推进作业面的分配、施工程序、推进方向及推进速度;

③ 确定导堤合龙位置及合龙施工程序;

④ 确定导堤—丁坝—航槽疏浚的施工程序。

3) 确定总体施工程序时所遵循的原则

① 确保施工过程中局部河势和滩面的稳定,减少滩面地形调整对航槽回淤的影响;

② 确保各标段高速均衡施工,从而确保实现总工期要求;

③ 保证建筑物施工期稳定;

④ 减少施工难度;

⑤ 在结构施工中,严格遵循"超前护底"和"堤头连续推进"的原则;

⑥ 依据对本工程特点的具体分析，制订出一整套导堤合龙施工技术原则；

⑦ 采用大型专用作业船的原则。

根据长江口区域的工况条件，实施总体施工程序的基础条件是要做到施工工艺和装备与工程需求相适应。为此，在工程中全面采用了 GPS 技术、通过实现水下抛石基床整平的机械化取消了潜水作业、倡导和组织各施工单位大力开发各类单一功能（即只需完成单一工序，如软体排铺设、基床抛石整平等的施工）的高效专用作业船，从而为工程的顺利实施提供了施工设备和工艺的保障。

4）确定总体施工程序的方法

确定合理的总体施工程序的方法主要是通过二维流场数学模型（部分采用了定床物模）对拟定的多个施工分段及组合方案，按不同施工阶段研究比较流场的变化情况，分析确定。

5）一、二期工程的主要施工程序

① 一期整治建筑物工程

根据确定的总体施工程序，规定了一期工程北导堤按一个标段由上游至下游施工；南导堤在 S9+000 处划分为 Sw 和 Se2 个标段；Sw 标段在 A′点分潜堤、南线堤、南导堤 3 个作业面推进，先期突击施工潜堤，以稳定分流口河势；Sw 标在江亚北槽合龙；Se 标段在九段沙窜沟处合龙等一系列施工程序。

② 二期整治建筑物工程

在二期工程中，确定将二期整治建筑物工程划分为"北 3 南 2"共 5 个标段 8 个工作面，作出了 N6~N10 及 S6~S9 共 9 条丁坝分别在坝根两侧导堤建成 1km 以上时开工的决定，并遵守"南导堤可先于北导堤，南侧丁坝应先于北侧丁坝，同侧上游丁坝应依次先于下游丁坝建成"等对施工程序的原则规定。

2.2.6 治理效果及社会经济效益

1）工程治理效果

① 工程取得了良好的治理效果。维持了长江口河势稳定的分汊格局，北槽全槽形成连续、稳定、平顺相接的微弯深泓，改善了北槽的流场条件，实现了 10m 目标水深，迄今为止，通航水深保证率达到 100%。

② 大型船舶通过能力显著提高。与治理前相比，通过北槽吃水大于 9.0m 的船舶由日均 12.4 艘增加到 60.4 艘，其中吃水大于 10m 的船舶更是从日均 0.4 艘增至 31.3 艘。

③ 通航安全性提高、航速增大。深水航道内的波浪和水流条件大为改善，通航安全得到了有效保障，航速由 8n mile/h 提高到 12n mile/h。

2）社会经济效益

① 促进了上海国际航运中心的建设。上海港长江口内码头的集装箱吞吐量由 1997 年的 253 万标准箱增加至 2006 年的 1849 万标准箱（不含洋山港集装箱吞吐量 323 万标准箱），增加了 6.3 倍，2004 年以来一直居世界第三；港口吞吐量由 1997 年的 1.64 亿吨增加至 2006 年的 5.37 亿吨，增加了 2.3 倍，居世界第一。深水航道治理工程对促进长三角地区集装箱运输体系、大宗散货海进江中转体系和沿江地区江海物资转运体系以及上海国际航运中心的建设发挥了重要作用。

② 促进了长江南京以下深水岸线的利用。工程建成后，已将 10m 水深航道延伸至南京，使南京以下 400 公里航道两侧的 160 公里深水岸线得以更加充分利用，并为进一步开发利用长江黄金水道创造了有利条件，促进了沿江产业带及上海、长三角乃至长江流域地区经济社会发展。据江苏省测算，2001～2005 年，直接拉动江苏省 GDP 约 800 亿元。

③ 加快了南京以下水运结构的调整。工程建成后，南京以下 10 多个沿江港口 200 多个万吨级泊位直接受益，促进了长江南京以下两岸港口直接连接海运航线，形成了崭新的发展格局，江苏沿江主要港口海轮运输量大幅增长(2005 年江苏海进江运量超过 1 亿吨)。

④ 大幅度提高了船舶装载量。原 7m 水深时完全不能进出长江口的 5 万吨级以上大型船舶，猛增至 4500 艘次/年，集装箱班轮每艘次增加载箱量约 2500 标准箱。大型铁矿石船舶每艘次可少减载 1 万吨左右进入长江。2002～2006 年，仅大宗散货、石油及其制品、集装箱三大货种运输船舶的直接经济效益增加 333.69 亿元。

长江口深水航道治理工程的经济社会效益，随着航道的进一步增深和向上游延伸，随着长江黄金水道的充分开发利用，将会更加显著，影响深远。

长江口深水航道治理一、二期工程的顺利实施，以及所取得的良好的治理效果，充分说明了对长江口水沙运动和河床演变规律的认识是基本正确的，提出的总体治理方案是合理的、正确的；形成的科研、设计、施工、管理等一整套新技术是符合长江口的自然条件和工程特点的。

在 2006 年 5 月召开的"长江口深水航道治理工程成套技术"鉴定会上，长江口深水航道治理工程被誉为"取得了令人震撼的社会经济效益，是一项没有负面效应的伟大工程"。专家们一致认为"长江口深水航道治理工程的成套技术，是一、二期工程成功建设的重要保障，是我国河口治理和水运事业的伟大壮举，是世界上巨型复杂河口航道治理的成功范例。该项科技成果总体上居于国际领先水平。"

"长江口深水航道治理工程成套技术"获 2006 年度中国航海学会科学技术奖特等奖、2007 年度国家科学技术进步奖一等奖。

2.2 中的内容参考了以下文献：

[1] 蔡云鹤，范期锦. 长江口深水航道治理一、二期工程的设计与施工 [J]. 水运工程，2006，S2 (12)：10-19.

[2] 范期锦. 长江口深水航道治理工程的创新 [J]. 中国工程科学，2004，6(12)：13-26.

2.3　大型深水方块码头施工新技术研究

摘要：近年来在中东和非洲地区建设了一批深水重力式方块码头，如阿曼的塞拉拉港、沙特阿拉伯的扎瓦尔工业港等，其中近期建成的采用空心方块重力式结构的沙特阿拉伯吉达港 2×10 万吨级和 1×5 万吨级 3 个集装箱深水泊位及其配套设施的建设具有典型意义。工程由中国港湾进行施工总承包，英国和乐公司进行设计和监理，技术规格书根据西方标准规范制定，因此与国内传统做法有很多不同。所以，为了适应国际市场的客观需要和工程的设计要求，从工程中标开始中国港湾就成立了专门小组从调查研究入手展开了码头基础处理、大型空心方块预制安装、方块墙超载预压、大量珊瑚礁灰岩开挖与吹填、堆场珊瑚礁灰岩填料加固以及环保疏浚等施工技术研究，从而保证了工程的顺利建成，并为境外类似工程的实施打下了良好的基础。

2.3.1 依托工程简介与设计特点

1) 依托工程简介

沙特吉达港集装箱码头项目位于沙特阿拉伯第二大城市吉达，地处阿拉伯半岛的西海岸中部，红海东海岸，是吉达港的重要组成部分。项目业主设计公司和现场咨工均为英国和乐咨询集团。项该目由中国港湾中标实施工程施工总承包，现场分包单位是中交集团下的四航局(水工)和天航局(疏浚)。2008年1月1日正式开工，合同工期669天，至2009年10月31日结束，但由于现场变更及后期业主工程量追加等因素，主码头于2009年底交付使用。最终结算金额约2.5亿美元。

工程内容主要包括两个10万吨级主码头(735m)，一个5万吨级辅助码头(317m)及码头基槽和港池航道疏浚，后方约40万 m^2 的陆域形成及堆场施工，码头给排水、供电及机电安装等部分。码头结构为空心方块重力式结构，通过设计优化，将方块单块重量从原设计不超过100t提高到450t，数量从3500块减少到856块。

项目主要工程量：

方块预制：856块，14万 m^3；

疏浚开挖：514万 m^3，其中疏浚回填约300万 m^3；

水上抛石：34万 m^3，含基床抛石16万 m^3，后方棱体18万 m^3；

后方堆场：地基处理40万 m^2，堆场结构约35万 m^2；

现浇混凝土：胸墙5万 m^3，后轨道梁8200 m^3；

另有土工布铺设3万 m^2、房建、码头附属设施及机电安装等。

主码头主断面图见图2.3-1，辅助码头结构类同。

2) 工程的设计特点

① 码头抛石基床设计厚度3.35～6.35m，抛石基床不进行夯实，预留预压沉降400mm，基床顶面不设倒坡；

② 码头断面结构为不设卸荷板的衡重式，单块钢筋混凝土方块的重量不超过450t。码头岸壁由6层方块和现浇胸墙组成。下面两层为实心方块，上面四层为日字形空心方块，所有方块沿码头前沿线方向上的长度均为7.45m。方块叠放，不搭接，每7.45m形成上下通缝的一个柱体。每两个柱体上面浇注15m长码头胸墙一段。空心方块内无填料，方块后沿上下贯通的预留孔中插入H型钢，浇注水下混凝土。

③ 码头顶层方块安装后要进行堆载预压，堆载强度应使底层方块所产生的均匀压力达到250kn/ m^2 (不包括墙身自重产生的压力)。荷载最少保持2周，其最大允许沉降为每周10mm。

④ 码头后方抛石棱体倒滤层采用无纺、针刺、短纤土工布。

⑤ 码头后方填料及加固方法须经咨工批准，竣工后5年内堆场沉降量不超过25mm。

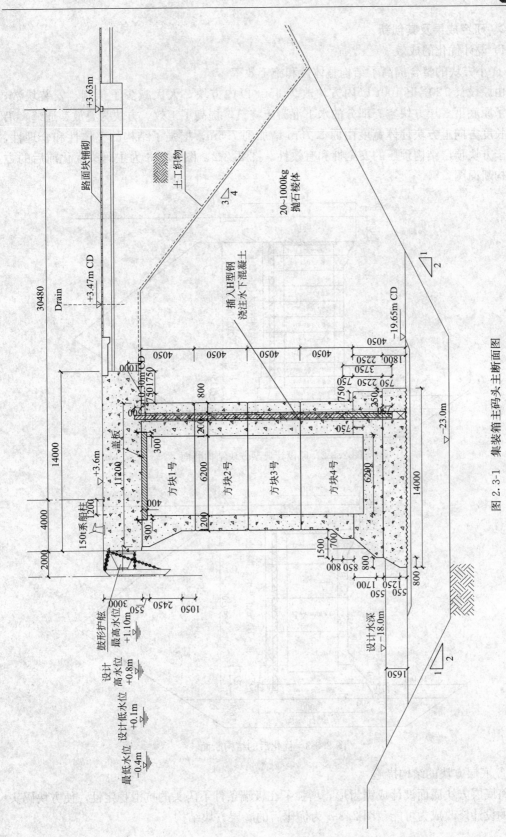

图 2.3-1　集装箱主码头主断面图

2.3.2 研究成果及其创新

1) 设计优化的成效

① 小方块的整合提高了结构整体性和施工效率

由原设计 12 层重 100t 以内方块改为 450t 以内方块，大大减少了预制、安装块数，取消了原底下 3 层方块空心部分的水下混凝土浇筑，提高了工效。方块为叠放、通缝，沿码头长度方向上方块柱体宽度由原 3.75m 增加到 7.5m，增强了结构的整体性和合理性，有利于方块顶层结构预压的安全性和有效性。图 2.3-2、图 2.3-3 为主码头优化前后的方块结构断面图。

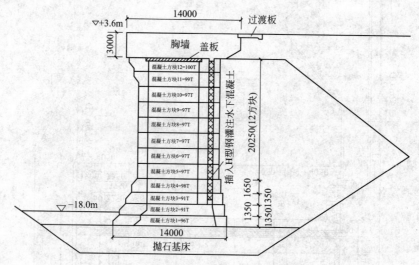

图 2.3-2 原设计典型方块结构断面

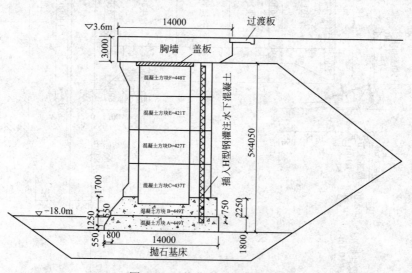

图 2.3-3 优化后的结构断面

② 底层方块的结构措施

将底层方块底面设计成锯齿形，增强了在极端条件下码头的抗滑稳定性，使方块码头结构的设计修改成为可能。图 2.3-4 为优化后的底层方块结构。

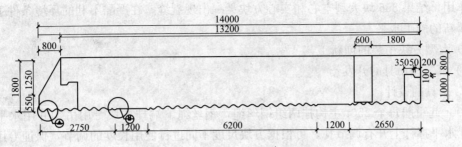

图 2.3-4　优化后的底层方块结构

③ 大方块外置式吊点创新设计

原设计系 100 吨以内方块，设计没有提出具体的吊点设计。改用 450t 方块后如采用传统作法：埋设吊孔盒 使用丁字吊杆（马腿）或埋设吊环均不适用：空心方块难于设置吊孔盒且摘挂丁字吊杆困难；埋设吊环不但大量浪费钢材，摘钩时潜水员劳动强度太大。项目组经过反复研究，设计出外置式吊点，并对混凝土抗剪强度、局部挤压强度等所有受力状态进行了强度验算，配置了受力钢筋和构造钢筋。这一新型外置式吊点的设计减轻了劳动强度、提高了安全性，解决了关键性技术难题。

外置式吊点设计共设 4 吊点，高度在重心以上，实心方块置于前后壁上，空心方块置于两个口字形空腔的前后内侧壁上。

2）大型方块预制工艺及效果

① 方块预制的特定技术要求

a. 混凝土入模温度范围为 5℃～30℃。

b. 大体积混凝土中心温度不能超过 65℃，且内外温差不能超过 20℃。

c. 方块预制尺寸偏差不能超过±3mm，尤其是在方块顶面及底面。

② 模板设计与精加工保证方块制造偏差≤3mm

由于叠放、通缝方块柱体设计的特点决定了技术规格书对预制方块制作精度的要求特别苛刻，课题组对模板的强度、刚度、变形、拆装以及养护提出了严格的要求，委托国内专业厂家进行了设计和制造，并为防止不均匀沉降，对方块底模基础进行了水泥搅拌桩加固。最后使全部方预制尺寸偏差都达到了≤3mm 的要求。根据我国的实际情况，我国现行标准仍执行≤10mm。

③ 配合比设计和综合措施保证干热环境下大体积混凝土方块无裂缝

沙特阿拉伯吉达港特殊的地理环境、干热的气候、昼夜温差大的特点使混凝土裂缝，特别是大体积混凝土裂缝难以避免。吉达港项目由于项目组的高度重视，通过反复的配合比试验，优选了低热水泥，采取了全面的综合性措施，包括掺加与水泥相匹配的减水剂、缓凝剂，从而减少水泥用量，调节混凝土的凝结时间，抑制水泥水化作用，起到降低混凝土水化温升，延缓水化热释放速度、降低热峰的作用。对浇注混凝土的温度严格要求，新拌制的混凝土温度低于 30℃，混凝土入模后的温度采用热电偶监控，包括构件的表面和中心温度及构件中心温度与表面温度的差值，混凝土的中心最高温度不得超过 65℃（后改为 70℃），混凝土表面与构件中心的最大温差不高于 20℃（后改为 25℃）。保温保湿养护及时到位使混凝土缓缓降温，充分发挥混凝土徐变特性，降低温度应力，起到缓解温度裂缝的作用。结果 856 块大型空心和实心方块无一出现裂缝，在严酷不利的环境条件下，创造出崭新的施工水平。

3）大型方块吊装的创新工艺

①"C"型吊具的开发

a. 吊具的设计

500t 起重船每个 250t 主钩挂两组钢丝绳，钢丝绳下端挂方块专用吊钩并用水平撑杆撑开，水平撑杆上开有调节孔，可根据方块尺度不同进行使用长度的调节，保证专用吊钩始终垂直起吊。起重船索具钩用钢丝绳通过转向滑轮与专用吊钩连接，可方便地使专用吊钩进入吊点，完成安装后又可方便地脱钩。吊钩进行了专门的设计和加工。图 2.3-5 为吊具大样图。

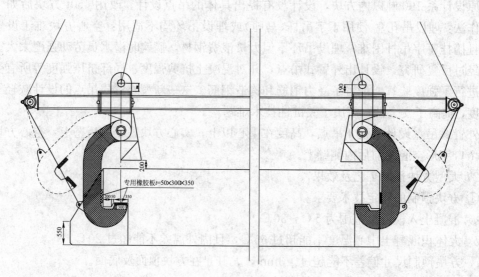

图 2.3-5　吊具大样图

b. 吊具的使用

挂钩时，起重船起升索具钩，将专用吊钩拉起，可用人工辅助吊具对位，对准方块吊点后，放下索具钩，专用吊钩可自动卡入吊点起吊。安装完成后，适当放低主钩，提升索具钩，可将专用吊钩与方块脱离。

"C"型吊具的开发改变了方块吊装的传统工艺，做到了大型方块摘挂钩的基本操作机械化，提高了效率、大大降低了劳动强度，保证了水上施工安全，是一项使用功能很强，推广应用前景很好的技术创新。

②方块安装工艺

a. DGPS 船上操作水下无人值守粗安装

利用 RTK-GPS 进行方块的粗安装，安装偏差＜30cm，为方块的精细安装创造了安全高效的条件，实现了水下无人（潜水员）值守粗安装，是方块安装工艺的创新。

b. 定位架控制下逐层方块的精细安装

利用定位架可以逐层设置方块安装准线，实现了所有方块有准线可依的精细安装。

4）首次成功实施码头堆载预压

①堆载预压

在国内重力式码头工程中，大部分都是采用基床爆夯或重锤夯实进行基床及其下基础的密实处理，而吉达港集装箱码头项目是按照设计的使用荷载采用满负荷堆载预压方式对基床及其下基础进行密实处理。设计要求方块结构以上预压体（不包括方块结构本身重量）对方块底部产生的荷载不小于 $250kN/m^2$，卸载标准为满负荷压载 7d 累积沉降量不大于 10mm，且满负荷压载时间不少于 14d。堆载预压采用混凝土小方块作为堆载体，小方块尺寸为长 $3.6×2.4×1.1m$（长×宽×高），单件小方块重量为 22.8t，按设计压载要求，即压载体对码头最底部方块基础接触面产生不小于 $250kN/m^2$ 进行计算，主码头单柱压载小方块 118 件，高度为 14 层。为了保证压载柱体的稳定性，除底部两层小方块外其他各层均采用错缝布置。图 2.3-6 为码头压载施工断面图。

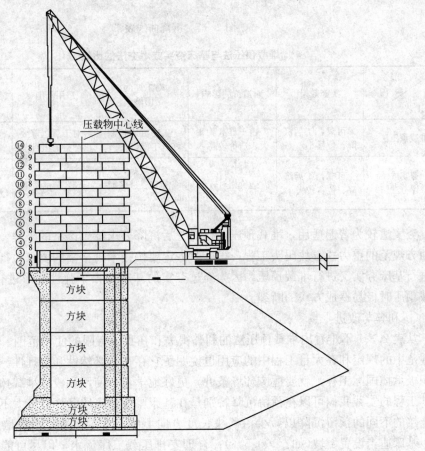

图 2.3-6　码头压载施工断面图

② 成果分析

码头顶层方块实施堆载预压之后累计沉降范围在 150～550mm 之间，平均 350mm，与预留值 400mm 基本相符，但由于基床厚度与底质的不同预压造成顶层方块的起伏较大，在浇注胸墙混凝土时一并找齐。由于堆载预压时墙后抛石棱体甚至部分回填已经施工，致使墙体前方沉降大于后方沉降，墙体略有前倾。胸墙浇注后直到试运营，码头已基本稳定，实测码头前沿最大沉降、位移均小于 3mm。堆载预压是成功的。图 2.3-7 为沉降曲线表。

③ 与基床夯实或爆夯法的比较

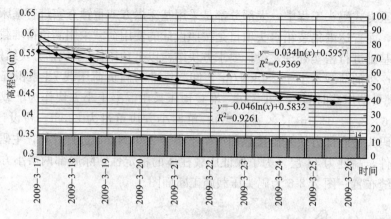

图 2.3-7 沉降曲线表

堆载预压法与基床夯实或爆夯法的比较 表 2.3-1

比较内容 施工工艺	实施效果	对造价的影响	对工期的影响	适用范围	对环境的影响
堆载预压法	可靠,工后沉降、位移小	由于堆载物量大,造价较高	工序流水控制好,工期稍长	对工后沉降要求严格的项目	对环境影响小
夯实或爆夯法	可靠,工后沉降、位移较大	造价相对较低	工期较短,但夯实分层过多时除外	较普遍的适用	夯爆对环境影响大使用受限制

夯实法较为普遍适用,堆载预压适合对工后沉降要求特别严格的工程。在境外规定采用西方规范的重力式方块码头工程,投标时一定要按技术规格书的要求执行。但切记不要即进行基床夯实又进行堆载预压,因为经过夯实的基床失去了弹性变形进行调整的余地,堆载预压时极易造成方块的断裂。

④ 利弊与改进

从表 2.3-1 不难看出堆载预压法的利弊得失和在我国有限的使用范围。但它在西方标准规范中的规定和在大量工程中的应用也说明了它存在的必然性和合理性。我们既要走出去积极承揽国际工程,就要适应环境条件,更好地学习、使用和改进堆载预压法。比如通过本工程的实践我们可以在预留沉降特别是在基床厚度和底质条件有较大不同时,采取平滑连接的不同的预留沉降以减少沿码头长度方向上的不均匀沉降;考虑墙后水平力的作用,基床适当设置倒坡(如:≯0.5%);合理安排压载工序流水,以尽可能缩短工期;选择最适宜的压载物以降低施工难度和成本;在压载过程中,根据分层实测高程调整压载重心,提高压载效果等。

5) 第一次使用"开挖珊瑚礁灰岩工法"成效卓著

工程进行中珊瑚礁灰岩硬层的开挖成为按期完工的关键。现场 2 艘绞吸式挖泥船对开挖珊瑚礁灰岩无能为力,单纯依靠 50m³/h 抓斗式挖泥船工效低,而且只能装船外抛,其余大量淤泥又不允许吹填造陆。关键时刻调入了绞刀头功率 1500kW 的大型绞吸式挖泥船津航浚 215(见图 2.3-8),采用刚刚形成的开挖珊瑚礁灰岩施工工法,针对开挖珊瑚礁,使用并验证了"正刀空摆、反刀挖岩"关键施工工艺,破解了 1500kW 功率的绞刀挖掘、破碎珊瑚礁灰岩并吹填上岸的难题，使开挖珊瑚礁生产效率大幅提高。在吉达港开挖、吹填工程中对保证施工进度发挥了决定性作用。这是工法形成之后首次在工程中的大规模应用，不但解决了硬土层开挖的效率，夺回滞后的工期，还解决了经济实用的陆域吹填填料。

图 2.3-8 施工中的津航浚 215 船

6）提出并成功应用珊瑚礁灰岩吹填并加固码头后方堆场

① 对珊瑚礁灰岩化学成分、物理力学性质及作为堆场填料的可行性研究

为适应大型集装箱码头建设需要，开挖珊瑚礁形成航道、港池。通过对珊瑚礁的矿物成分和基本物理力学性质及化学特性的研究，根据研究结论，提出珊瑚礁砂用作地基填料可行性分析，并经过咨工批准，将珊瑚礁材料经吹填形成码头陆域。利用海中港池开挖珊瑚礁砂作为地基回填材料，就地取材，大大降低了工程造价，缩短了工期，为珊瑚礁灰岩沿海地区码头工程建设的造陆工程开辟了一条新路。

针对疏浚开挖后的珊瑚礁砂（砾）材料开展颗粒分析试验、击实试验、室内 CBR 试验、常规直剪试验等，试验结果表明该类材料属于含砾石类砂土或含砂类砾石土，室内 CBR 强度较高，达到 65%～97%，内摩擦角为 33°～42°，黏聚力较差，综合分析该类土各类物理力学指标，可知珊瑚礁砂材料可作为地基填料，并经过适当的地基处理，如振冲或强夯，能达到设计要求的地基土抗液化要求、沉降控制和承载能力要求。

② 码头后方加填料振冲加固

本工程在靠近码头的围堰至码头棱体回填区域采用振冲法加固地基，采用 132kW 大型振冲器，振冲间距采用 3.0～3.5m，加固深度采用 16m。地基加固要求：(1)沉降控制要求；(2)地基抗液化设计要求。通过静力触探试验 CPT 检验振冲后地基的加固效果，经过振冲处理后，一般区域在深度 10～11m 范围内的土层，CPT 端阻平均值由原来不足 3MPa，提高到 15MPa，部分土层处置后端阻达到 25MPa 以上（见图 2.3-9）。采用这种振冲

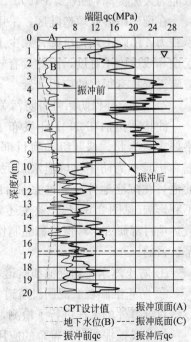

图 2.3-9 振冲前后静力触探 CPT 试验结果对比

施工工艺能有效加固 12m 范围珊瑚礁砂地基，达到设计要求。同时加固后的回填珊瑚礁砂已达到中密至密实状态，振冲加固效果显著，充分说明加填料振冲法在处理珊瑚礁砂、砾地基的适用性和可行性。

③ 堆场强夯加固

本工程离开码头有一定距离的围堰至陆域回填区域采用珊瑚礁砂进行回填，回填后的主要土层为珊瑚礁砂砾砂和砾石、少量淤泥夹层或混层。结合现场地质条件及回填料性质，采用强夯法对地基进行加固处理，处理深度 7～9m，形成超固结的硬壳层。强夯方案确定为两遍点夯，一遍普夯，其中两遍点夯夯击能采用 5000kN·m，间距 5m×5m；普夯的夯击能是 1000kN·m。检测结果分析：通过强夯对砂土地基进行动力挤密，使得土体在厚度 7～9m 范围内形成超固结硬土层，珊瑚礁砂吹填地基土体强度增长较快，特别在是强夯处置深度 7～9m 范围内的土层。强夯前后标贯值 $N_{63.5}$ 提高显著，两个孔位 SPT 检测数据显示，深度 6m 范围内 $N_{63.5}$ 平均值达到 25 击左右，6～9m 范围内 $N_{63.5}$ 平均值达到 18 击。强夯影响深度内部分土层 $N_{63.5}$ 大于 30 击，地基承载能力大大提高(见图 2.3-10)。

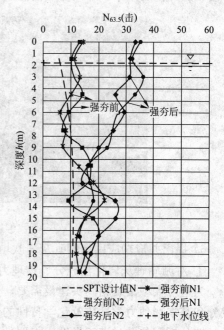

图 2.3-10　强夯前后标准贯入试验
SPT 试验结果对比

在珊瑚礁砂吹填造陆区，采用加料振冲和强夯法处理珊瑚礁砂地基，可有效提高地基承载力，消除不均匀沉降，减少工后沉降，而且就地取材、大大降低工程造价、缩短建设工期和减少施工难度，因此具有较高的社会和经济、环保效益，对珊瑚礁海域附近的港口造陆工程具有很好的应用前景。

7)"疏浚环保防污帷幕防污关键技术研究"课题的研究与实践

沙特阿拉伯在 2001 年发布了当地的《公共环境法》，对疏浚的环保影响提出了严格要求。为此，课题组和项目部采取了一系列的措施，确保能够达到要求，并提供证据和记录。为防止吹填泄水口泥浆外流，采取泄水口内设立溢流堰，泄水口外设立沉淀池，在沉淀池外设置过滤围帘的措施，保证了泥浆水和泡沫没有外流对周边环境造成不利影响(见图 2.3-11)。业主还要求疏浚单位在抓斗船上安装施工围帘，减少悬浮物扩散。项目部研究了环保帷幕的制作工艺和方法，并在绞吸挖泥船泄水口外侧使用了环保帷幕，目的：

① 防止浑水流到港池和航道，造成水面污染；

② 防止细颗粒淤泥回淤航道，减少由于吹填造成的对该港小船通道的淤积。

对帷幕外的水样进行了检测，表明泥浆浓度为 15mg/L，远小于业主要求的标准。

抓斗式挖泥船环保帷幕的应用：帷幕是利用与船舶固定在一起的方形浮体架进行悬挂的。施工过程中帷幕内外泾渭分明，防污效果显著。但对施工效率有一定影响。

该课题的应用源于中国港湾 2008 年 5 月 1 日立项研发的"疏浚环保防污帷幕防污关

键技术研究"子课题，于 2009 年 6 月 25 日依托吉达港工程项目顺利完成该子课题的研发工作。环保帷幕的成功应用对今后应对环保疏浚的严格要求提供了重要经验和参考。

图 2.3-11　帷幕使用效果，泡沫和杂物均被拦在帷幕内

2.3.3　经济效益及推广应用前景

该课题的研究与成果应用产生了明显的效果，保证了工程质量并按期竣工，得到了业主和咨工的高度评价，已经对中国港湾扩大沙特市场发挥了积极影响。工程效益超过预期，总承包和分包单位的实现利润（除保留金外全部工程款已经收回）达 5%～10%，经济效益显著。该课题的研究成果，不但在国外工程总承包项目上可以得到广泛的推广应用，而且还给国内类似工程的设计与施工提供了有价值的参考。

2.4　桩基码头 T 构地连墙组合新型结构设计与施工关键技术

埃及塞得港东港集装箱码头二期水工项目是我国水运工程界获得的设计施工总承包（EPC）大型项目之一，项目设计采用了建筑在软基上的 T 构地连墙桩墙结构，结构新颖，受力复杂；而超长软基上大型 T 构地连墙的施工成为工程的重点和难点。中港总部与中交水规院、中交四航局成立了既有分工又有联系的设计课题组和施工课题组迅速开展了设计优化、设计计算方法的研究和超长大型 T 构地连墙等关键施工技术的研究。设计和施工的研究成果确保了工程的顺利进行。项目的实施特别是在设计环节，不论是在国际工程标准规范的应用、设计标准与设计技术的掌握、设计程序、报批与设计管理等方面都积累了宝贵的经验，对今后实施"走出去"的战略将发挥积极作用。

2.4.1　项目的由来

1) 项目概况

埃及塞得港位于尼罗河三角洲的东北部，苏伊士运河北端，是埃及的第二大港口城市，距离首都开罗约 280 公里，塞得港港分为塞得东港与塞得西港。

塞得东港集装箱码头由马士基为最大股东组成的 SCCT 公司（Suez Canal Container

Terminal)筹建，中国港湾于 2008 年 8 月中标二期码头水工项目，合同采用 EPC 管理模式，咨工为欧洲的 Royal Haskoning 公司。中国港湾作为 EPC 总承包方，联合中交水运规划设计院与美国 AECOM 亚洲分公司承担设计工作，并由中交四航局承担施工。项目合同额为 2.19 亿美元。

工程位于一期项目以南，码头岸线长 1200m，包括码头主体结构及附属设施、护岸、翼墙、码头前沿 100m 范围疏浚、码头后方软基处理及水电等配套工程，码头结构按靠泊 4 个超巴拿马级集装箱船设计，前沿设计水深—17.5m（预留将来可发展到—18.5m）。

项目主要工程量：桩基地连墙混凝土约 17 万 m^3，上部结构混凝土 6 万 m^3；钢筋总用量约 35000t；地基处理范围约 5.64 万 m^2。

2）项目特点

① 项目选址位于尼罗河三角洲边缘与地中海交界处，地层主要为第三纪中新世砂与黏土沉积层及第四纪上新世海洋沉积物，具有表层软弱地层厚、持力层埋深大等地质特点，被土力学界称为全世界最为复杂的问题土。

② 招标方案建议码头断面为 T 型超深地连墙结构（海陆侧均为 T 型桩，中间两排矩形直桩，桩长约 66m，结构分段长度为 42m），设计计算、优化和施工难度较大。

③ 码头前方航道及后方堆场形成 20m 的土压力差，结构的刚度要求突出，且运营期间沉降要求严格；桩基地连墙组合码头结构与地基土相互作用机埋复杂，三维特性明显，计算模型的简化在投标阶段成为本项目的设计难题之一。

④ 桩基地连墙施工首先需解决以下特殊难题：

a. 成槽设备选型困难。

b. 成槽垂直度要求高：国内港工规范要求地连墙的垂直度 1/150，该工程需要 1/300 以上的垂直度。

c. 不良地质条件下成槽困难，特别是阳角部位。

d. 在海水环境、地下水位较高的条件下，对护壁泥浆要求高。

e. 由于是异型地连墙，清孔和沉渣控制困难。

f. 由于 T 型钢筋笼断面高度大、长度长，吊装时是偏心的，T 型槽阳角易碰损，增加了钢筋笼制作与安装的难度。

⑤ 由于现浇纵横梁的结构复杂，纵横梁施工每 3 条梁为一个施工节段，一次浇注量大，模板的设计、施工成为上部结构施工的难点。模板工程的施工效率直接制约了纵横梁的施工进度。

⑥ 地质复杂多变，且为了满足合同对沉降、承载力及液化等问题的要求，合同规定需开展地基处理试验区和多项验证，处理方案的选择和工期压力巨大。

⑦ 项目不仅技术上难度大，管理上也面临着重重考验，如设计报批管理等。

3）课题的提出

针对以上难点，中国港湾联合中交水运规划设计院和中交四航局，在投标期便成立了专门的课题研究小组，确立了以下研究课题：

① 码头结构选型及设计方案的创新和优化

② 码头结构与地基土相互作用机理研究

③ 码头结构整体稳定性的计算方法研究

④ 码头结构静、动力计算方法研究

⑤ 成槽设备选型

⑥ 新型泥浆的制配

⑦ T 形槽成槽引孔技术

⑧ 钢筋笼吊装

⑨ 软基处理试验

2.4.2 工程项目的环境条件

1) 自然条件

① 工程地理位置

拟建场地位于西奈半岛西北角，紧邻塞德港一期工程。北侧靠近地中海，南侧为北西奈沙丘，西有东塞德港东航道，东有 Mazalallah 湖。

② 水文

设计水位：设计基面为海图基准面（Chart Datum），其中设计最高水位为 +0.75m CD，平均海平面为 +0.45m CD，设计最低水位为 −0.05m CD；波浪：有效波高 H_s = 1.23m，设计波高 H_d = 2.21m，波长 L = 12.68m，周期 T_s = 2.85s；流：设计流速不大于 0.2m/s。

③ 气象

气温：最高温度 +40℃，最低温度 +7℃，平均温度 +21.1℃；降雨：平均年降雨量为 73mm；风：根据统计资料分析，平均设计风速为 28.5m/s。

2) 工程地质条件

该区为平原区，地面高程差不足 5m。表层为黏性土层，间有盐结皮（壳）。勘察揭示土层主要为晚第三纪地中海海侵活动沉积的砂性土和黏性土层，其上为风成沙土经地中海运动形成的沉积物。

① 经钻孔揭露，勘察场区内土层自上而下分别为：a 回填土、b 淤泥质土、c 粉细砂、d 淤泥质黏土、e 粉质黏土、f 中细砂、g 粉质黏土。现据码头轴线剖面分层描述如下：

a. 回填土：深灰色，褐色，主要成分为含贝壳碎片和岩石块的粉质砂土，夹有粉砂和黏性土层，稍密～中密。层顶标高 +2.31～+3.02m，平均层顶标高 +2.57m；层厚 1.5～4m，平均层厚 2.15m。平均标贯击数（SPT）16.74N/30cm。

b. 淤泥质土：灰色，深灰色，软塑状，混细砂，局部为砂质淤泥或淤泥质砂，含有少量贝壳屑，为有机质土，有机质含量 12.44%，由开挖苏伊士运河支线时吹填而成。层顶标高 −0.18～+0.81m，平均层顶标高 +0.07m；层厚 1～7.05m，平均层厚 3.09m。平均标贯击数（SPT）15.40N/30cm。该层下部局部见有灰色粉细砂与淤泥质粉质黏土互层，其标贯击数 SPT 明显增大。

c. 粉细砂：灰色，中密～密实，局部夹有粉土薄层，混有贝壳及有机质。层顶标高 −3.49～+1.52m，平均层顶标高 −0.78m；层厚 4～14m，平均层厚 7.62m，平均标贯击数（SPT）37.75N/30cm。该层自北向南层厚变薄，层顶高程变深。层底局部见有粉质黏土和粉细砂互层。

d. 淤泥质黏土：灰色，极软至中硬状，混泥质或淤泥质粉细砂，为有机质土，有机质含量 10.38%。该层分布较稳定，层顶标高－12.89～－4.37m，平均层顶标高－8.04m；层厚 3.5～28.3m，平均层厚 19.91m。平均标贯击数（SPT）10.61N/30cm。

e. 粉质黏土：深灰色，软至硬塑状，混少量贝壳碎屑。该层分布稳定，层顶标高－33.38～－15.57m，平均层顶标高－27.98m；层厚 7.5～33m，平均层厚 21.51m。平均标贯击数（SPT）17.99N/30cm。

f. 中细砂：灰色，灰绿色，中密～极密实状，混贝壳碎屑。层顶标高－53.57～－37.93m，平均层顶标高－49.49m；未见底。平均标贯击数（SPT）50.51N/30cm。

g. 粉质黏土：灰色，夹黄色斑，硬塑至很硬状。层顶标高－67.57～－53.36m，平均层顶标高－55.62m；层厚 0.4～7.5m，平均层厚 2.74m。平均标贯击数（SPT）42.41N/30cm。该层常以夹层出现。

典型地质剖面图见图 2.4-1，表 2.4-1 为土层参数表。

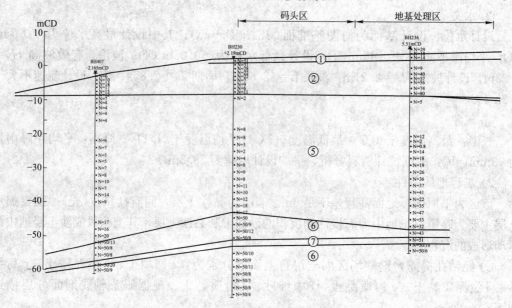

图 2.4-1　典型地质剖面图

土 层 参 数 表　　　　　　　表 2.4-1

参数	单位	1 回填土	2 淤泥质土	3 粉细砂	4 淤泥质黏土	5 粉质黏土	6 中细砂	7 粉质黏土
含水率	%		49.6	22.2	51.1	65.6		43.6
重度 γ	kN/m³	17.8	16.4	19.5	16.7	15.6	19.5	17.5
比重 G_s	—		2.7	2.7	2.7	2.7	2.7	2.7
孔隙比 e	—		1.443	0.674	1.421	1.878	0.674	1.226
液限 tWL	%		63.6		56.3	91.2		90.1
塑限 WP	%		27.3		25.8	33.4		32.6
塑性指数 Ip	—		36.3		30.3	57.8		54.5
液性指数 IL	—		0.61		0.91	0.55		0.20
黏聚力 c'	kN/m²	0	0		10	15	0	25
摩擦角 ϕ'	°	30		35	20	18	39	15

续表

参数	单位	1	2	3	4	5	6	7
		回填土	淤泥质土	粉细砂	淤泥质黏土	粉质黏土	中细砂	粉质黏土
竖向固结系数，C_v	m²/yr		5		7	5		14
压缩指数，C_c	—		0.6		0.734	0.839		0.427
再压缩指数，C_r	—		0.1		0.090	0.104		0.024
平均SPT	N60	14		23	9	8	90	33
	kPa		17			−15m及以上25；−40m及以下80		

② 地震效应　按475年重现期，该勘察区的地震动峰值加速度为0.12g；按95年重现期，该勘察区的地震动峰值加速度为0.08g。

根据招标文件要求，设计分两个等级设计：

LEVEL Ⅰ：$\alpha=0.12g$，结构可修复；

LEVEL Ⅱ：$\alpha=0.08g$，结构可使用。

场区地表以下20m以内存有饱和砂土，主要分布在unit1回填土、unit3中细砂层内。unit3存有液化可能。

2.4.3　设计要求

1）设计船型

设计最大船型为容载14,500TEU的超巴拿马级集装箱船，最大载重为175,000DWT，最大靠泊速度为0.1m/s；

设计最小船型为容载212TEU的集装箱船，最大载重为3,000DWT，最大靠泊速度为0.35m/s。

2）设计荷载

① 堆载

码头面60kPa，码头后方道路20kPa，后方堆场60kPa。

② 流动荷载

流动荷载主要考虑了三个：集装箱箱角荷载、正面吊荷载、移动岸吊荷载。集装箱箱角荷载根据招标文件要求，按3层重箱设计，荷载图示见图2.4-2、图2.4-3及图2.4-4。

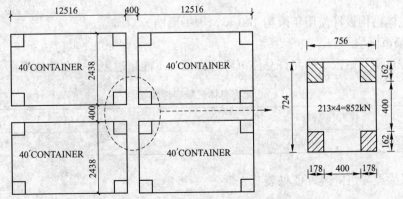

图 2.4-2　集装箱箱角荷载作用图

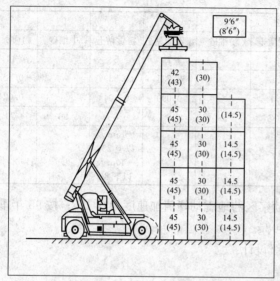
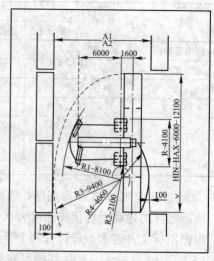

图 2.4-3　集装箱正面吊荷载作用图示

　　移动岸吊荷载根据招标文件要求，按 HLM400 参数设计。极端状况下单个支腿最大压力 2980kN。

图 2.4-4　移动岸吊（HLM400）荷载作用图示

3）设计年限

码头主体结构设计使用年限为 100 年，维护周期为 50 年。

4）堆场沉降值

从交付日期开始记录的允许总体沉降容许值，不能超过表 2.4-2 中的值：

允许总体沉降容许值　　　　　　　　　　　　　　表 2.4-2

年限	50 年	20 年	5 年	2 年
最大总体沉降	300mm	250mm	150mm	100mm

地面最大差异沉降容许值见表 2.4-3。

地面最大差异沉降容许值　　　　　　　　　　　表 2.4-3

条　件	值
箱盒的纵向或横向坡	1/60
箱角处凸凹(20 尺集装箱)	±20mm
邻近结构的位移沉降	15mm
竖向台阶,包括车印、破碎和路面凹坑	15mm

5) 混凝土

混凝土使用标准为 BS EN 206-1、BS 8110、BS 6349 和 DIN 4126；结构混凝土最低等级为 C40/50，水下混凝土为 C50 水泥 $400\sim500\text{kg/m}^3$，最大水灰比 0.4。保护层厚度在 $75\sim90\text{mm}$。

2.4.4　设计关键技术研究

1) 设计技术标准

本项目使用规范原则：英标为主，考虑欧标、美标、日标、埃标及世界组织颁布的规则、手册等。

2) 设计方案的提出

① 招标方案

本项目为典型现汇项目，项目投标期间有相对完整的概念设计招标方案，其方案和招标要求概述如下：

a. 码头平面

本项目为一期工程的续建二期工程，码头平面布置以及设备要求比较明确，其中重点是要求二期建成后与一期的码头靠泊面保持一致，要求二期工程码头钢轨轴线与一期钢轨轴线严格保持一致，实现龙门吊可以从一期无缝移动到二期。

b. 码头结构

码头结构招标方案为灌注桩地连墙组合结构，海侧桩和陆侧桩采用 T 型现浇钢筋混凝土桩(翼缘尺寸 3m×1.0m)与地连墙(4m×1.0m)组合结构，中间两排矩形截面现浇钢筋混凝土灌注桩(断面尺寸 3m×1m)，排架间距 7.0m。结构内泥面为−5.0m，上部结构为梁板式。

② 投标方案

通过对招标方案的深入研究，并体现 EPC 总承包商自身的设计优势，在满足业主要求的基础上，设计将码头基础部分地连墙结构横向断面由原来的四排桩变为三排桩，结构内挖泥泥面高程从海陆侧均为−5m 变为海陆侧地连墙间泥面自−11.50m 过渡到−5.0m，坡度为 1∶4，其平面及断面示意图如图 2.4-5 及图 2.4-6。

3) 优化设计方案的提出

在项目研究小组牵头组织下，设计通过对项目水文、气象以及地质资料的深入研究，最终设计方案在原投标结构方案的基础上又进行优化，使得结构受力性能更优，造价降低、施工更高效，结构形式和工程量对比如图 2.4-7 所示。

码头长 1200m，宽 35m，码头前沿设计水深近期为−17.5m，预留远期拓深至

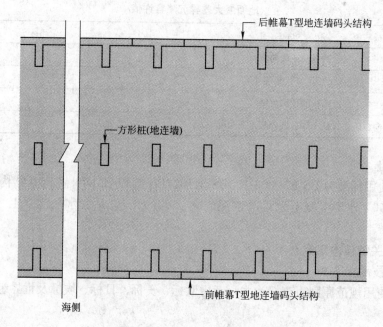

图 2.4-5 码头地连墙基础平面布置

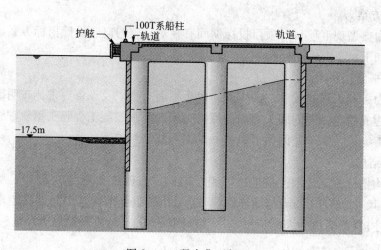

图 2.4-6 码头典型断面

-18.5m。码头包括 16 个结构段,其中,A 结构段 34m,B~I 结构段 42m/段,J~O 结构段 126m/段,P 结构段 74m,各段之间设有结构缝。为减少码头后方不均匀沉降,码头后沿设渡板与后方陆域连接(每块渡板尺寸 5m×0.98m×0.35m),码头端部设有翼墙。

码头为桩基地连墙混合结构,桩基排架间距 7m,共有 172 个排架,1 号排架为一、二期连接部分,由 2 根 T 型桩和 5 根矩形状组成挡土墙结构。172 号排架为尾排架,采用 5 根 T 型桩 4 根矩形状组成挡土墙结构。其余每个排架设三根桩,海侧桩和陆侧桩采用 T 型现浇钢筋混凝土桩(翼缘尺寸 2.8m×0.8m,梁肋尺寸 3.4m×0.8m),中间桩采用矩形现浇钢筋混凝土桩(断面尺寸 5m×0.8m),码头桩基底高程-52.50m~-56.00m。相邻 T 桩之间均采用现浇地连墙连接,地连墙断面尺寸为 4.2m×0.8m。

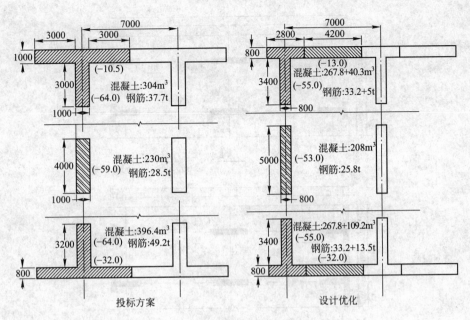

图 2.4-7 设计优化前后结构形式及工程量对比

码头典型断面见图 2.4-8。

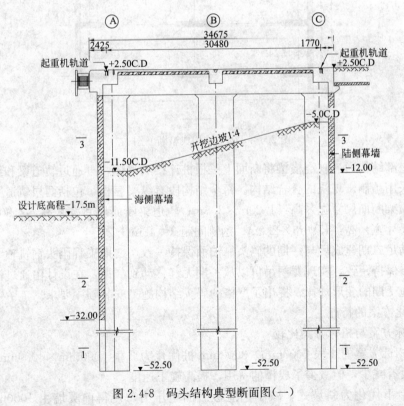

图 2.4-8 码头结构典型断面图（一）

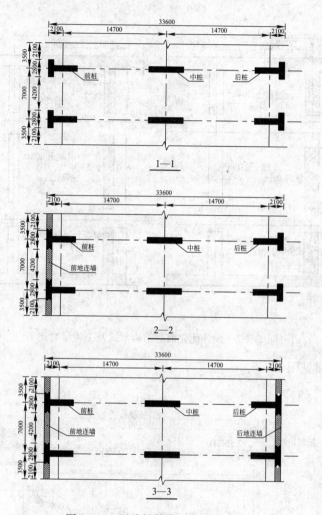

图 2.4-8   码头结构典型断面图(二)

码头上部结构通过现浇横梁将断面上三根桩连接成整体,再通过轨道梁和纵梁形成框架,面板采用预制+现浇的叠合结构。每个结构段有纵梁三根,包括两根轨道梁和一个中间纵梁。横梁断面尺寸宽×高:1.20m×3.5m;轨道梁断面尺寸宽×高:2.90m×2.0m;纵梁断面尺寸宽×高:1.90m×2.0m;钢轨间距30.48m。

为了满足二期建成后与一期的码头靠泊面保持一致,二期工程码头钢轨轴线与一期钢轨轴线严格保持一致,实现龙门吊可以从一期无缝移动到二期,在设计中通过模型计算分析了二期施工期的变形规律,提出了严格的码头结构施工安装顺序要求。

4) 优化方案的特点

① 投标方案与招标方案比较

a. 由招标方案的 4 根 1000mm×3000mm 桩优化为 3 根 1000mm×4000mm 桩,混凝土工程量没有减少,但减少了成槽的费用,提高施工速度。

b. 平台下优化为斜坡式,减小了前桩后的土压力,使得前翼墙由 1000mm 优化为 800mm,减少了混凝土量。

c. 增加了结构横向刚度,对控制变位有利。

② 中标后的进一步优化

a. 桩基进一步由 1000mm×4000mm 优化为 800mm×5000mm。混凝土量没有变化，但本工程桩除了承受竖向力，还承受相当大弯矩，优化后桩刚度进一步变大，一定程度上减少了钢筋用量；由于桩的宽度变窄，使得桩与纵横梁刚性连接处理较原来简单了；进一步加大结构的横向刚度。

b. 前墙由"T"型优化为小"T"加翼墙型式，方便了施工，提高成槽效率；减小了一次安放钢筋重量；成槽质量宜于控制，为保证成桩质量创造了条件。

2.4.5 施工关键技术

1) 软弱地质条件下码头超深 T 型地下连续墙施工技术

① 研究目标

研究目标是为了保证超深 T 型地下连续墙的施工质量，满足设计及项目运营使用的要求，具体内容如下：

a. 避免或减少地下连续墙成槽过程中的导墙下沉和槽壁坍塌；

b. T 型地下连续墙的翼板和腹板的垂直度小于 1/300，避免由于偏差过大影响 T 型钢筋笼的入槽，降低桩基础的使用性能；

c. 改良钢筋笼起吊工艺，保证 T 型钢筋笼在起吊过程中不发生重大变形，按设计形状入槽，提高吊装工艺的成功率和安全性；

d. 配置高流动性、高保塑性、高强度的水下混凝土，保证水下混凝土的灌注质量；

e. 提高施工效率，防止槽段暴露时间过长发生塌孔。

② 研究的技术路线

地下连续墙的施工技术发展至今，其工艺流程已相当完善，主要为：施工平台设置→泥浆配置→导墙施工→成槽开挖→钢筋笼制作与吊装→水下混凝土浇筑，要控制 T 型地下连续墙施工质量，则必须通过改进上述工艺，优化设备配置。

a. 施工平台的设置：

泥浆与地下水位之间足够的高差可以有效防止槽段的塌孔。施工场地标高与最高地下水位有 2m 高差，满足基本的高差要求；由于 1200m×35m 的施工场地大，缺乏合适的回填土源，回填提高施工平台标高的工程量大，成本高，所以放弃提高施工平台标高的方案；

b. 泥浆：

泥浆的性能指标对槽壁的稳定有着重要的意义，要保证槽段的稳定，改良泥浆的性能指标是有效的途径之一；另外，对极软弱土层进行加固，也是防止塌孔的措施之一；

c. 导墙：

导墙在地下连续墙施工中不仅仅是起导向作用，还起到分散大型施工设备对槽口的超载，保护槽口土层防止塌孔的作用；导墙形式的选择，同样对槽壁稳定有重要关系；

d. 成槽施工：

成槽设备主要有液压抓斗成槽机与铣槽机两种，其主要的区别是处理不同硬度的地层；由于本项目土层的特点，液压抓斗成槽机成为了唯一的选择，因为抓斗与主机是通过柔性的钢丝绳连接，在比较复杂的土层中，即使有垂直度纠偏系统，也会出现较大的垂直度偏差，给液压成槽机施工提供垂直度高的导向系统，是保证槽段垂直度的关键。

e. 钢筋笼制作与吊装：

传统的地下连续墙钢筋笼制作是通过在钢筋笼内部增加钢筋桁架等措施提高自身的刚度，减小"8点吊"或"16点吊"过程中发生的变形，但由于需要转换吊点等原因，以上工艺安全性低，钢筋笼的变形也较大；给钢筋笼配置一个临时性的、刚度大的外置式"抬架"以完成起吊过程，则可以减少钢筋笼在起吊过程中的变形和加固钢筋的使用，提高施工安全性。

f. 水下混凝土浇筑：

使用双导管进行水下混凝土浇筑，保证混凝土均匀充满 T 型的翼板与腹板；根据预计的混凝土浇筑时间调整水下混凝土的初凝时间至 6~8 小时，流动度达到 550mm 以上。

③ 技术方案

a. 导墙形式的选择

由于所处为软弱土层，而成槽机的自重达 60t，其施工时对槽段的超载是塌孔的原因之一。"］［"型导墙比常用的"┐┌"型导墙有更大的接触面积，能有效分散大型施工设备对槽口附近的超载，增加的底板能防止槽口土层发生剪切破坏，保证槽口土层稳定，防止塌孔从槽口往下蔓延。因此在导墙选型上，通过方案比较与计算，采用了图 2.4-9 所示的"］［"型导墙。

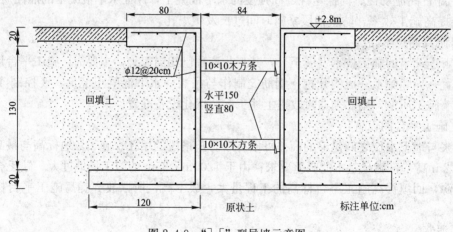

图 2.4-9 "］［"型导墙示意图

b. 泥浆的配置

施工场地处于临海环境，海水对槽段施工影响明显，在土层软弱、不能提高施工平台标高的前提下，提高泥浆的比重、黏度和泥皮厚度等指标在理论上能提高槽壁的稳定性。

较高比重的泥浆在暴露的土层表面形式泥皮，提高土层的黏聚力，可以抑制海水对槽孔的渗透，对暴露的土层施加一定的"侧压力"，使土层能实现自稳。根据环境的特殊性，为了保证槽壁的稳定，验证泥浆的性能，通过现场 4 次试成槽施工试验，在 OCWFF 高屈服膨润土泥浆中添加了重晶石粉，使新浆的比重达到 1.15，软弱土层的塌孔问题得到了解决；具体的泥浆指标见表 2.4-4 成槽护壁泥浆性能指标要求。

成槽护壁泥浆性能指标要求　　表 2.4-4

项目	密度 (gm/ml)	黏度 (sec)	含砂率 (%)	失水率 (mm/30min)	泥皮厚度 (mm)	PH
新浆 (含重晶石)	1.15>	32 to 50	n.a.	<30	<3	7~11
使用中泥浆	1.25>	32 to 60	n.a.	<50	<6	7~12
浇混凝土前	1.15>	32 to 50	<4	n.a.	n.a.	n.a.

n.a.：不适用。根据英标及技术条件书的要求，使用 500/1000ml 的马氏黏度漏斗来检测泥浆黏度。

另外，由于现场施工有部分区域是深水回填区，采取了深层水泥搅拌桩对槽壁进行了加固，以防止新回填土出现坍塌。

c. 成槽施工

带有垂直度纠正系统的旋挖钻机由于主臂为刚性杆，其施工的孔洞即使深度超过 60m，垂直度仍能保证小于 1/500，所以采用旋挖钻机施工导孔作为成槽机挖槽的导向孔，能保证成槽垂直度，并且提高成槽效率，T 型地下连续墙导孔的布置见图 2.4-10 引孔、成槽次序布置图。

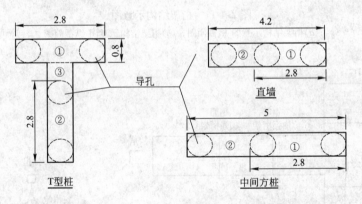

图 2.4-10　T 型桩、方桩、直墙引孔、成槽次序布置图

d. 钢筋笼制作吊装

采用"抬架垂直转体"法进行钢筋笼吊装施工——由型钢组成的桁架，有自重轻、刚度大的特点；采用型钢桁架作为 T 型钢筋笼制作和起吊的"平台"，提高钢筋笼的临时刚度，能够减小制作、运输和起吊过程中发生的变形，减少加劲钢筋的使用量，避免了吊点的转换，提高了吊装的安全性。起吊时，桁架吊机摆放在正起吊端，钢筋笼吊机摆放在桁架的转轴端的一侧，吊臂相向。桁架吊机首先吊起桁架的起吊端，将桁架抬至与地面成 85°，钢筋笼吊机在此过程中需使钢丝绳保持垂直松弛状态。待桁架到达预定角度，钢筋笼吊机缓缓将钢筋笼垂直吊起，将钢筋笼与桁架脱离并吊入槽内，对钢筋笼、声测管及其他预埋件进行检查，拆除临时斜撑。首段钢筋笼就位后，用型钢将其挂在导墙上，待下一段钢筋笼起吊至其正上方，进行钢筋笼的对接再下放入槽。详细吊点设置及起吊过程见图 2.4-11 桁架结构示意图、图 2.4-12 及图 2.4-13。

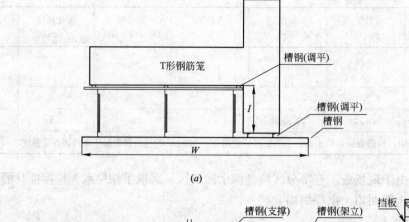

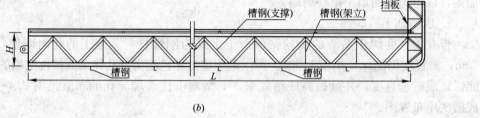

图 2.4-11   桁架结构示意图

(a)桁架结构示意图-横截面图；(b)桁架结构示意图-纵截面图

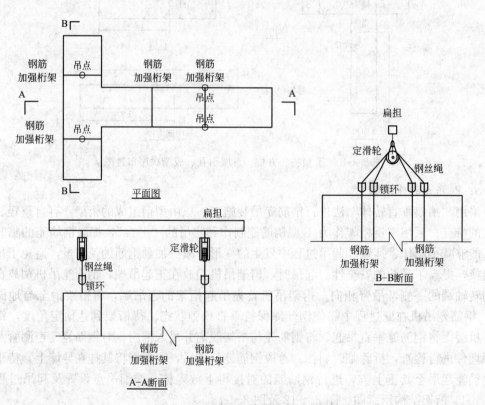

图 2.4-12   T型钢筋笼吊点示意图

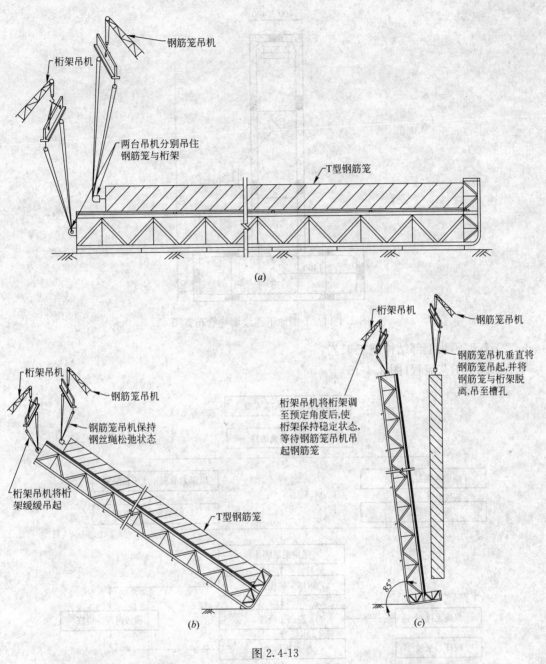

图 2.4-13

(a)"抬架垂直转体法"起吊示意图；(b)"抬架垂直转体法"起吊示意图；(c)"抬架垂直转体法"起吊示意图

e. 水下混凝土浇筑

本项目单根的 T 型地下连续墙混凝土方量为 270m³，采用双导管浇筑，混凝土浇筑时间约需要 7～8 个小时，同时其截面特殊，所以混凝土的初凝时间必须为 6～8 个小时，坍落度为 180～210mm，流动度为 550mm，在腹板和翼板处各设置一个导管进行浇筑，以保证桩体和锁口管的拔除质量。导管布置图参见图 2.4-14 T 型地下连续墙导管布置图。

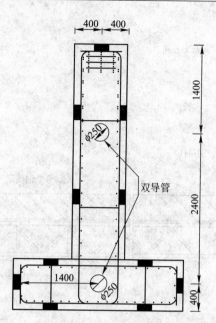

图 2.4-14   T 型地下连续墙导管布置图

2) 新型码头上部结构施工工艺

① 施工工艺流程（图 2.4-15）

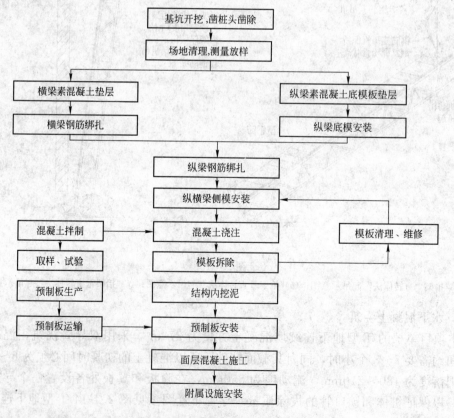

图 2.4-15   上部结构施工工艺流程

② 现浇纵横梁钢模板设计与施工

经过综合考虑进度、成本因素后，项目组决定采用整体式钢模板。

纵横梁钢模板设计施工的难点在于纵梁的底模板以及纵横梁交接处的连接模板、转角模板，以及前帽梁多变的前沿线结构形式。

3）结构内挖泥施工

为降低码头前后 20m 高的土压力差，减少海侧配筋，课题组通过设计优化，将结构内进行挖泥，泥面坡度 1：4，开挖高程为 −11.5～−5.0mCD，挖泥量为 42.0 万 m³。在实施过程中必须做到海侧结构内外高差不得大于 5m，这就要保证结构内挖泥与前沿疏浚同时进行，以结构内挖泥为先。长臂钩机技术上仅能满足陆侧挖泥深度（见图 2.4-16），且受到现场场地狭窄和多项工序交叉等因素制约，施工效率较低；150t 履带吊加 6m³ 机械抓斗组合可满足海侧挖泥深度，但由于下部土层较硬，效率也较低，远无法满足第一个泊位移交工期需要。课题组尝试将码头港池疏浚用的"小鹰号"挖泥船组同时承担海侧梁格内挖泥（如图 2.4-17），并获得了一次性成功，开挖效率非常高，几乎不占用施工场地，对其他工序干扰也最小，满足了结构内挖泥后的面层施工进度需要，为工程能够顺利移交打下了坚实基础。

图 2.4-16　长臂钩机陆侧结构内挖泥

图 2.4-17　抓斗船海侧结构内挖泥

4）码头面层混凝土施工技术

① 施工难点

a. 码头面宽35m，长1200m，在纵横梁顶安装预制板，现浇混凝土形成码头面。码头纵向每42m设置一道伸缩缝，伸缩缝处采用现浇悬臂板，整个码头结构厚度多样，最薄处25cm，最厚处达到93cm。面层混凝土总方量18000m³。

b. 该港属热带沙漠气候，干热、昼夜温差大，极易造成混凝土构件表面失水产生干缩裂纹，导致混凝土外观质量下降。

c. 当地缺乏级配良好、细度模量适宜的混凝土用砂，大多是含泥量较高的沙漠沙。

② 施工工艺说明

通过课题组会同国内专家讨论研究，码头面平面纵向按42m为一段，横向按5.5m的宽度进行施工，整个码头面层分成6个条带，间隔施工。现仅将分缝模板安装、切缝、刻纹的施工技术要点简要叙述如下。

a. 分缝模板安装

由于码头面层钢筋网片是整体式的，为保证码头面层混凝土浇筑质量，浇筑工艺必须是分幅浇筑。因此，分缝模板设置时，采用了5号槽钢和快易收口网组合。将码头横断面分成6条混凝土浇筑带，在钢筋网片以上采用5号槽钢作为分缝模板，通过测量控制槽钢的线形和标高。在槽钢底下设置快易收口网。分缝模板安装见图2.4-18。

图2.4-18 钢筋绑扎及分缝模板安装

b. 混凝土面层切缝

根据设计，码头面纵向每42m设置一道结构伸缩缝。为了减少因为面层混凝土收缩而产生的裂纹，需要在码头面表层锯缝作为面层混凝土的伸缩缝，深度为30～50mm，宽度为5mm，伸缩缝的间距按6m×7m的网格状布置。面层切缝时间宜在养护期第3天内完成，并严格控制缝宽和深度。锯缝后及时做好覆盖工作，继续进行保湿养护。

c. 混凝土面层刻纹

码头面层混凝土达到设计强度之后，需要对面层混凝土进行刻纹，以达到防滑效果。

刻纹间距约为2cm，纹路深度约为2～3mm，纹宽约3mm，要以事先切好的缝为导向，刻纹要顺直，不重叠，深浅统一，线条整齐，使得整个码头防滑效果好，美观大方，坚固耐用。图2.4-19为码头面层刻纹的照片。

图2.4-19　码头面层刻纹

5）换填振冲法软基加固

① 施工难点

工程软基处理加固区域面积为56400m²（1200m×47m），见图2.4-20。其实施难点如下：a. 设计施工均采用英标规范，材料使用标准严格；b. 地质情况复杂，砂土液化问题突出，在大规模实施前需对拟选取的处理方案划出试验区进行试验；c. 与码头泊位一起，分阶段移交，且移交前的验收试验繁琐。

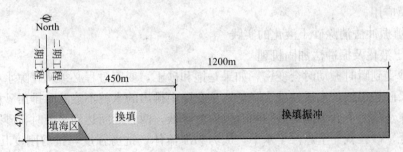

图2.4-20　地基处理分项工程分布图

② 解决方案

a. 补充勘察

针对以上技术和商务难点，课题组决定首先从获取准确的地质资料入手，通过分析进而采取行之有效的处理方案。业主的地质资料有限且不保证准确性和全面性，故而项目组实施了补充勘察。两次勘探结果显示的各土层SPT值对比如图2.4-21。

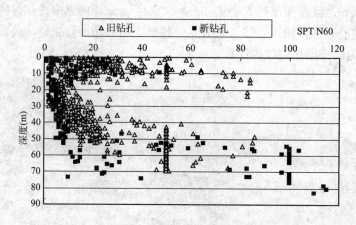

图 2.4-21   SPT 值随深度变化分布

b. 咨工要求

设计承载力：75kPa（载荷板 PLT）

承载比要求：交工面 1m 以下的填筑料应有不低于 15% 的 CBR。交工面的填料应有不低于 30% 的 CBR。

沉降要求：交工 2 年和 5 年后最大总体沉降分别为 100mm 和 150mm，最大差异沉降不大于 15mm。

液化要求：由于该区域第三层及其以下存在很厚的砂层或粉土层，在发生地震时，存在液化的风险，故在承载力满足的情况下，仍要对砂土层和粉土层的液化风险进行分析。液化分析采用 SPT N1-60>30 或 Youd & Idriss(2001) 计算方法并考虑液化安全系数 FOS 采用 2.0。

c. 地基处理试验区

通过对地层的分析研究，课题组开展了碎石桩、换填振冲、换填碾压三个试验区的试验。根据试验结果分析，换填振冲方法在工效、成本等各方面都优于其他处理方法，最终得以大规模应用。

③ 换填振冲法消除砂土液化的实践

a. 砂土液化及振冲法加固机理

当松砂受到瞬时振动时会变密，如果是饱和砂土，变密过程必须从孔隙水中排出一定水分。如果砂粒很细，渗透性就会降低，从孔隙中排出的水就不能及时排出砂体之外，导致砂体孔隙水压力上升，同时砂粒间有效应力降低，两者之间达到平衡时，砂颗粒间摩擦力急剧降低，砂粒就完全悬浮于水中，成为黏滞流体，抗剪强度与抗剪刚度几乎等于零，土体处于流动状态，即为砂土液化现象。

振冲器凭借高频振动以及高压水流的冲切作用，使周围土体得到了初步的挤密，并产生了较高的超孔隙水压力。振冲器沉至孔底并经过孔底留振、振动上拔和分段留振等过程使得饱和粉细砂在动剪应力作用下孔隙体积减小，根据上述砂土液化机理而预先形成液化。随着时间的增长，超孔隙水压力消散，土体结构逐渐恢复并得到强化，土颗粒排列结构发生改变并趋于更密实的状态，重新均匀分布的地基土承载力及抗液化能力得到提高。

b. 试验方案

本工程选取典型区域作为试验区，面积为 15m×35m，考虑到顶部第一层与第二层是吹填土和黏土，第三层土为砂土，故现场先将顶部两层土挖除并降水至第三层顶部 −2mCD 左右，然后一次性回填砂至 +2.5m，故而称作换填振冲法。

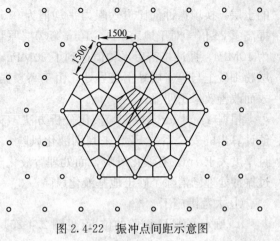

图 2.4-22　振冲点间距示意图

振冲采用等边三角形布置，间距 1.5m，即每点控制六边形面积约 1.945m²，见图 2.4-22，共布置 270 根。

试验用振冲器各项规格参数见表 2.4-5。

试验用振冲器各项规格参数　　　　　　　　　　表 2.4-5

型号	发动机功率（kW）	发动机转速（r/min）	偏心力矩（N·m）	偏心力（kN）	振幅（mm）	尺寸（mm）
ZCQ 75	75	1460	68.3	160	5	Φ426×3162

根据加固前静力触探试验结果分析，液化风险土层集中在 −2m～−9m 深度，故试验振冲深度为地表以下 11.5m 土层。振冲过程每分钟抬高 1～2m，每 0.5m 留振 30s，确保密实电流大于空转电流 25～30A，振冲水压为 0.6MPa。

c. 试验检测与分析

在振冲处理之前通过三桥静力触探（CPTU）试验（见图 2.4-23）测得该场区地基土的端阻、侧阻及孔隙水压。在振冲结束 7 天后，在原探孔位置进行了另一组 CPTU 试验，两者比贯入阻力值 q_c 对比见图 2.4-24。

图 2.4-23　试验用三桥静力触探 CPTU 设备

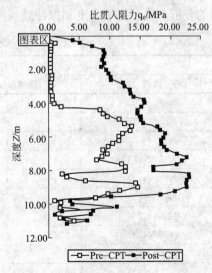

图 2.4-24　处理前后 q_c 值对比曲线

由图 2.4-24 对比曲线可以看出，地表下 4m 范围内第①②层土强度较低且容易液化的土层，换填振冲前比贯入阻力平均值为 0.5MPa，换填振冲后平均值达到了 12.5MPa，提高了 24 倍。对于地表下 4~10m 第③层原状砂土而言，振冲挤密前比贯入阻力平均值为 10MPa，振冲挤密后平均值达到了 20MPa，提高了 1 倍。而在地表下 10~12m 即第③层粉细砂土与第④层黏土交界处，由于高频振冲扰动作用，短期内无法固结并提高强度，故而改善效果不明显。

根据 Youd Idriss(2001) 液化分析方法，利用 CPTU 的比贯入阻力 q_c 值与摩阻力 f_s 值计算出的安全系数 FOS 来判别液化风险，据此得出处理前砂土层局部 FOS 小于 2.0，且厚度大于 1m，有液化风险，而处理后液化土层 FOS 均大于 2.0，满足设计要求，即通过振冲处理已消除了砂土地基液化风险。

④ 大范围施工

a. 确定 CPTU 试验的位置(见图 2.4-25)

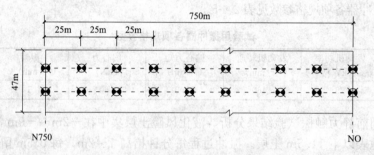

图 2.4-25　静力触探试验点布置

b. 通过 CPTU 试验结果确定处理深度

前期的地勘资料显示，第二层土的深度变化趋势为由北向南依次增大，为确定最终的处理深度，在已有资料的基础上，在 750m 长的处理区域内，每隔 25m 做一组静力触探试验(PRE-CPT)，对土层情况进行详细的评估，进而确定需要处理的深度。经过对实验数据的分析，确定换填深度和振冲处理深度见表 2.4-6。

地基处理加固深度　　　　　　　　　　　表 2.4-6

黄沙振冲换填		
位置	换填深度(m)	振冲处理深度(m)
N750-N700	4	11
N700-N575	4	10
N575-N550	4	11
N550-N425	5	12
N425-N400	5	9.5
N400-N350	7.5	9
N350-N250	9	8.5
N250-N225	8	7.5
N225-N150	5	8
N150-N100	6.1	8
N100-N50	5	8
N50-N0	5	8

注：N750 为南北坐标值，意为距码头最南边 750m 的位置

c. 处理后各项试验检测

在振冲处理完后，将振冲导致的表层淤泥和积水清除，并回填 0.5m 的砂，再进行碾压。1 周以后，通过开展各项试验如 PLT、CBR 及 CPTU 等，均证明处理效果达到业主和设计要求。其中 CPTU 典型测试结果与设计要求的对比如图 2.4-26。

⑤ 小结

换填振冲方案在埃及地基处理项目的施工取得了成功，检测结果表明无填料振冲法加固人工回填粉细砂地基能达到设计要求，是一种有效、简便、经济的地基加固方法，具有施工简便、快速等优点，能够大大提高码头地基承载力，满足码头建设要求，可在类似工程中推广使用。

a. 针对实际的场地条件，选用合理的设计和试验方法，判断出液化土层的埋深、厚度及液化风险程度，并据此选定具体的振冲试验操作方法，如振冲深度、间距以及留振时间。

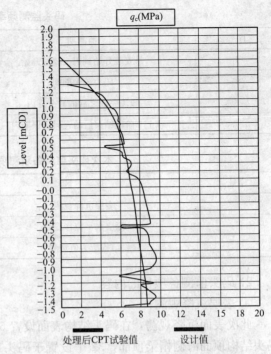

图 2.4-26　典型的 q_c 设计值和试验值

b. 振冲后表层 1m 左右土体强度较低，经过振动碾压后强度得到提升，且压实度、PLT 及 CBR 等试验达到设计要求。考虑到振冲后孔隙水压力的消散和土体结构的恢复及进一步强化，建议在振冲时做好及时排水并至少在振冲完成 7 天后开展相关检测试验。

c. 本工程的振冲工艺与换填分层碾压工艺相比，同样达到了密实土体并消除液化的效果，但工效上有了较大提高且节约了成本，在阶段移交工期较紧张的情况下适合采用。

d. 国内外的标准贯入试验存在设备及标准的使用习惯差别，因此在判别砂土液化风险方面，静力触探试验较标准贯入试验能更合理且快速地反应出土的各项强度指标和孔隙水压，进而得出砂土液化风险的各项指标，此检测在国外采用较多，且数据由电脑检测直接获得，可靠性高，易被咨询工程师接受，值得国内地基处理检测单位推广使用。

2.4.6　码头结构检测及成果分析

1) 概况

监测系统应该能及时有效、准确地反映施工中码头结构的动向。根据本工程特点、现场情况及设计要求，施工监测项目如下表 2.4-7。监测的频率和预警值分别参见表 2.4-8 和表 2.4-9。

码头观测项目一览表　　　　　　　　　　　　　　表 2.4-7

项　　目	数量	目　　的
表面沉降观测点	64 个	测量码头表面竖向沉降值
深层水平位移观测点	8 个	测量沿码头竖向单元各标高处的水平位移
应力应变观测点	8 个	测量码头钢筋应力变化及结构体稳定

码头监测频率一览表

表 2.4-8

序号	监测期	频率
1	从安装开始到码头疏浚开始	一周一次
2	码头疏浚期间	一周二次
3	疏浚完成之后的 6 个月内	一月一次
4	上个阶段结束后的合同质保期内	三月一次

本次码头监测各观测项目预警值一览表

表 2.4-9

序号	项 目	参考预警值
1	表层沉降观测	10mm
2	深层水平位移观测	80mm
3	结构应力值观测	设计值的 70%

2）码头监测各项目的内容

① 表层沉降观测

此次表面沉降观测，在码头结构表面设置 64 个表面位移观测点，其中，32 个设置于码头结构顶面海侧帽梁顶部，32 个设置于码头顶面陆侧，应保证各观测点沿码头纵向均匀分布。其中观测仪器为莱卡 DNA03 精密水准仪，铟钢标尺(2m)，精度±1.0mm/km；

② 深层水平位移观测

此次观测的主要工作是对选取码头中 8 个排架，进行码头纵向结构的倾斜观测。测量管的埋设需要安装在每根桩钢筋笼的靠海侧，深度与桩长相等。

深层位移由 DIS-500 型测斜观测仪和测斜管组成的测斜观测系统进行观测，测量精度 0.1mm，测斜管采用直径 114mm 的 PVC 有轨导管。测斜管安装在结构内部。各测点埋设位置沿码头均匀布置。

③ 应力应变观测

此次混凝土应变观测沿码头长度均匀地选择 8 个排架，每排架设为一组，每组由 4 个不同高度的振弦式应力计组成。通过读取应力计的读数，转化成码头桩中钢筋的应力值。

3）码头监测成果的分析

① 对于竖向沉降值

1 号泊位平均沉降值为 5.6mm，最大沉降值为 8.6mm(位于 H6LB 桩上)。

2 号泊位平均沉降值为 6.0mm，最大沉降值为 8.4mm(位于 L10LB 桩上)。

3 号泊位平均沉降值为 2.2mm，最大沉降值为 2.7mm(位于 N16LB 桩上)。

② 对于测斜观测值目前为止：

A3SB 桩上累计最大的水平位移为 33.4mm，位于大约为−5.50mCD 的标高上。

F4SB 桩上累计最大的水平位移为 23.8mm，位于大约为−3.50mCD 的标高上。

J3SB 桩上累计最大的水平位移为 18.2mm，位于大约为−2.00mCD 的标高上。

K9SB 桩上累计最大的水平位移为 17.5mm，位于大约为−7.50mCD 的标高上。

L13SB 桩上累计最大的水平位移为 40.9mm，位于大约为−4.00mCD 的标高上。

M19SB 桩上累计最大的水平位移为 66.3mm，位于大约为−3.00mCD 的标高上。

③ 对于钢筋应力值，各组中各点的值均小于预设的报警值。

4）小结

码头面垂直沉降监测表明，已经移交的 3 个泊位中各观测点的沉降量基本相当，没有出现大的不均匀沉降现象，观测点的沉降量很小。

码头疏浚过程中，码头地连墙的深层侧向位移变化较大，在疏浚结束达到设计标高后，变化平缓，无明显突变，最大位移量在规范要求范围内，表明码头结构在疏浚开挖过程中是安全稳定的。

从钢筋应力数据表及时程曲线图可以看到，钢筋应力在整个工程施工过程中变化幅度不大。疏浚结束，上荷载后，钢筋应力基本稳定在一个固定值。这说明码头结构体始终保持在稳定状态。

2.4.7　主要研究成果及技术创新

1）码头设计采用了 T 型桩基地连墙组合新结构，并进行了优化

码头设计利用地形可在陆上施工的特点，基础采用了桩墙组合式结构，每排架桩数由 4 根简化为 3 根，其上以大横梁相连，现浇纵横梁构成框架结构。通过建立三维模型和理论推导计算，压缩桩长在 60m 以内，比原设计缩短桩长近 10m，有利于大型深水 T 构桩在施工时的质量保证。结构内挖泥海侧由 −5m 降低到 −11.5m。该码头通过设计优化之后，结构更加简洁合理，对保证工期、提高效益发挥了重要作用。

2）研究形成了桩基地连墙组合式码头结构的构件内力计算方法

将利用三维有限元计算得到的土压力和弹簧参数结合相关理论计算方法进行调整，形成最终结构的土压力分布和弹簧刚度系数。采用竖向弹性地基梁法形成结构的三维框架模型，并进行内力计算。

将采用竖向弹性地基梁法计算的主要成果同三维有限元法结果进行对比，竖向弹性地基梁法和三维空间有限元法计算结果拟合后，将竖向弹性地基梁法结构内力作为码头主体结构的最终内力。计算方法具有一定的创新性。

3）研究形成了桩基地连墙组合式码头结构的整体稳定性计算方法

码头结构的整体稳定性计算综合考虑桩体的入土深度、断面抗剪能力、岩土参数等得出综合截桩力，计算码头总体稳定性还要考虑稳定渗流和地震的影响。基于对桩土作用的分析，本工程重点研究并形成了桩基地连墙组合结构的三维有限元模拟技术。

码头结构三维特性明显，同时涉及较为复杂的桩—土共同作用问题。码头结构的整体稳定性计算方法具有一定的创新性。

通过本项目的研究，课题组积累了桩基地连墙结构的设计经验，特别是在灌注桩结构的桩土相互作用结构计算方法、超长灌注桩承载能力计算和强度计算、码头截桩力计算和研究等方面取得了较大进展。

4）开发了软弱地质条件下码头超深 T 型地下连续墙施工综合技术

T 型地连墙的施工是工程的重点和难点。主要通过采用特殊形式的导墙、加固 T 型的阳角部位、配制使用适应于不同地层、护壁性能强的复合膨润土泥浆；采用挖槽施工前旋挖钻机施工引导孔辅助成槽工艺，使用"抬吊垂直转体法"吊装工艺起吊 T 型钢筋笼；配置高温干燥条件下长时间保塑性强的高性能 C50 水下混凝土并采用配套的双导管法灌注技术等，解决了受荷要求大的超深 T 型承重地下连续墙在深厚软弱淤泥质粉砂层、松

散砂层等复杂地质条件下施工所面临的技术难题。该专题经过专家评审认为其综合技术已达到国际先进水平，并已形成工法。其中"抬吊垂直转体法"吊装工艺起吊 T 型钢筋笼等属于创新工艺。

5）换填振冲法软基加固有效地解决了沙土液化问题

换填振冲方案在码头后方堆场地基处理项目的施工中取得了成功，检测结果表明无填料振冲法加固人工回填粉细砂和原沙性土地基能够满足设计要求，是一种有效、简便、经济的地基加固方法，具有施工简便、快速等优点，能够大幅度提高码头地基承载力，满足码头建设要求，可在类似工程中推广使用。

通过码头结构检测及成果分析和投入营运后的沉降位移观测资料判断，T 型桩墙组合结构桩基码头的设计和施工是成功的。

2.4.8　经济效益和推广应用前景

T 型桩地连墙组合新结构是桩基码头的新形式，由于其结构简单、受力合理，码头主体施工只需要陆上设备，能够适应软弱地基，且造价相对较低，所以未来一定会有着良好的推广应用前景。特别是挖入式港口，更适用于这种码头结构型式。

埃及塞得港东港二期集装箱码头的设计施工总承包（EPC 项目）是迄今为止我国水运工程界在国际建筑承包市场上获得的为数不多的大型现汇总承包项目之一。项目的实施使我们获益匪浅，特别是在设计环节，不论是在国际工程标准规范的应用、设计标准与设计技术的掌握、设计程序、报批与设计管理等方面都积累了经验，对今后实施"走出去"的战略发挥重要作用。

项目的实施也给参与该工程的各单位带来了一定的经济效益。由于工程尚未完成最终结算，只能预期利润可能在 5% 以上。

2.5　30 万吨级干船坞工程

2.5.1　工程概况

大连造船厂 30 万吨级船坞工程位于大连市西岗区，大连造船厂北侧海域。工程由一期围堰工程及二期水工结构工程组成。

一期围堰工程于 2001 年 4 月 28 日开工，2002 年 6 月 30 日中间交工。

二期水工工程于 2002 年 3 月 18 日开工，2003 年 10 月 25 日坞主体中间交工。

水工结构工程主要由造船坞（有效长度 400m，坞宽 96m，坞深 13m）、水泵房、起重机轨道及围绕船坞的配套工程组成。

围堰工程包括 570m 东侧舾装码头、528m 西侧围堰、172m 南侧止水墙、103m 北码头、120m 堵口围堰等组成的临时围堰以及止水帷幕和抽水、降水、港池开挖等工程。平面布置见图 2.5-1 所示。

东舾装码头采用沉箱结构形式，上部为现浇混凝土胸墙，结合临时止水帷幕形成围堰。见图 2.5-2 所示。

北码头采用沉箱结构形式，上部为现浇混凝土胸墙，结合临时止水帷幕形成围堰。见图 2.5-3 所示。

堵口围堰采用临时沉箱，止水帷幕兼做施工临时帷幕，待船坞主体全部完工后拆除临时围堰。堵口围堰断面如图 2.5-4 所示。

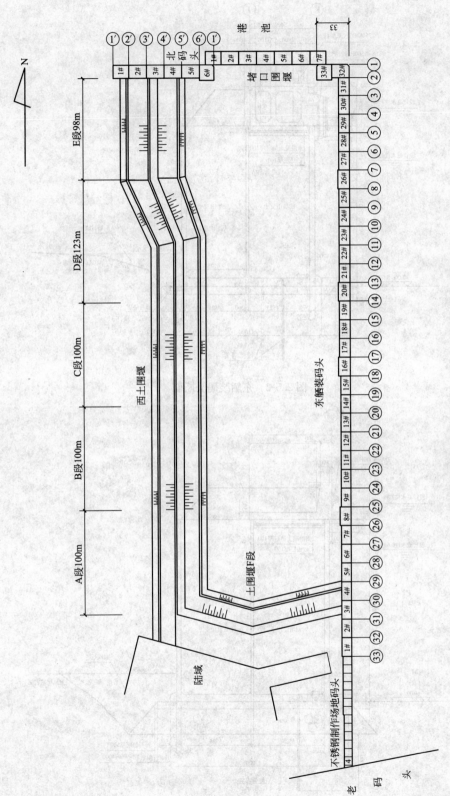

图 2.5-1　大连船舶重工造船厂 30 万吨级干船坞工程平面布置

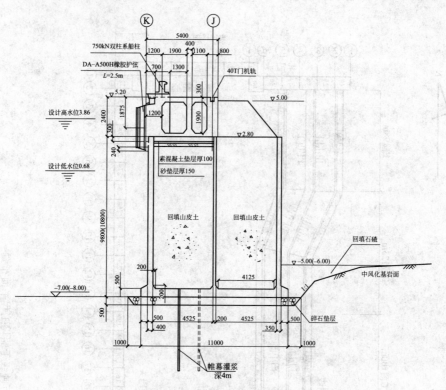

图 2.5-2 东舾装码头断面

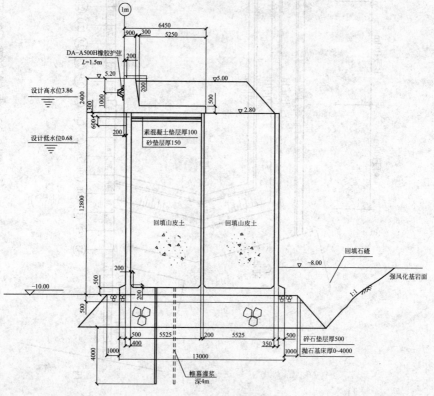

图 2.5-3 北码头断面

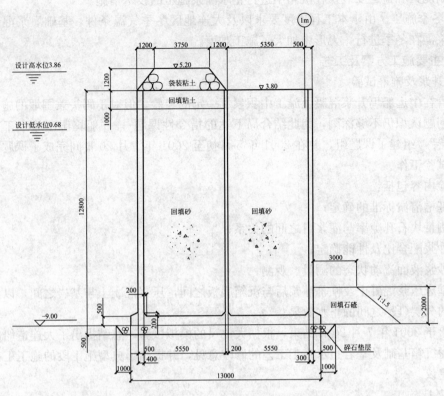

图2.5-4　堵口围堰断面图

2.5.2　工程的特点、难点

1）本工程的一个最大特点就是采用了码头兼做围堰的新工艺。此工艺取消了大围堰的填筑和后期拆除的大量工作，加快整个工程的施工进度同时又降低了工程的造价。

2）码头基床采用不夯实基床，保证了基床升浆混凝土的质量，确保了码头兼围堰的止水效果。

3）现场施工条件困难。由于业主第一次仅提供约3900m²（含道路）的施工用地和约600m²的临时建筑物。可利用的施工场地甚少，对现场施工造成极大不便。

4）止水围堰施工难度大。本工程采用沉箱（永久、临时）和土石围坝（插打钢板桩）形成止水围堰，既有沉箱间、沉箱与基岩面间的止水施工，又有基岩下的止水帷幕施工。因此止水帷幕施工是达到船坞干施工的关键工序，必须做到万无一失，达到良好的止水效果，满足防渗要求。

5）基岩炸方技术要求高，工程量大。本工程场区由板岩（局部为辉岩）构成，施工必须采用水下基岩爆破。为避免对结构物造成影响，并且减少爆破造成基岩破碎所增加的止水帷幕工作量，必须采用成熟的施工技术措施才能满足工程质量和进度要求。

6）沉箱预制工作量大。本工程沉箱（包括东舾装码头沉箱、船坞坞口沉箱、坞口临时沉箱）数量较多（达59个），工期紧迫。因此我们充分考虑并安排了满足施工总进度要求的沉箱预制能力和拖运安装及在沉箱中进行止水灌浆施工的技术措施。

7) 冬季施工。由于本工程进度要求以及大连地区冬季气温条件，基础灌浆混凝土和帷幕灌浆需在冬季进行，无形中加大了施工难度。

2.5.3　主要施工方案及工艺

1) 升浆及帷幕试验

尽管在中远船坞升浆混凝土施工中积累了一定的经验，但对于码头兼围堰的施工要求有一些问题认识仍不够深刻，为此结合局下达的指令性课题——"船坞湿法施工工艺的改进与完善"，组建了课题组，并在2001年5月初至2001年7月20日间完成了课题的各项研究、试验工作。

试验内容包括：

◆ 基槽清淤标准的确定；

◆ 测量块石孔隙率与灌浆量之间的关系；

◆ 砂浆配合比及性能确定；

◆ 砂浆液面流动状态的测量、观测；

◆ 基床压浆混凝土及帷幕灌浆后与沉箱底板之间，压浆混凝土与基岩之间，以及压浆混凝土的分层（段）之间的止水效果。

试验于2001年7月20日结束，根据大比尺的模拟试验，总结提出了大连造船厂高新工程围堰沉箱基础及基岩止水施工工艺的修改意见，并提出了典型施工段的施工工艺及技术参数建议。

2) 基床施工

① 基床袋装滤层码砌及清淤

a. 为止浆，在沉箱边缘抛石基床设袋装倒滤层（见图2.5-5）。袋装倒滤层码砌好后对基槽进行检查，若淤泥的厚度大于10cm且 γ 值大于11kn/m³，应立即进行清淤。

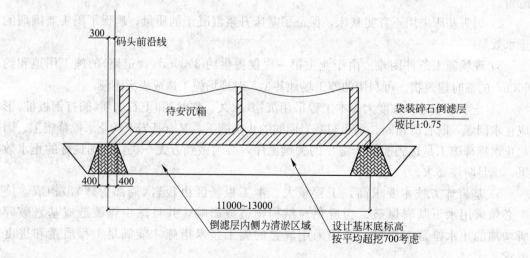

图2.5-5　袋装倒滤层及基床施工断面图

b. 采用空压机带空气吸泥器进行清淤清渣，吸泥头如图 2.5-6 所示。

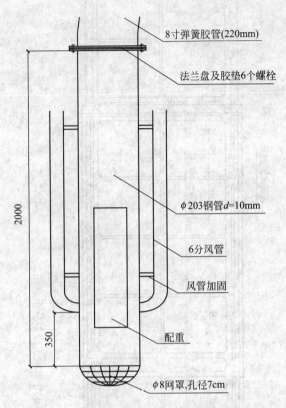

图 2.5-6 基槽清淤吸泥头示意图

② 碎石基床的抛填：

基床抛石的石料为 8～20cm 新鲜、无风化、不含淤泥等杂质的坚硬块石，所用石料必须检验合格，小于 8cm 块石不得超过 5%，石料必须经过冲洗过筛。

3）基床升浆

大连造船厂高新工程沉箱围堰底部止水分为基床止水和基础止水两部分。基床止水采用升浆混凝土为主，帷幕灌浆为补充的方法进行处理，升浆混凝土范围为沉箱围堰底宽。为保证升浆混凝土质量，本工程基床不夯实。

① 施工段划分（图 2.5-7 所示）

根据拌和站的制浆能力决定 2 个沉箱为一个施工段，段与段间设袋装混凝土做隔断。

② 升浆管的设置

在沉箱预制和安装时，在沉箱内预埋 ϕ70mm 的套管（见图 2.5-8），套管穿过沉箱底板。利用钻机的卷扬机提拉 100kg 吊锤在套管内施打底部带冲尖、侧壁带花眼的 ϕ50mm 升浆管，将其打设入抛石基床至设计所规定深度，形成升浆孔（管）。

升浆管的间距沿围堰轴线方向为 3m，垂直于轴线方向排与排的间距为 1.5m。升浆管成梅花状布置。

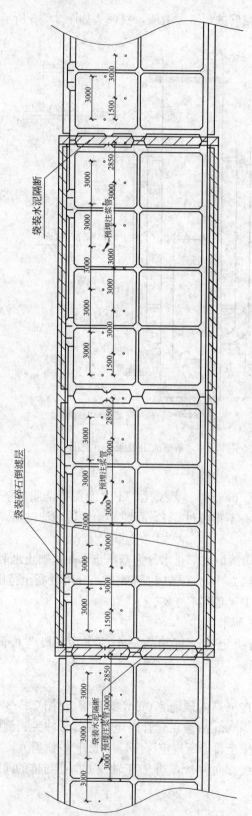

图 2.5-7 沉箱基床升浆施工段划分示意图

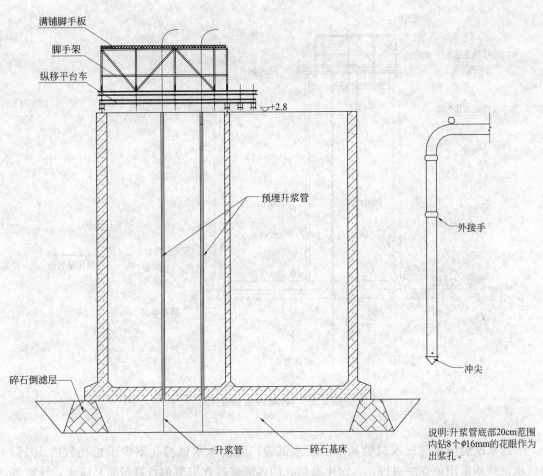

满铺脚手板
脚手架
纵移平台车
▽+2.8
预埋升浆管
外接手
碎石倒滤层
冲尖
升浆管   碎石基床
说明:升浆管底部20cm范围内钻8个φ16mm的花眼作为出浆孔。

图 2.5-8 造孔部位及升浆管各部件连接图

③ 升浆

经模拟试验确定升浆用水泥砂浆的水灰比为 0.49，配合比为 1：1.0，砂浆的流动度为 21s，升浆用水泥砂浆用叶片转速为 147r/min、容量为 1200L 的高速砂浆搅拌机配制，升浆时，压浆泵通过压浆管将水泥砂浆压入沉箱底的抛石基床内，形成升浆混凝土，压浆时，控制压力为 0.3～0.5MPa。

④ 升浆面观测

浆面上升高度采用浮子测锤观测，每隔 15～30min 测一次浆面上升高度。

⑤ 质量检查

基床升浆混凝土主要起止水作用，升浆检查应在帷幕灌浆后进行压水试验。

4）基础帷幕灌浆

止水帷幕采用自上而下分段、分序灌浆法进行孔内循环灌浆。

① 施工方法

帷幕灌浆分段进行，先钻入基岩下 1.5m，再钻到基岩下 4m，最后全孔段复灌。止水帷幕施工时，对升浆施工中形成的三个接触面进行着重处理，保证达到设计防渗要求。主要为：基础升浆混凝土与沉箱底板间，基础升浆混凝土与基岩间、帷幕灌浆间。见图 2.5-9。

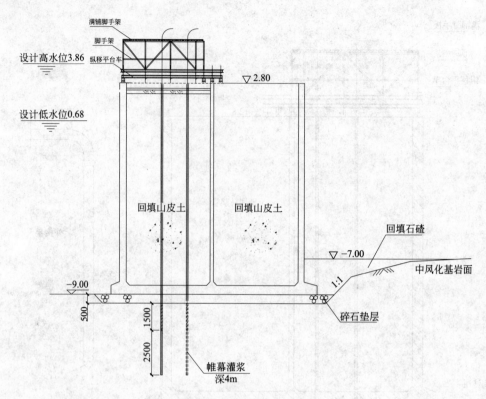

图 2.5-9 帷幕灌浆示意图

② 压水试验

压水试验分灌前压水试验和灌后压水试验，灌前压水试验孔不少于总孔数的 10%，压水试验均采用单点法进行，各次序灌浆孔的各灌浆段在灌浆前宜进行简易压水，计算各段透水率值。

压水试验应在裂隙冲洗后进行，具体方法按照《水工建筑物水泥灌浆施工技术规范》中有关要求执行。

简易压水可在裂隙冲洗后或结合裂隙冲洗进行，压力为灌浆压力的 80%，压水20min，每 5min 测读一次压入流量，取最后的流量作为计算值。

压水试验稳定标准：在规定的压力下并保持稳定后，每 5min 测读一次压入流量，连续四次读数中最大值与最小值之差小于最终值的 10%，或最大值与最小值之差小于1L/min 时，压水试验即可结束，取最终值作为计算值。

③ 质量检查

帷幕灌浆质量检查分为施工中检查和灌后质量检查，施工中检查以控制压浆施工参数为主；灌后质量检查以检查孔压水试验成果为主，灌后质量检查孔的数量为灌浆总孔数的10%，1 个单元工程内至少应布置 1 个检查孔，检查孔部位原则上选在靠近隔断部位，质量检查压水试验采用单点法，以渗透系数 10~4cm/s 为合格标准，合格率应在 90% 以上，不合格孔段的透水率不超过设计规定值的 100%，且不集中，灌浆质量可认为合格，否则在该处补灌浆，再进行检查。

2.5.4 质量控制

1）通过模型试验及典型段施工确定了基槽清淤检测的标准，即淤泥的厚度小于 10cm 且 γ 值小于 $11kN/m^3$。

2）码头基槽开挖、基床抛石、整平质量控制严格。

通过严格控制基槽的清淤（控制回淤物重度在 $11kN/m^3$ 以内）及严格控制基床抛石的粒径并对所有石料进行冲洗过筛，确保了升浆质量。通过合理确定预留沉降量，解决了码头不均匀沉降问题，确保了码头标高一致和前沿线顺直。

3）为保证基床升浆饱满，必须严格控制预填骨料的粒径，骨料粒径在 8～20cm 为宜，骨料必须经过冲洗过筛。

4）通过合理预留沉降量和根据测量数据控制沉箱内回填，保证了不夯实基床沉箱安装质量。

5）码头沉箱接缝处无渗漏。对没有止水要求的沉箱倒滤腔采用插板（插板包土工布）隔离工艺，成功地解决了码头后方回填土渗漏的问题。

6）胸墙第一层混凝土浇筑前，用一根水平钢筋将各立筋绑扎连接起来，形成一个整体，混凝土浇筑完毕后再将其拆除，很好地解决了钢筋偏位的问题。

7）码头前沿沉降缝板处设梯型条，改善了沉降缝的观感质量。

8）由于现浇廊道沟槽较多，在模板支立时使用专用桁架固定沟槽模板，使沟槽边线整齐划一，很好地保证施工质量及外观质量。

2.5.5 工期控制

1）以完善的技术措施保证工期

项目部借鉴隧道模板的设计思路对新建船坞工程东舾装码头及北码头胸墙的模板进行认真、细致的设计，从实施情况看，模板支拆灵活，移动方便，加快了施工进度。

2）充分的准备和有力的协调

"凡事预则立"，由于本工程工期紧，施工任务重，因此开工之初，项目部编制了详细的施工总进度计划及船机使用计划，并严格按计划实施。项目经理在整个施工过程中，对问题的预见性强，对外对内协调得力，使业主、施工（包括分包）、监理、设计等之间工作关系和谐。

3）动态的控制和调整

由于工地的状况多变，影响因素较多，整个进度是在动态控制之中。因此，项目部每隔半个月对网络计划进行调整，对滞后的节点进行慎重的分析，确定是否必须调整后延，是否可以利用技术手段和资源优化来补救。

2.5.6 成本控制

1）材料费控制管理。包括材料用量控制和材料价格控制两方面。

① 材料用量控制包括：

a. 坚持按定额确定的材料消费量，实行限额领料制度，各班组只能在规定限额内分期分批领用，如超出限额领料，要分析原因，及时采取纠正措施；

b. 认真计量验收。坚持余料回收，降低料耗水平；

c. 加强现场管理，合理堆放，减少倒运，降低堆放、仓储损耗。

② 材料价格控制包括：

a. 买价控制。通过市场行情的调查研究，在保质保量的前提下，货比三家，择优购料；

b. 运费控制。合理组织运输，就近购料，选用最经济的运输方法，以降低运输成本；

c. 考虑资金、时间价值，减少资金占用，合理确定进货批量和批次，尽可能降低材料储备；

d. 杜绝返工，是最大的节省。

2）机械费控制管理。

根据工地的生产情况，统一配备机械设备，充分利用现有机械设备和内部合理调度，从而提高机械的利用率，降低机械使用费。

3）精简项目机构、合理配置项目部成员、降低间接成本。

按照组织设计原则，因事设职，因职选人，各司其职，各负其责。选配一专多能的复合型人才，精减管理人员的数量；改善劳动组织，减少窝工浪费；实行合理的奖惩制度。

4）强化索赔观念，加强索赔管理

在工程开工之初，项目部即注意加强索赔管理。在日常工作中，注意搜集、整理有关的资料，确保每完成一个分项，相应分项的工程量计算及变更的依据及时上报监理。

2.5.7 施工的组织管理

1）工程项目组织管理形式

本工程采取项目法施工，按管理层和劳务层分离、人员及设备动态管理的原则，实行"一级管理，二级核算"的管理体制，即项目部管理层一级管理，项目部、作业队二级成本核算。工程施工过程中按《工程项目管理手册》，结合本工程施工特点建立健全管理制度，包括劳务管理、采购管理、设备管理及项目经理领导班子成员考核办法等一系列管理办法，奖罚分明并严格实行。在工程实施的全过程中，建立起一种上下诚信的氛围，确保施工顺利进行。

2）组织机构设置

机构设置：四部一室，即技术部、工程部、质检部、经财部、办公室。

3）工程项目管理

① 重视施工组织设计的编制

施工组织设计是项目部进行项目管理的重要技术经济文件，它具有组织、计划工程中各生产要素的功能，起着指导、协调工程全过程的作用，必须认真编制和贯彻执行。项目经理是现场管理的决策者和指挥者，施工组织设计的编制应该在项目经理领导下，由项目总工组织项目部技术人员参加，结合具体的人、机、材、资金以及现场的具体情况，编制出符合工程实际的施工组织设计。在施工过程中根据条件的变化，科学灵活地调整、完善，做到因时、因地、因人制宜，使施工组织设计更符合客观实际，更能科学有效地指导施工。

② 抓好对质量影响重大的施工环节，切实做好图纸会审、技术交底、隐蔽工程检查与验收、工程预检等施工环节的管理工作。

a. 技术交底要求以工程的设计图纸、施工规划、工艺流程和质量检验评定标准为依据，编制技术交底文件，突出质量控制的重要环节、重要工序，并注重技术上的可操作性，确保工程质量。

b. 隐蔽工程在被下一道工序隐蔽之前，应经过严格的检查和验收，并做好记录，这样能有效地防止质量隐患，保证工程目标顺利地实现。

c. 做好材料试验和试验的技术管理工作。材料试验按照相应的程序对规定的材料及施工半成品、施工成品进行性能测试和评定。

d. 认真整理工程施工技术资料。

工程施工技术资料是施工中有关技术、质量和经营活动的记录，也是工程档案的重要组成部分，是评定工程质量的基础，在施工中及时整理，并达到规范化、标准化的要求。

e. 切实做好施工质量的检验与评定工作。

质量检验是保证工程按相应的规范进行施工的有效途径之一，通过对质量检验取得的实际数据进行分析、计算而得出的质量评定，不仅能够确保工程项目的实现，而且是反映工程真实状况、判断产品是否符合质量标准、决定工程是否通过验收的基本依据。

施工中加强自检、互检，发现问题及时分析原因，采取措施妥善解决。

③ 加强对一线劳务人员的管理

a. 加强综合培训。

对劳务人员进行全面的岗前培训，以提高他们的基本素质和工作技能，促使他们树立遵纪守法的意识、安全生产的意识、文明施工的意识，并自觉付诸于行动中。

b. 充分尊重和理解一线劳务人员，正确处理好管理人员和劳务人员的关系。要充分尊重劳务人员的人格，树立起任何工作只有分工不同而没有人格差别的思想，并在行动中善待他们。

c. 营造安定的生活环境。项目部要关心一线劳务人员的生活，及时了解他们的思想动态，力所能及地为他们排忧解难。适当地改善伙食，改善他们的生活条件，促使他们以更充沛的精神和精力投身工作。

d. 采取一系列的管理措施，建立激励机制。建立目标激励、竞赛激励、典型激励等机制，增强一线劳务人员的危机感、紧迫感，确立竞争、创优的意识。项目部要筹备一定的奖励资金，奖优罚劣。

e. 认真对分包队伍进行质量、安全、进度的全面管理和帮助。

④ 重视计算机技术在项目管理中的应用

计算机技术是实现施工高效管理的重要手段，能大幅度提高施工企业经营管理水平。项目部技术、管理人员均配备了电脑，并与业主、监理联网。

⑤ 加强施工中资金的管理。

根据成本费用控制计划、施工组织设计、材料物质储备计划，测算出随着工程的实施，每月预计人工费、材料费、施工机械费、物质储运费、临时设施费、其他直接费和施工管理费等各项支出，使整个项目的支出在时间上和数量上有一个总体概念，以满足资金管理上的需要。项目资金的收、支、划、转，由项目经理签字确认，项目经理部按月编制资金收支计划，合理使用资金。

2.5.8　经验、体会

2002年3月18日抽水结束后通过观测，整个码头兼围堰部分基础基本没有渗漏。从结果看此种结构及施工工艺是可行的；同时又加快了施工进度，节省了填筑土围堰的工程费用，为今后船坞的设计及施工提供了良好的借鉴。

1) 码头兼围堰新结构、新工艺的采用对今后同类型建筑物的设计及施工具有深远意义，值得进行借鉴、推广。据了解，目前上海九院在青岛北海船厂、葫芦岛船厂、福建梅州湾船厂的船坞设计中均采用了这种结构形式。

2）通过本工程实践可以看出，只有不断研究、探索和总结新工艺、新技术，不断对已有工艺进行技术改进、技术革新才能在今后的竞争中立于不败之地，才能为企业创造更大的效益。

2.6 斜向嵌岩桩码头工程

2.6.1 工程概况

深圳港盐田港区三期工程位于深圳市东部的大鹏湾内，与正在运营的一、二期工程垂直相交，建设集装箱专用泊位4个，即6号～9号泊位。码头前沿线长1400m，水深−16m，并预留浚深至−17m。码头与护岸工程由中交四航局承建，设计单位为中交第三航务工程勘察设计院，并由香港茂盛顾问公司复审。水工工程均执行英国标准（B·S）和香港施工标准（C·S）。

码头分为23个结构段（A～W段），每段长60.80m，另外有二、三期过渡段（AA段）长37m。码头宽36.5m，结构形式为高桩梁板码头。基桩为钢管桩，海侧和陆侧轨道梁下为ϕ1200mm，壁厚18mm的钢管桩，每两根直桩中间插打一根6:1的斜桩，包括部分斜向嵌岩桩；中间4列为ϕ1000mm同样壁厚的直桩。一个分段共有基桩78根，其中直桩60根，斜桩18根；ϕ1200mm桩38根，ϕ1000mm桩40根。整个码头共有基桩1830根。除直接打入桩外，还有预制型芯柱嵌岩桩、钻孔灌注桩和防风锚锭桩（即预制型锚杆嵌岩桩）。每根钢管桩内都要灌注底标高不等的桩芯混凝土，最浅至−8.0m，最深至−22.50m。钢管桩锤击沉桩时，100%进行高应变动载测试，并有约25%的桩进行复打动测。

码头上部结构为等高联结的纵横梁格，为现浇混凝土。梁格上安装预制面板，其上现浇面层和磨耗层。海侧轨道梁外有3m宽的现浇钢筋混凝土悬臂板及靠船构件。码头标准段断面图如图2.6-1所示。

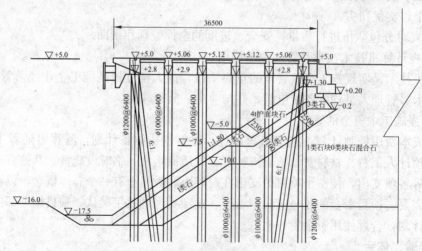

图2.6-1 码头结构标准断面图（单位：mm 标高：m）

码头后方的接岸结构（即护岸）为小型方块重力式结构。现有大堤前至码头前沿线的软土（淤泥和淤泥质黏土）需全部挖除，挖除后的底标高都在−16.0～−22.0m之间。码头平台下的护岸前坡以1:1.8的坡降延伸至码头前沿，−5.0m以下用3类块石（200～1000kg）护面，−5.00m以上用二层4t块石护面，3类块石下面则是厚度达2.5m的1类块石垫层(1~200kg)，再下面是 1 类块石和 0 类块石(1~50mm)的混合石。

本合同的施工范围在垂直码头前沿线方向的宽度为 121.76m，在护岸后方除挖泥、水陆抛填块石形成陆域外，还需采用强夯法处理地基。考虑到强夯对码头结构的影响，码头平台后方 12m 范围内采用分层碾压，而不进行强夯；其后的 15m 范围内强夯能量为 3000kJ，其余为 5000kJ。

2.6.2 施工工艺

1) 施工工艺流程

施工工艺流程如图 2.6-2 所示。

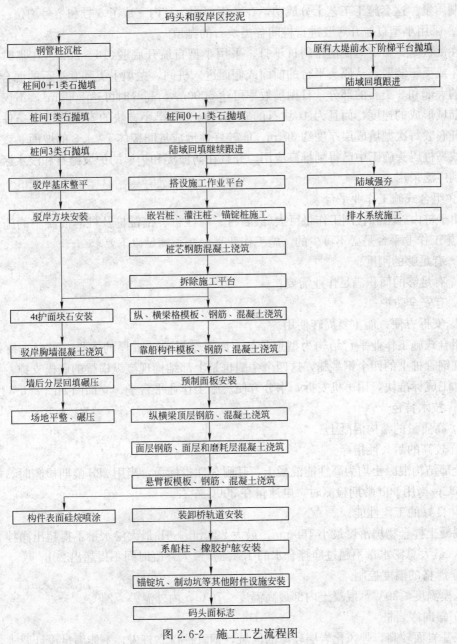

图 2.6-2 施工工艺流程图

2）施工工艺特点

① 采用陆上履带吊机完成沉桩后各后续工序所需的大量起重、安装及混凝土浇筑作业。

在沉桩后立即开展桩间和桩后的棱体水上抛石，使陆域尽快形成并与基桩靠近，采用多台长吊杆、大吨位的履带吊来完成后续工序所需的大量起重、安装作业，如码头平台的搭设，桩内混凝土的浇注，嵌岩桩、灌注桩、锚锭桩的施工，上部结构模板的安、拆等，大大减少了水上起重船的使用。不仅基本避免了对港区货柜船进出港的干扰，而且使起重作业的效率也大为提高。另外全部混凝土的浇注也从陆上进行，提高了浇注速度，并有利于控制质量。这套施工工艺十分成功，在一年零两个月内完成了 6 号和 7 号泊位。

② 采用小型自航开底驳进行桩间各类块石的抛填

在沉桩时，留下海侧前排斜桩不打，采用小型自航开底驳（16～20m³）在临时码头用自卸车或反铲装驳，从码头平台的前面或侧面进入桩间，抛填Ⅰ类和 0 类石的混合料、Ⅰ类石的大部和 3 类石的部分，日抛填效率可达 5000m³，高峰时可达 8000m³，不仅大大加快了陆域形成的速度，而且为 4t 块石的安装、码头驳岸小方块的安装创造了条件。小型自航开底驳每次抛填成层厚度约 30cm，能较好地形成桩间棱体 1∶1.8 的坡面。该工艺在顺岸式高桩码头施工中已得到推广应用，并且在防波堤和护岸的护坡抛石和浅水区抛石中也得到广泛采用。

③ 组合式施工作业平台

由于桩内施工和检测工作量巨大（嵌岩桩、灌注桩、锚锭桩及桩芯混凝土的施工及检测），施工作业平台是必不可少的。施工作业平台必须满足以下要求：

a. 有足够的刚度；

b. 有足够的面积满足作业需要；

c. 有安全防护；

d. 安拆方便，能重复周转使用。

组合式施工作业平台结构为型钢骨架，面上铺设 50mm 厚的木板，平台支撑体系为焊接在钢管桩上的四个钢牛腿，这四个牛腿也是上部结构现浇纵横梁的底模支撑。预先把平台加工成标准块，用吊机安拆，十分方便。施工作业平台平、立面图如图 2.6-3 所示。

2.6.3 技术特色

1）高质量的结构混凝土

① 较高的耐久性指标

全部结构混凝土均为高性能混凝土，其耐久性指标为：当用 28d 龄期检测时，电通量 ≤1000C；当用 90d 龄期检测时，电通量在 300C 左右。

② 良好的工作性能

混凝土拌合物坍落度最小 160mm，最大 220mm。1h 最大泌水量不得超出净拌合水的 0.5%，最大总泌水量不超过净拌合水的 1.5%。最大终凝时间不得超出 20h。

③ 严格的温度控制

入模温度≤30℃，混凝土内部最高温度≤70℃，内外温差≤24℃。

2）斜向嵌岩桩

在基岩面较高、强风化岩层较薄的区域，钢管桩仅靠打入，不能满足设计要求，必须

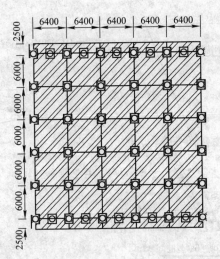

码头标准段(1/2)施工平台平面图

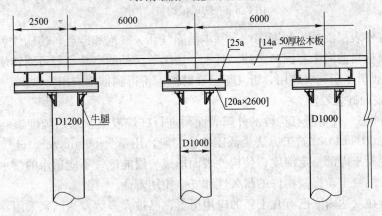

施工平台(1/2)立面图(另一半对称)

图 2.6-3　施工作业平台平、立面图

进一步嵌岩,其中有一部分是斜桩。从 1997 年盐田二期开始,在国内率先开始了斜向嵌岩桩的施工,至盐田三期,共完成了 100 多根 $\phi1000\text{mm}$ 和 $\phi1200\text{mm}$ 的斜向嵌岩桩,施工工艺已成熟,现已编制了施工工法。

3)防风锚锭桩

为了帮助装卸桥的防台、抗台,在每个分段都布置了若干根防风锚锭桩(锚杆型嵌岩桩)。即在桩中心设置一组 3~6 根 $\phi36\text{mm}$ 的高强度锚杆,下端入基岩 6m,上端埋入桩内混凝土 7m,桩受到的上拔力,通过锚杆传递给基岩,大大提高桩的抗拔能力。防风锚锭桩的结构如图 2.6-4 所示。

盐田二、三期工程共施工了 300 多根防风锚锭桩,100% 做了上拔力试验,试验加载最大达到 3150kN,全部合格。

4)透水模板的应用

"技术条件书"要求所有现浇构件的模板均采用透水模板。透水模板是类似于编织布的一种专利产品,粘贴在模板内侧。透水模板能将表层混凝土在水化反应中多余的水排出

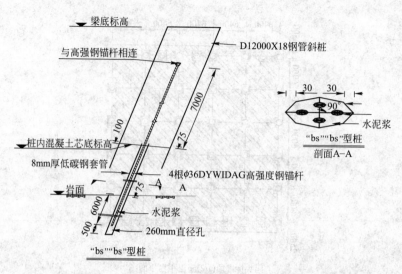

图 2.6-4　防风锚锭桩结构图

构件，提高构件表层混凝土的密实性，基本消除气孔、气泡和砂斑，使构件表观质量明显改善。透水模板目前尚未有国产产品，日本、法国等国外的产品一般可周转使用 3～4 次，自 1997 年在盐田二期首次应用，近几年已在跨海大桥得到推广应用。

5）构件表面硅烷浸渍

"技术条件书"规定所有构件的外露表面须进行硅烷浸渍，采用纯度≥98% 的异丁烯三乙氧基硅烷（IBTEO），施工方法为低压喷涂二遍，用量为 600ml/m²。硅烷是一种渗透剂，能进入混凝土内部一定深度，使构件表面形成一层能透气不能透水的憎水层，从而阻止氯离子进入混凝土，提高构件的耐久性和安全使用寿命。

硅烷浸渍在发达国家已有几十年的应用历史，已被大多数发达国家采用，其技术规范和检测方法已相当成熟，科学而可靠。主要有：用热解气体色谱法检测硅烷浸渍后的渗透深度；用吸水试验法检测吸水率；用氯化物衰减法检测氯化物吸入量的衰减比例。我国《海港工程混凝土结构防腐蚀技术规范》也已将硅烷浸渍作为提高结构耐久性的补充措施。

2.6.4　工期控制

盐田三期开工日期为 2002 年 9 月 9 日，要求四个泊位（6 号～9 号）顺次交工，9 号泊位的竣工日期为 2006 年 3 月 12 日，总工期约 42 个月。工程开工后不久，业主要求大幅度地缩短工期，提前交付各个泊位。各泊位要求的竣工日期分别为：6 号泊位 2003 年 10 月 15 日；7 号泊位 2003 年 11 月 30 日；8 号泊位 2004 年 8 月 31 日；9 号泊位 2004 年 9 月 16 日，总工期从 42 个月缩短到 24 个月。为此，项目部采取了以下三个方面的措施：

1）加大资源投入

增加一艘打桩船，6 号泊位由南向北，7 号泊位由北向南同时打桩；增加桩间抛石施工的小型自航开底驳；增加两台斜向嵌岩桩成孔钻机；增加施工作业平台；增加现浇纵横梁的底侧模板。6 号和 7 号泊位 13 个分段全线拉开施工，各工序间紧密联结。

2）优化施工工艺

改变钢管桩的夹桩方式，增加抛石船进桩间抛石的作业时间。优化施工平台结构，安、拆更为方便。改变桩船在 6 号泊位打桩时锚泊方式，缩短避让货柜船进出港的时间。

成立嵌岩桩施工技术攻关组，迅速解决嵌岩桩施工中遇到的钢管桩变形、卷边、坍孔等一系列技术问题。

3）建立合理的激励机制

制定各工序分阶段的工期目标，明确奖惩措施，最大限度地调动全体施工人员的积极性。实际竣工日期见表 2.6-1。

实际竣工日期表　　　　　　　　　　　　　　表 2.6-1

序号	泊位名称	实际竣工日期	比合同提前时间(d)	比赶工协议提前时间(d)
1	6 号	2003-10-8	138	8
2	7 号	2003-11-15	360	16
3	8 号	2004-6-10	392	83
4	9 号	2004-9-8	553	9

2.6.5 质量管理

1）钢管桩沉桩质量控制

① 在正式打桩前，选择 E17 桩进行静载试桩。在沉桩时进行初打和复打高应变动测试桩。通过动、静载试桩得到一系列参数，确定了桩锤型号、锤击能量、终锤贯入度、土体恢复系数、桩尖进入强风化岩的深度、桩尖处的标准贯入击数(SPT)等。为工程打桩的顺利进行创造条件。

② 正式沉桩时，100％进行高应变初打动测，并以此作为停锤的主要标准。在海侧前排沉桩时，有两个分段的地质条件比较特殊，该区域强风化岩很厚且风化程度较强，表现在标准贯入击数(SPT 值)没有明显增大。设计单位认为，仅靠锤击沉桩承载力不能满足要求，将其设计成钻孔灌注桩，即先打桩至一定标高，然后在桩内钻孔至 −45.0～−50.0m，安装钢筋笼后浇注水下混凝土。在斜桩施工时因坍孔严重，影响了质量和工期。经设计单位同意，我们采用水上接桩，改用液压锤沉桩，达到了设计要求的单桩承载力。

盐田三期沉桩 1830 根，共做了 6 组静载试桩，一般均是在沉桩后业主指定某根桩做静载试桩。试桩结果表明，所有的单桩极限承载力都满足要求。

2）混凝土质量控制

盐田三期的混凝土全部采用商品混凝土，由两个搅拌站供应，两站离施工现场的距离分别为 2km 和 6km。在浇注上部结构纵横梁格时必须两站同时供应才能满足浇注速度的要求。

① 把好原材料质量关

每一批砂、石料，每一罐车水泥、粉煤灰进场时，施工、业主和监理三方都在现场取样，经检验合格后才准使用。当砂子含泥量超标时，在搅拌站堆场进行二次过筛处理；石子级配不合格则退回石场；粉煤灰达不到一级灰标准时，要求清出筒仓。

② 严格控制混凝土入模温度

深圳地区气温较高，要保证混凝土的入模温度不超过 30℃ 相当困难。监理和业主对每一罐车到达现场的混凝土拌合物当场进行坍落度、流动度试验，实测罐内温度。项目部采取多种措施控制混凝土入模温度，如选择上午 10 时以前和下午 4 时以后浇筑混凝土；在搅拌站砂石料场搭设棚盖，避免阳光直射；用冷冻机制作冷冻水拌和用水；提前储存水泥；搅拌车到达现场后淋水降温等等。实施结果是全部上部结构 26 个分段的纵横梁没有发生一条裂缝。

2.6.6 体会

盐田三期工程获得了一系列的荣誉。以盐田三期为依托的研究课题"大型嵌岩钢管桩码头关键技术研究"获中港集团 2004 年度科技进步一等奖。该项目获 2006 年度交通部优质工程奖，并获 2007 年度鲁班奖和詹天佑奖。

在保证工程质量的前提下，盐田三期工程还创造了半年建成一个大型深水泊位的奇迹，是一个"又好又快"的典型。从这一案例可体会到：

1）工程造价合理，施工力量投入到位是大前提；

2）精心组织施工，工艺技术与流程安排符合当地实际是按期完成施工的关键；

3）采用先进技术，结合工程开展科学研究，及时将成果落实到施工中才能打造出高质量的精品工程。

2.7 大管桩全直桩码头工程

2.7.1 工程概况

1）工程所在地理位置

深圳港赤湾港区 13 号泊位码头主体工程位于赤湾港突堤外侧，北面与已建 12 号泊位相邻。

2）工程规模、功能及结构形式

本工程为一个 5 万吨级多用途泊位，码头全长 455.1m，宽 39.0m。码头结构型式为全直桩高桩梁板结构，桩基采用 ϕ1200mm 和 ϕ1400mm 的预应力混凝土大管桩，排架间距 9m，每个排架 9 根直桩，前、后轨道梁下为双桩。纵梁、面板和简支板为预制混凝土构件，横梁为现浇构件。

码头前沿设计水深为 −18.0m，近期靠泊 100000DWT 集装箱船，远期靠泊 150000DWT 集装箱船。码头结构断面图见图 2.7-1。

3）主要工程量、造价、工期

① 基槽、港池及回旋水域挖泥：125 万 m^3

② 回填中粗砂：14.3 万 m^3 二片石 0.8 万 m^3

③ 施打混凝土大管桩：453 根（ϕ1400 大管桩 204 根，ϕ1200 大管桩 249 根）

④ 水上抛石：18.3 万 m^3

⑤ 陆域回填开山石：320000m^3

⑥ 现浇混凝土：18037m^3

⑦ 预制混凝土：10958m^3

⑧ 钢筋：2800t

⑨ 陆上强夯：58867m^2

⑩ 堆场、道路：83098m^2

工程于 2004 年 2 月 18 日开工，2005 年 2 月 28 日竣工。工程由中交第三航务工程勘察设计院设计，深圳海勤工程监理有限公司监理，中港三航局江苏分公司承建，业主为深圳赤湾港集装箱有限公司。工程造价为人民币 1.2 亿元。

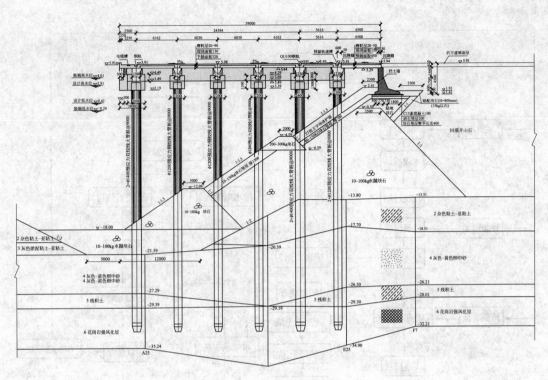

图 2.7-1　码头结构断面图

2.7.2　施工工艺

1) 主要工艺流程图(图 2.7-2)

2) 主要施工工艺和施工方法

① 基槽挖泥

本工程基槽挖泥于 2 月 18 日开始施工,至 8 月 13 日结束,总计完成约 39.5 万 m³,由于本次基槽开挖大多均为硬黏土,施工时选用 1 条 8m³ 抓斗挖泥船和 3 条舱容 800m³ 的自航泥驳。

本工程挖泥为全清淤施工,码头前沿线向岸 12m,向海 5m 范围内标高按−18.00 控制;本工程大多数区域在硬黏土层以下存在一层淤泥质黏土,按照设计要求需要将其全部清除,这部分底标高在−22.00～−27.00m 之间,以开挖至砂土为控制标准。

② 深坑抛砂及振冲砂

本工程抛砂振冲量为 14.3 万 m³,为了减少深坑回淤,确保回填质量,施工中深坑开挖与回填砂配套施工。振冲标贯大于 15 击。

a. 深坑抛砂

深坑开挖后,监理工程师进行验收,验收的内容有深坑平面、深坑底开挖土质、坑底回淤等情况。验收合格后,立即组织抛砂,抛砂时选择高低平潮水位,流水相对平缓时段进行。

b. 振冲砂

● 振冲设备选择:

根据本工程的水下振冲情况,选用 ZCQ55 型振冲器(振冲器功率为 55KVA),IS65-

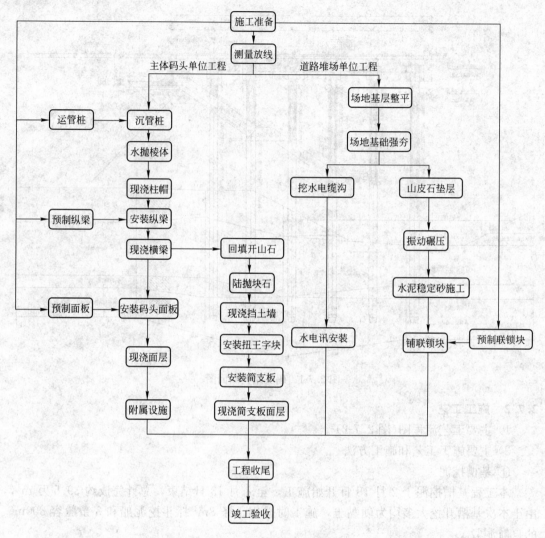

图 2.7-2 主要施工工艺流程图

40-315 单级单吸清水离心泵、200kW 发电机和电流控制台，合成振冲设备组合，放置在 400t 方驳上，利用 40t 吊机进行振冲作业。

● 工艺流程

施工准备→定标放线→振冲船定位→振动设备检查完好性→下放振冲器至砂面表面→启动水泵→启动振冲器→振动冲孔→达到设计深度→留振、分段提升→成孔→提升 1～2m→后移至下一孔位→重复振冲→效果检测→验收。

③ 沉桩施工

本工程桩基为 φ1200 和 φ1400 钢筋混凝土大管桩，沉桩施工从 2004 年 4 月 12 日正式开锤，至 11 月 14 日结束，共计沉桩 453 根。

a. 制桩及运桩

大管桩在中交三航局新会预制厂预制。运桩用两艘千吨方驳和 1200HP 拖轮、900HP 拖轮配合运输。

b. 沉桩设备的选用

沉桩前期施工由三航局"桩10号"承担，后期用"桩2号"施工。桩锤选用D100型10t柴油锤，桩垫采用棕绳垫和木垫。沉桩开始时用D100型锤一档施打，当桩尖进入硬土层后，根据设计要求，施打φ1200管桩选用二档施打，φ1400管桩选用三档施打。

c. 沉桩控制标准

码头桩基承载力以桩端承载力为主，所以设计要求将桩尖打至风化岩面，沉桩过程中以贯入度控制为主，标高控制为辅。在沉桩过程中，严格按照设计确定的停锤标准执行，对于个别难以达到设计要求的桩，邀请各有关方面共同协商解决。

本工程基桩锤击数一般都在1500击左右，最大锤击数2648击，最小锤击数487击。本次所施打的453根桩中，桩顶标高最高为11.84m，超高8.55m。桩顶标高最低为2.14m，有44根桩的顶标高低于设计标高，根据三航院低桩处理方案要求，对此类桩的桩帽进行了处理。

④ 抛填工程

a. 水上抛石

水抛石料来源于蛇口石矿场，由自卸汽车运抵现场，用勾机装到机动民船上。抛石船选用扒杆船和开底驳船配合施工，压肢棱体、护面块石用扒杆船，其余部分用开底驳。

b. 陆抛开山石

陆域回填，在距码头后沿12m处，先抛一条纵向潜堤，潜堤顶标高控制在+0.5～1.0m之间。回填开山石的含泥量小于10%。潜堤在向前推进的过程中，在潜堤与岸坡之间的回填开山石也逐步向前推进。

整个抛填过程中，对码头位移进行了严密的监测，至目前为止，码头位移基本稳定，最大位移量为30mm。同时挡土墙施工过后对沉降情况也进行了定期观测，至目前为止挡土墙最大沉降量为299mm。

⑤ 预制构件施工

a. 构件预制

本工程所属预制构件主要包括纵梁、轨道梁、前边梁、面板、靠件及扭王字块等。预制梁、面板安排在局属新会航建工程有限公司生产，该公司拥有生产预应力梁板的专用台座，是一座生产预制构件的专业化工厂。预制简支板、扭王字板、靠船构件安排在赤湾突堤临时预制厂生产。其中预制简支板和靠船构件采用商品混凝土。

b. 构件安装

本工程预制梁、面板、靠船构件及桩间的扭王字块采用三航起3号起重船安装。预制简支板及F桩向后的扭王字块采用45t吊车停靠在码头面层上进行安装。

⑥ 现浇构件施工

本工程主要现浇构件为桩帽、横梁、面层及挡土墙等，其中横梁混凝土为C45高性能混凝土，依据规范要求进行了抗氯离子渗透性试验。

a. 模板工程

桩帽围囹结构采用定型钢抱箍承重，在抱箍肢翼上直接放置槽钢。同时在桩帽上预埋钢枕丝杆，在钢枕上架设槽钢作为横梁的承重结构。

桩帽及横梁侧模采用定型钢框竹胶模板，拆装方便，拼缝少。施工过程中对因周转较多发生损坏的模板进行更换。

挡土墙除直立段墙身部分采用钢框胶木模板，其余均用定型钢模板。挡土墙模板分三次支立，即基础（＋2.31m）、墙身（＋4.01m）、压顶（＋5.37m）。

码头现浇面层沿纵向分条浇注，分条宽度大多控制在 4m 左右，轨道槽待码头位移基本稳定后再浇注。

b. 混凝土工程

本工程桩芯和桩帽采用"三航混凝土 6 号"船浇注，横梁、面层、挡土混凝土按合同要求采用商品混凝土。为了保证混凝土具有良好的和易性和可泵性，在混凝土中掺入了N2 高效减水剂，同时为了增加混凝土的耐久性，在横梁、桩帽、挡土墙混凝土中加入了一定数量的粉煤灰。为了防止码头面层龟裂，在面层混凝土中加入一定数量的聚丙烯纤维。针对码头面层出现龟裂，泵送混凝土坍落度较大而且无法降低，我们改泵送施工为人工用小推车推运，控制混凝土坍落度在 60～80mm 之间，同时延长面层的养护时间，进行面层全程养护，从目前的面层外观来看取得了一定的效果。

2.7.3 技术特色

为了适应高桩码头靠泊能力要求越来越大，耐久性越来越强，外观观感要求越来越高的要求，赤湾港区 13 号泊位在设计和施工过程中从各个方面进行了新技术、新材料、新工艺的推广和应用，主要有以下几个方面：

1）推广应用了 φ1200 预应力混凝土大管桩

赤湾港区 13 号泊位的桩基采用了 φ1200 预应力混凝土大管桩，该桩是国家"六五"期间重点攻关项目，它采用了后张法张拉成型，具有强度高、抗弯能力强、抗锤击性能好，造价比钢管桩低的优点，同时与钢桩管相比它不需要后期防腐，可为业主节约大量后期投资，因此深受各地水工建设单位的喜爱，大直径预应力混凝土管桩新品种开发与应用研究获得"上海市科学技术进步奖"。

2）φ1400 大管桩的大规模采用

由于桩基承载力要求的提高，设计在码头 A 列和 E 列采用了 φ1400 大管桩共计 204根。在本工程之前，国内其他采用预应力混凝土大直径管桩的水工结构普遍采用 φ1200 大管桩，在台山电厂煤码头等工程试验性的采用了部分 φ1400mm 大直径的预应力混凝土管桩，但还没有实现大规模使用。为了满足设计对大管桩承载力与抗弯能力更高要求，这次工程中采用了 φ1400mm 预应力混凝土大直径管桩，把 φ1400mm 与 φ1200mm 两种直径的管桩进行优化搭配，在保证承载力的同时降低了工程造价。

3）首次采用了轨道无缝焊接

为了应对高桩码头岸桥起重机对运行条件越来越高的要求，按照设计对岸桥轨道进行了无缝焊接。码头使用的是 QU100 钢轨，采用比利时 GANTREX 公司的压板系统及胶垫板和胶泥。钢垫板下面为 4cm 厚的高强度胶泥。钢轨焊接采用低氢碱性焊条，焊缝进行保温和磨光。超声波探伤检测钢轨焊接接头的质量。本工程的钢轨共 78 个手工电弧焊焊缝，经深圳市太科检验有限公司无损检测，焊缝均为Ⅰ级。

4）深基槽抛砂振冲施工的采用

本工程基槽在施工中局部地区浚深至－22.0～－27.0m。为了保证沉桩的入土深度，沉桩前必须对该区域进行抛砂换填处理。为了保证换填砂的密实度，根据抛砂的实际情况，施工中对抛砂层厚度大于 3m 的区域进行了振冲施工。本工程共计抛砂振冲 14.3 万 m²，振冲后经现场监理指定标准贯入度试验 6 个点，在砂层中进行标准贯入度试验 44 次，实测标贯在 16～49 击之间，平均为 31.9 击，均满足设计和规范要求。

2.7.4 项目管理

1）施工项目部组织结构和管理机构图（图 2.7-3）

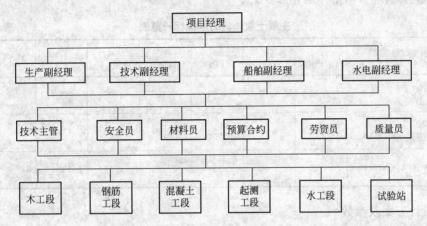

图 2.7-3 项目部组织结构和管理机构图

2）工程质量情况

① 整个工程共分为 5 个分部工程和 24 个分项工程，分部工程全部优良，分项工程 23 项优良，1 项合格（土石方回填），分部和主要分项工程均为优良工程，分部和分项工程的优良率分别为 100% 和 95.8%。

② 码头整体尺度情况：码头的总长度－10mm，总宽度最大偏差－15mm，码头顶面标高最大偏差＋5mm，前沿线位置最大偏差 30mm。

③ 2006 年 10 月 23 日，经质检站、业主、监理、设计组织终验，总体质量评定为优良。本泊位投产试运行后，取得较好的经济效益。从使用功能、质量要求来看，满足规范及业主要求，该泊位建设具有结构优化、工期短造价低的特点。

2.8 码头后方软基加固工程

2.8.1 工程概况

1）工程位置

广州港南沙护岸围堰及试挖工程陆域场地位于虎门外珠江右岸、龙穴岛围垦区的东岸线上。本工程为大面积的人工吹填造陆，面积达 84 万 m²，新吹填的上部软土的含水量高达 80% 以上，强度和承载力很低。软基处理采用真空预压或真空联合堆载预压方案。

地基处理区总面积为 82 万 m²，按使用要求分三个大区，NⅠ（9 万 m²）、NⅡ区（53 万 m²）为集装箱堆场；NⅢ区（20 万 m²）为生产辅助区、进出港道路及预留发展用地。NⅠ、NⅢ区地基处理采用真空预压，NⅡ区地基处理采用真空联合堆载预压。

2）工程地质

主要土层情况描述如下：

① 吹填砂混泥，平均厚 4.1m；

② 灰色淤泥，含水量超过 67%，强度＜8kPa，平均厚 11.7m；

③ 淤泥质黏土，含水量 48%，强度 13kPa，平均厚 2.5m；

④ 中粗砂混黏性土，松散～稍密，标贯击数 6～20 击，平均厚 3m；

⑤ 粉质黏土，松散～中密，标贯击数 8～20 击，平均厚 4m；

主要土层物理力学指标见表 2.8-1。

主要土层物理力学指标一览表   表 2.8-1

土层名称	W （%）	ρ （g/cm³）	e	$c_{快}$ （kPa）	$\psi_{快}$ （°）	$c_{固}$ （kPa）	$\psi_{固}$ （°）	C_{h} （10^{-3}cm²/s）
灰色淤泥 （一5m以上）	76.9	1.57	1.87	4.24	0.82	4.36	22.1	0.9
灰色淤泥 （一5m以下）	16.7	1.59	1.80	7.53	0.66	5.35	19.1	0.9
淤泥质黏土	44.8	1.72	1.30	13	2.72	10.9	19.4	1.2

3）设计方案及参数

由于地基下卧淤泥层厚，含水率高，承载力低，必须进行软基处理。由于堆载预压时间长，因此采用打塑料排水板结合真空预压或真空联合堆载预压进行软基处理。

集装箱堆场设计使用荷载为 46kPa，要求加固处理后使用期的残余沉降不大于 20cm。考虑到今后发展的需要，空箱堆场加固处理要求与重箱堆场相同。生产辅助区、进出港区道路及预留发展区的使用荷载为 30kPa，要求加固处理后使用期的残余沉降不大于 30cm。

2.8.2 施工工艺

施工工艺流程图如图 2.8-1 所示。

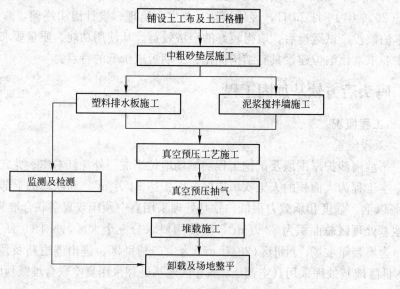

图 2.8-1 施工工艺流程图

2.8.3　施工技术

1) 土工织物铺设

根据设计要求，在软弱地基上铺设一层 $350g/m^2$ 短纤针刺非织造土工布，再铺一层单向拉伸 TGDG35 型号塑料土工格栅，以提高承载力。

土工布拼接采用手提工业缝纫机缝合，缝合尼龙线强度≥150kN，采用包缝方式。在预压区场地上把土工布缝接成满足需要大小的大幅土工布，按选定方向依次平铺，土工布缝接宽度≥5cm。

土工格栅采用人工铺设，块与块之间拼接采用厂家专用的连接铆钉或尼龙绳进行现场连接。

2) 吹填砂垫层

中粗砂垫层平均厚度约 1.5m，总量为 120 万 m^3，由于吹距最远达 2.5km，因此安排两艘 $1450m^3/h$ 绞吸船进行吹填施工。

3) 塑料排水板施工技术

塑料排水板按正方形布置，间距 1m，SPB-B 型板（插深 25m 深度以下），总计 82 万根。

本工程先后投入 5 台 HD1250 型液压式插板机，24 台 HD900 型液压式插板机，2 台振动插板机，总计 31 台插板机。完成插板工程量 1624 万 m。

4) 泥浆搅拌墙施工

对于淤泥埋深很浅时，可以采用挖掘机开挖密封沟的方式进行密封；对于表层存在良好透气（水）层，其厚度大于 2m 时，采用泥浆搅拌桩密封墙封堵。泥浆搅拌桩单桩直径 700mm，成墙时彼此搭接 200mm，深度控制以进入不透水层 500mm 为准，平均长度 6.5m，黏粒的掺入比为 15%～20%。搅拌桩采取四喷四搅方式施工，泥浆相对密度 ≥1.35，下搅速度 1.2m/min，上搅速度 0.8m/min。

为保证顺利实施泥浆搅拌桩施工，本工程先后投入 19 台泥浆搅拌桩机（单机施工能力约为 200～300m/d）进行泥浆搅拌桩施工。泥浆搅拌桩施工总计 109 个日历天，完成搅拌桩 24.5 万 m。

泥浆搅拌墙施工特色技术如下：

① 搅拌墙密封深度

搅拌桩范围按密封轴线每 50～100m 1 个点进行钻孔探摸，确定需密封的砂层厚度，搅拌墙深度以进入砂层下淤泥 50cm 为准。

② 双排搅拌桩长短结合

设计采用单排密封墙施工，在前期施工中发现采用单排搅拌桩因墙体窄、渗径短易造成漏气现象，导致膜下真空度迟迟达不到设计要求。经多方论证，为节省投资同时满足密封墙气密性，采用一排长桩、一排短桩相结合的施工方案，最终确保了膜下真空度满足设计要求。

③ 共用搅拌桩密封处理

由于相邻区域抽真空存在时间差，其中先抽气的区域引起密封墙体变窄、变硬，下一区块密封膜较难埋入，所以在铺设上一区块膜的过程中，同时将单幅密封膜预埋入密封墙中，当下一区块铺膜时再采用专用胶水与预埋膜粘结。相邻区块同时抽真空时，在两侧的真空吸力作用下，高含水量的墙体失水，细颗粒被抽至附近土层或砂层，搅拌墙表层将沉陷并形成较深的空洞，导致此处密封膜拉裂，造成漏气、漏水。通过在共用密封墙密封膜间填塞泥包袋，高出膜面顶部20cm，顶部再采用密封膜粘结封堵，可解决共用密封墙承受双向渗流沉陷开裂造成真空度下降的难题。共用密封墙拉裂及修补示意图如图2.8-2所示。

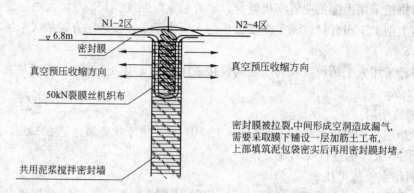

图 2.8-2　共用密封墙拉裂及修补示意图

5）真空预压施工

① 技术要求

真空预压设计参数如表2.8-2所示。

真空预压设计参数表   表 2.8-2

分　区	N Ⅰ 区	N Ⅱ 区	N Ⅲ 区
面积（m²）	90000	529490	200722
使用荷载（kPa）	30	46	30
膜下真空度（kPa）	85	85	85
设计持载时间（d）	90	110	90
固结度（%）	90	90	89
使用期残余沉降（cm）	≥20	≥20	≥30

② 真空预压工艺施工方法

按照设计要求和技术规范进行施工，施工阶段可细分如下：

a. 滤管制作

采用通径为ϕ60mm的UPVC硬塑料管，在管壁上每隔5～8cm钻一直径ϕ5～7mm的小孔，制成花管，再包一层90g/m²的无纺土工布作为隔土层。

b. 埋设真空管路和膜下测头

滤管间距按6.5m呈框格形布置。在管路旁边挖滤管沟，沟深约25～30cm，然后一边挖沟一边埋管入沟，入沟深度约25cm，并用中、粗砂填平。管间连接用骨架胶管套接，套接长度不小于100mm，并绑扎牢固，出膜处采用无缝镀锌钢管和接头相连接，倾斜45°伸出膜面约30cm。

真空测头布置在两条滤管中间位置，按约800m²一个点排布，真空细管从密封膜引出后和真空表相连接，以直观反映膜下真空度。

c. 场地整平

场地整平后应清除表面尖锐杂物。

d. 铺设密封膜

密封膜采用二层吹塑聚乙烯薄膜，根据各预压区实际长度每边增加7.5m，并在工厂热合一次成型。

在无风或风力较小时分二层铺设。先将密封膜按纵向摆放在预压区的中轴线上，从一端开始向两边展开，铺好后在膜上仔细检查有无可见的破裂口（破裂口一般多出现在密封膜接缝处），如破裂则应及时用聚乙烯胶水补好。检查无缺陷后即可进行第二层密封膜铺设，两层膜的粘接缝尽量错开。出膜口留有可收缩富余的密封膜。

e. 踩密封膜

先踩第一层膜，踩入深度不小于1m，踩完第一层膜后开始踩第二层膜。由于搅拌墙施工过程中，造成周边砂垫层塌方，因此项目部采用小型挖掘机配合，搅拌均匀后才能进行踩膜。若部分搅拌桩含水量较高，密封膜易浮起，可以添加黏土粉，拌合均匀充分泡胀以增加稠度和黏性。在踩膜过程中光脚作业，确保密封膜踩入预定深度，另外，在踩膜过程中密封膜黏合处先踩入，以防止踩膜过程中撕裂密封膜。

f. 安装真空泵

本预压区总计设置1105套IS型真空泵，每台泵控制800～1000m^2，将真空泵水平放置在加固区上面，真空泵进水口和出膜口保持同一平面，以保证真空泵能发挥到最大功效。

g. 真空预压抽气

安装好真空泵系统，真空泵的电路接通后，空载调试真空射流泵，当真空射流泵上真空度达到0.098MPa以上，试抽真空。

开始阶段，为防止真空预压对加固区周围土体造成瞬间破坏，可先开启半数真空泵，然后逐渐增加真空泵工作台数。当真空度达到60kPa，经检查无漏气现象后，开始膜面蓄水，开足所有泵，将膜下真空度提高到85kPa。

h. 真空预压联合堆载施工

NⅡ区下卧淤泥物理力学指标较差，根据设计要求进行真空预压联合堆载处理。在NⅡ区每个单元块真空度稳定在85kPa以上，5～7d后开始铺设一层50kN机织土工布。

当地基强度基本稳定后进行吹填砂堆载施工。由于本陆域作为集装箱堆场要求承载力达到100kPa，所以堆载厚度只需1.0m即可，为保护真空薄膜不致损破，要求吹填第一层加载砂料时在吹填管口下铺设砂包层防止直接冲刷真空膜。局部堆填砂不可太高，同时严格控制加载速率，有必要时，施工停歇，以防地基破坏。

③ 施工过程技术保证措施

为了保证膜下真空度达到85kPa，采取了以下措施：

a. 泥浆搅拌墙的质量：确保淤泥搅拌墙的深度能够穿过表层砂；由于地下水位高，淤泥含水量高，所以泥浆掺入比超过35%，泥浆搅拌墙本身的质量达到设计要求。

b. 密封膜：密封膜的质量是保证真空预压成功的关键，建议采用≥0.12mm的吹塑密封膜，经多年的实践，以及试验区使用证明，该密封膜质量稳定，表面沙眼少，强度高，对真空度有很好的保证。

　　c. 砂垫层：砂垫层是真空预压的水平排水层，所以要求砂垫层的含泥量不大于 5%，粒径要求是中、粗砂。

　　6) 软基处理监测及检测

　　本工程设计了大量的观测项目，包括：表层沉降监测、孔隙水压力监测、水位监测、分层沉降监测、深层位移监测、加固前后室内土工试验及现场十字板剪切试验等。

　　根据各真空预压加固区的监测检测数据分析，软基处理区平均沉降为 1.838m，固结度大于 90%，残余沉降量满足合同要求的 20cm；孔压消散值平均在 75～95kPa，孔隙水压力向土体深度方向传递效果明显；加固前后在加固区中心点进行了十字板剪切试验、土工试验，从试验数据可看出加固后土体抗剪强度有较大提高，加固效果非常明显。

2.8.4　工期控制

　　本工程工期为 268 个日历天，开工初期，恰逢春节，又遇"非典"，给施工组织带来很大的困难，在业主、监理、施工等单位共同努力下，本工程于 2003 年 1 月 13 日开工，当年 10 月 7 日竣工，按照合同工期顺利完成。工期控制关键采取了以下措施：

　　1) 编制科学合理的总体进度计划。

　　2) 施工进度计划的实施和检查。

　　做好调度工作，协调工序间关系，实现动态平衡。每日下午召开碰头会对当日的生产情况进行汇报，解决问题同时对第二天工作下达计划；每周召开例会，根据实际进度和计划进度进行对比，找出差距，调整计划，采取切实可行的措施加以弥补。

　　3) 强化设备管理，提高生产效率。

　　4) 认真落实防洪防台措施，确保其对进度的影响降到最低。

　　本工程位于珠江口，是台风多发地区，项目部做好"预防措施到位"、"灾后恢复及时"两个方面的主要工作，有效抗击了"依布都"、"科罗旺"、"杜鹃"三个强台风的袭击。

2.8.5　成本控制

　　本工程中标后，由公司切块给项目部进行"零利润考核"，成本节约按一定比例提奖。项目部一直强调每个人都要树立双增双节意识，从每个细节做起，通过采取如下措施加强成本核算和成本管理，为企业创造超额利润约 500 万元。

　　1) 建立严格的发料领料制度，由富有经验的材料员负责上岛材料的登记、保管。

　　2) 通过竞标形式选择价廉质优供货能力强的供应商。

　　3) 本工程设计采用单排泥浆搅拌桩作为密封墙，工程量只有 7.3 万 m。然而在施工中发现单排搅拌墙体太窄，无法确保密封。后来经专家会议决定，采用长短桩结合方式作为密封墙。增加搅拌桩工程量 16 万 m，既确保了工程质量，又降低了施工难度，同时为企业创造了一定的经济效益。

2.8.6　体会

　　本工程一次性采用真空预压处理面积为全国之最，需投入大量设备及材料，劳动力需求量大，因此做好前期策划是确保本工程顺利实施的关键。

　　本工程采用真空预压法处理大面积吹填陆域，加固效果明显，工期短，同时节省了大量的回填料。真空预压法比堆载预压法工期缩短一半以上，同时造价节省 18%。在交通部组织的验收会上，专家们一致认为该工程采用真空预压法处理具有工艺成熟、加固效果明显、工期短等优势，值得推广。

采用泥浆搅拌墙双排长短桩相结合作为真空预压侧向密封系统，能够保证密封性能在高真空度下的持久稳定性，可使真空度长期维持在85kPa以上。

对共用泥浆搅拌墙进行墙顶处理，既保证了相邻区块同时抽真空时避免墙顶沉陷开裂，也保证搅拌墙本身的加固效果和避免加载与卸载的不同步性对真空预压的影响。

2.9 跨海大桥海上承台施工

2.9.1 工程概况及工程特点

1）工程简述

金塘大桥连接金塘岛与宁波市、是舟山大陆连岛工程的第五座跨海特大桥，是国内继杭州湾跨海大桥、东海大桥后的第三长度跨海大桥。

该桥海中非通航孔桥为60m跨径预应力混凝土连续箱梁，全长15.72km。海中非通航孔桥下部结构为打入Φ1.5m钢管桩，桩长62.4～87.5m，总数2918根；部分基岩埋深较浅区采用钻孔灌注桩基础，上构采用连续箱梁桥。

其中金塘大桥非通航孔桥Ⅳ-C合同段由中交二航局承建，共有钢管桩沉设1352根，承台177个，现浇墩身36个，墩身安装及墩座混凝土浇筑176个，混凝土方量9万余 m^3。

2）工程特点

① 工作量大，点多线长，工期紧

整个合同段工程量较大，仅承台、填芯混凝上就达到7万余 m^3，钢筋总重量达近1万吨。Ⅳ-C合同段全线长近10km，施工点达106个。施工工序繁多，施工工期仅为21.5个月，承台施工期仅12个月，平均每月浇筑混凝土方量达5000 m^3，高峰时近9000 m^3，任务相当繁重。

② 施工环境恶劣

风、浪、流等条件较为恶劣，流速达2.87m/s，设计波高5.74m，受台风、季风影响，年有效作业天数较少，仅为180～200天。部分施工水域水深较浅，需进行水下挖泥方可进行钢管桩沉桩施工。

③ 工程地质条件复杂

覆盖层为淤泥质黏土，其下分布有黏土夹砂，中粗砂，亚黏土，粉砂、中粗砂，全风化、强风化、弱风化英安岩。钢管桩沉设困难，对沉桩设备及施工操作要求较高。

④ 质量要求高

本工程设计使用寿命100年。混凝土按海工高性能耐久性混凝土进行设计，承台、墩身施工质量要求高，尤其是墩座混凝土裂缝控制要求严。

⑤ 船机设备多，交叉作业频繁

本工程拟投入大型打桩船、大型搅拌船、大小起重船、多功能作业船多艘，发电机组若干。各工作面基本上同步施工，机械及工序交叉频繁，施工管理难度较大。

⑥ 台风活动频繁

金塘大桥所处的地理环境是台风经常光顾的地方，根据气象资料显示，年平均台风影响次数为3.9次。2006年和2007年，金塘大桥施工先后经历了大小11次台风影响，给施工安全、组织都带来了不便，严重影响了正常的施工生产和施工安全，并无形中加大了工程成本。

3）需要解决的技术难题

① 外海恶劣环境下超长、超重钢管桩的沉桩技术；

② 环氧涂层钢筋施工工艺探索；

③ 海工环境下承台外观质量控制；

④ 海工环境下承台外表面防腐方案研究。

2.9.2 施工工艺

1）沉桩施工

① 概况

本工程根据承台的形状分别布置 6 根或 16 根 $\phi 1.5$m 钢管桩，钢管桩呈梅花形布置，其桩位平面图见图 2.9-1。钢管桩自桩顶以下 30～35m 范围壁厚为 25mm，其余壁厚 20mm。桩长 62.4～87.5m，全标段共有钢管桩 1352 根，均为斜桩，钢管桩最大斜率为 5∶1。

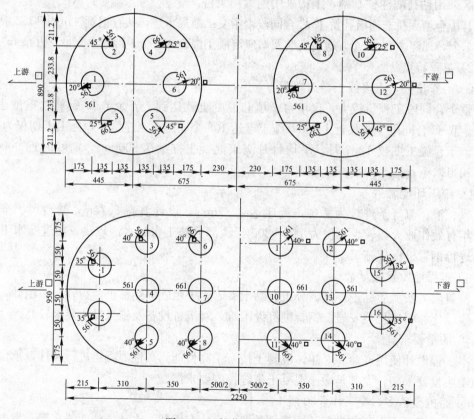

图 2.9-1   桩位平面布置图

② 打桩船及桩锤选择

对于金塘大桥施工水域，在恶劣的风、浪、流条件下，打入超长超大直径的钢管桩，首要问题是选择合适的打桩船及桩锤。本工程为了保证桩基的施工质量，采用海力 801 号

（600t）多功能打桩船，IHC S-280 液压锤施打。打桩船及 IHC S-280 液压锤主要性能参数见表 2.9-1、表 2.9-2。

打桩船主要性能参数表 表 2.9-1

序号	性　能	海力 801 号
1	船型尺寸	$80×30×6×2.8m$
2	桩架型式	全旋回式
3	桩架高(m)	95
4	吊桩重(t)	100
5	沉桩桩长(m)	80＋水深
6	桩锤	S-280 液压锤
7	定位方式	GPS 定位系统

IHC S-280 液压锤主要性能参数表 表 2.9-2

型号	工作参数			重　量		液压系统工作压力(巴)
	最大打桩冲击能量(kN·m)	最小打桩冲击能量(kN·m)	最大冲击能量时的冲击速率(击/min)	锤芯(t)	锤总重(t)	
S-280	280	10	45	13.6	29	300

③ 钢管桩的沉设

a. 打桩船 GPS 系统安装与校核。

打桩船到达指定的施工区域后，首先根据大桥测控中心提供的 GPS 海上定位系统基准站发射的数据链进行调试准备。将接收机、流动站电台、手薄按要求设置后，到本标段作业区域内不少于两个测控中心提供的控制点上进行检测，其采用 RTK 方式测量的成果与测控中心提供的点的三维坐标较差应在 30mm 限差要求范围内。如不满足要求，应检查出原因，重新检测，直到满足要求，才能用于打桩控制。

b. 定位与沉设

采用 GPS 系统沉桩定位，需要考虑 GPS 信号不稳定等因素，可以利用卫星星历预报，沉桩时尽量避开信号不佳时段。应在这样的卫星情况下使用：观测窗口为良好窗口，卫星数≥5，卫星高度角 20°以上，PDOP 值≤5。

● 将设计坐标按要求输入到 GPS 定位系统的电脑中，并仔细核对，做到准确无误。

● 根据打桩船上 GPS 定位系统显示的数据，打桩船由拖轮拖到施工地点附近，进行粗定位。在吊桩的同时，按照沉桩方案选定要沉的钢管桩编号，根据 GPS 定位系统显示的数据，利用锚缆移动打桩船，调整船体的位置。一般先调整船体的方位角，使得船体纵向中心线尽可能地和所沉钢管桩方位角轴线在一条直线上，即通常所说的锁定左右位置。然后调整旋转车的前后位置，旋回轴距离一般调整在 30m 左右，带紧锚缆并且插放定位桩，稳定船体。

● 进入打桩船龙口后，先调整桩架的倾斜度，以使桩身斜率符合设计要求；再根据预先输入的单桩平面扭角(方位角)、平面坐标,通过旋转车的左右调整和倒竖桩架的方法,使桩到达设计位置。具体操作按定位显示图的数据进行调整。

● 沉桩过程中,船长看屏幕指挥操作,技术、测量、监理人员根据屏幕显示数据对沉桩全过程进行监控。沉桩结束后,电脑自动记录并打印出沉桩成果。

整个墩沉桩结束后,及时安排人员利用 GPS 流动站对钢管桩平面偏位、桩顶标高等进行复测,并及时报验。

GPS 测量定位解决了远离陆地的海上工程定位问题,速度快、精度高,动态测控直观,劳动强度低,可 24h 全天候作业。

④ 夹桩施工

本工程桩基施工在外海作业,钢管桩沉桩后斜桩悬臂端较长,并受水流、风浪、潮流的影响,打完桩后须进行夹桩施工。可通过在桩顶设置型钢,将每个墩钢管桩焊接成整体。

2) 承台施工

① 工程概况

本项目共有承台 177 个,其中分离式圆形承台共 148 个,承台直径 8.9m,厚 3.0m,顶面高程+4.2m,左右幅承台中心距 13.5m,最小净距 4.6m;整体式圆端式承台共 29 个,平面尺寸 22.5×9.5m,厚度 3.0m,顶面高程+4.2m。主要工程数量见表 2.9-3。

主要工程数量表　　　　　　　　　　　表 2.9-3

序号	材料名称	型号	单位	数量	备注
1	填芯混凝土	C35	m^3	27851	
2	桩芯普通钢筋	Ⅰ级	t	122.4	钢管桩填芯
3	桩芯普通钢筋	Ⅱ级	t	3366.5	钢管桩填芯
4	承台混凝土	C40	m^3	39206	承台现浇施工
5	环氧钢筋	Ⅱ级	t	191.9	墩座预留筋
6	承台普通钢筋	Ⅱ级	t	4420	承台现浇施工
7	封底混凝土	C35	m^3	9966.5	封底混凝土

② 工程特点

a. 承台设计为 C40 海工耐久性混凝土,设计寿命 100 年,要求密度大,体积稳定,无裂纹,抗氯离子扩散系数 $2.5×10^{-12} m^2/s$。

b. 为保证钢管桩阴极保护效果,钢套箱底板要求与钢管桩绝缘,绝缘电阻要求大于 20Ω。

c. 承台 177 个,数量多,但结构单一,围堰可考虑周转。

d. 承台施工采用多点平行作业,投入船机、人员多,海上交通、信息传递困难,对施工组织要求高。

③ 工艺流程(见图 2.9-2)

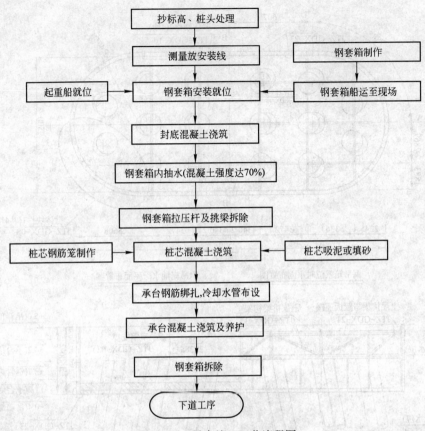

图 2.9-2 承台施工工艺流程图

④ 钢吊箱设计图

承台处于潮位变化区，采用钢吊箱施工方案。

a. 钢吊箱设计思路

● 针对金塘大桥水域施工恶劣条件，为了减少分散作业、劳动强度高、时间长、危险性大的风险，承台钢吊箱整体设计、整体安装、拆除，避开高潮位、充分利用低潮位进行水上作业。

● 承台底板为钢结构底板、混凝土封底，浇筑承台后，不拆除，作为承台结构的一部分。侧壁等承台浇筑完成后，拆除重新利用。

● 合理选择工况条件是钢吊箱设计可靠性、适用性、经济性的关键。将风、浪、流条件分为台风期和非台风期。以非台风期条件控制为主，计算外荷载，设计钢吊箱结构，用台风期的风、浪、流条件，对吊箱结构进行复核，制定加强预案。利用台风的 3～7 天预警期，按预案加固渡台。

● 承台施工按一次性浇筑考虑。

b. 钢吊箱结构

钢吊箱由底板、侧壁、挑梁和拉压杆三大部分组成，圆形分离式承台吊箱重约 35t，圆端形整体式承台吊箱重约 92t。

圆端形和圆形承台钢吊箱总体结构分别如图 2.9-3 和图 2.9-4 所示。

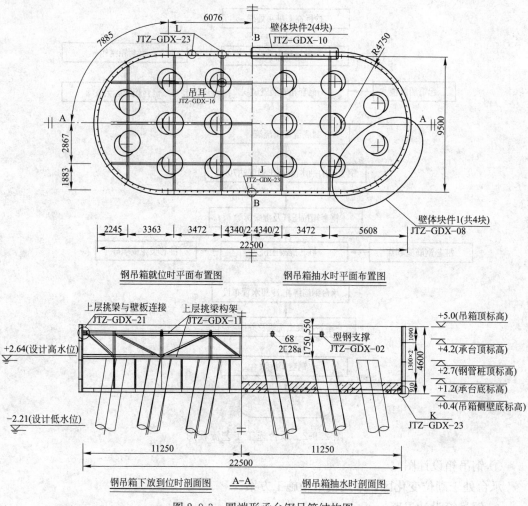

图 2.9-3 圆端形承台钢吊箱结构图

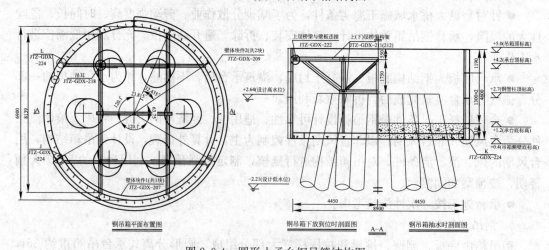

图 2.9-4 圆形小承台钢吊箱结构图

⑤ 钢吊箱制作及安装

钢吊箱在大临场地的加工场地进行制作，按设计图纸分别加工底板、侧壁、挑梁、拉压杆，分块运至施工临时码头上拼装成整体。

⑥ 承台钢筋混凝土施工

钢吊箱封底混凝土、桩芯钢筋混凝土施工完成后，进行承台混凝土施工。

承台混凝土一次浇筑，分层进行，每层 30cm。混凝土浇筑结束后，及时在钢套箱内注入约 30cm 高的淡水进行蓄水养护，养护时间不小于 14 天。

由于承台体积较大，混凝土在浇筑过程中水化产生的绝热温升过高，可能导致承台混凝土产生温度裂缝。因此需在承台内部布设一定数量的冷却水管来达到降低混凝土内部的绝热温升的目的。

⑦ 钢吊箱拆除利用

钢吊箱侧壁周转使用。钢吊箱的重复使用对本工程的施工进度和成本有着较大影响。由于平均每个吊箱需周转使用多次，故每次对拆回的钢吊箱进行修复和保养工作显得更加重要。所有钢吊箱按制作先后顺序编号，建立使用台账。

2.9.3 特色技术

1）全回转桩架打桩船沉桩施工技术

针对本工程钢管桩的特点和难点，项目部经认真研究，决定调用海力 801 多功能打桩船及有着丰富海上沉桩经验的技术管理人员参与施工，并采取针对性的技术措施。海力 801 打桩船是目前国内最先进的打桩船之一，具有可靠的锚碇系统，成熟的 GPS 打桩控制系统，全旋转桩架能够加快施工进度。通过 1 年多的施工，沉桩任务于 2007 年 5 月 5 日顺利完成。克服了复杂地质条件和水深不够的困难，并顺利完成了 90.7m 超长桩的施工，质量及安全目标控制良好。

2）外海利用钢吊箱施工承台技术

承台处于水位变动区，干施工必须采用围堰形式。根据杭州湾跨海大桥的施工经验，在本工程中全面应用了钢吊箱承台施工技术。采用钢吊箱施工技术，具有重量轻、加工容易、成本低等特点，但在施工中存在着抗浮能力差、增加拆除工序、钢吊箱底板须与钢管桩绝缘等施工控制难点。因此在施工中，及时进行钢吊箱封底、在封底范围内增加抗剪力键等措施来增强钢吊箱在海况条件下的抗浮、抗风浪能力。设计专门吊具用于钢吊箱的安装及拆除，从而加快了工程进度。同时，在钢吊箱底板与钢管桩接触部位，设置绝缘胶板，并在施工过程中加强控制，从而保证了绝缘效果。

3）外海结构物测量施工技术

由于施工区域均处于海中，远离大陆，常规的测量方法已不能适应海洋环境下的测控要求，必须根据不同的施工要求采用适当的测控方法。在沉桩施工和施工"优先墩"承台时，采用 GPS RTK 技术进行位置、标高的放样，而 RTK 有效作用距离约为 25km。在进行其余墩承台、各墩墩身放样时，由于"优先墩"已经完成，大桥平纵加密控制网已经形成，此时需在放样点附近设加密控制点，采用常规方法如全站仪三维坐标法等方法进行放样。主要的、经常使用的加密点作成稳固的、能够保存的有强制归心装置的观测墩。采用以上办法，既可满足大桥建设的施工精度要求，也能满足大桥建设的施工进度要求。

4）外海大体积海工混凝土施工技术

承台混凝土性能除满足强度和和易性要求外，还应满足抗氯子渗透性和抗裂性要求。

因此在进行混凝土配合比设计时，需尽量降低胶凝材料用量，掺加高效减水剂和引气剂。同时，胶凝材料采用"水泥、粉煤灰、矿粉"三组分体系，所选用的材料氯离子含量不能超标，石料的碱活性必须满足要求。海工混凝土搅拌施工中，由于黏性较大，拌合时间较普通混凝土延长 60s。在承台内布设冷却水管，混凝土浇筑开始后用柴油水泵抽海水开始循环冷却。通过冷却水管的冷却，可削减混凝土的早期温度峰，降低其内部最高温度。海工混凝土的养护采用直接在钢套箱内蓄 30cm 深淡水养护。

5）外海结构物环氧钢筋施工技术

为了确保百年大桥工程，试桩承台基础施工设计采用了环氧涂层钢筋，以此作为推广环氧钢筋应用的试验工程。环氧钢筋的施工在我国尚处于起步阶段，本工程也正是环氧钢筋施工的试验工程。通过采取改造施工机具、改进施工方案、严格执行相关技术规程等手段，圆满完成了试桩工程中环氧涂层钢筋应用的新课题。

由于环氧钢筋的缺陷无法在现有条件下得到克服，经过和指挥部、监理和设计单位的沟通，在金塘大桥主体工程中，取消了环氧钢筋，改在混凝土中掺加新型复合氨基醇类阻锈剂解决钢筋锈蚀问题。

6）钢管桩防腐保护施工技术

本工程桩基采用打入钢管桩，钢管桩在使用寿命期间的防腐主要靠防腐涂层并辅助阴极保护的方式来解决。防腐涂层在施工期间的破坏将直接影响到阴极保护效果，因此在钢管桩运输、沉桩施工期间对防腐涂层的保护显得十分重要。在钢管桩运输过程中，采取在运桩船中设橡胶支垫，钢管桩间设麻绳进行软接触处理；在钢管桩沉桩施工中，吊桩时，钢管桩整体吊离运桩驳后再进行旋转、竖桩作业；吊桩用钢丝绳均用尼龙布进行包裹，防止钢管桩与钢丝绳硬接触，造成涂层擦伤。在施工中不可避免的涂层破坏，采用专用修补液按有关规定进行修补。以上措施有效地避免了钢管桩涂层在施工期间的破坏，保证了钢管桩在使用寿命期间的阴极保护效果。

2.9.4　安全管理

1）建立健全安全生产管理机构，完善了安全生产管理制度

项目部成立了以项目经理为组长的安全生产领导小组，下设安保部，配备 4 名专职安全员，在各工段、班组和船舶配备兼职安全员 19 名，使项目部的安全管理工作形成了横向到边、纵向到底的无缝隙安全网络管理体系。同时在项目部范围内实行安全风险抵押制度，即从员工的岗薪收入中提出 10％作为安全基金，在当月安全生产不出问题时给予安全抵押金的 150％返还，从而形成人人参与安全生产管理的局面。

针对金塘大桥水域特殊海况的特点，项目部从建章立制入手，编制了涵盖本项目部施工全过程、全员、全方位的安全生产管理制度，内容包括安全生产岗位责任制、安全保障体系、项目安全管理工作的方针、目标和标准、安全教育和培训制度、危险点预控计划、安全奖惩制度、通信联络、防台应急预案和其他应急预案、交通船管理规定、船舶安全管理规定、施工现场安全管理规定、各工种和设备安全操作规程等，使之成为规范项目部安全管理的强制性文件。

2）加强员工入场安全教育，坚持特种作业人员持证上岗。

金塘大桥水域有着特殊的海况，对于第一次参加海上施工作业的人员来说，熟悉和了解施工水域的作业环境和条件，是进入施工现场的前提。加强员工的安全教育，告知施工

现场重大危害源及应采取的预控措施，确保员工人身安全是我们的责任。对于新进场员工，按照国家规定要求，通过项目部"三级安全教育"和"安全技术交底"，考试合格后，方可出海上岗作业，并建立"三级教育卡"。

大桥施工现场的特种作业人员如起重工、电气焊工、电工等，坚持特种作业人员持证上岗。遵守安全操作规程，是保证工程质量和人员安全的先决条件。

3）严格船舶准入，确保施工安全

金塘大桥水域风大流急，施工环境十分恶劣，所以，加强对施工船舶准入的安全管理，是我们工作的重点，施工高峰期时施工船舶达33艘。

按项目部规定，对准备进场的船舶，由船机部和安保部预先对其进行严格审查，包括船舶资料、人员证书、船舶状况、操纵系统、助航设备、锚设备和消防救生设备等几大项目进行检查，合格后方可进场。船舶进场后，由镇海海事处执法队在现场对其进行安全检查，复查合格后，在签订船舶租赁合同的同时签订安全生产协议书，然后由项目部将船舶相关资料、船舶租赁合同及安全生产协议书上报宁波海事局办理施工许可证。

4）严格执法，加强现场安全检查和监督

在思想观念上对安全的忽视是最大的安全隐患，而在具体工作中对某一次安全漏洞的忽视也将给企业、社会、家庭和操作者本人造成不可挽回的损失。加强现场安全检查，严格执法，是查找和消除安全隐患最有效的途径。

在海上施工现场，我们有两名专职安全员负责监督、巡查，重点检查对水上构筑物（如施工平台、群桩等）设置的警示灯，如发现灯不亮，及时进行更换；检查平台四周的防护栏杆、救生圈、承台施工作业过程中的人行通道及船舶与承台之间的跳板和安全网的搭设情况等，有效保障了施工作业人员、船舶和构筑物的安全。

5）制定应急预案，落实防台措施

海上作业，存在很大的安全风险，针对大桥施工水域的特点，项目部成立了海上突发事件应急领导小组，制定了一整套《安全措施计划书》，通过三级教育、安全技术交底及安全生产调度会议等形式，把防护、应急措施落实到各个工段、班组或船舶。

台风、季风是金塘大桥工程建设的重大安全隐患。为了真正落实防台应急预案，项目部防台领导小组多次组织由各施工船舶船长参加的防台预案研讨会，完善了防台方案，落实防台预案并进行防台预案的预演。2006年和2007年，共安排避台11次，实现了安全防台无事故。

6）加大安全投入，消除事故隐患。

针对海上施工的特点，项目部对各施工平台和船舶的安全设施进行了严格的布置，保障作业人员和设施的安全。项目部在安全教育、安全宣传、安全措施、安全防护用品上，有求必应，舍得投入。

2.10 大型港口出海航道工程

2.10.1 工程概况

经国家发改委批准，广州港出海航道二期工程按照5万吨级船舶乘潮单向通航的标准设计，航道底宽160m不变，底标高从原来的−11.5m加深至−13.0m，总疏浚工程量1880万 m³，概算投资7.94亿元。

二期工程从桂山岛引航锚地至黄埔港区西基调头区，全长115km，于2004年3月开工建设，至2006年年底完工。工程分两个阶段进行：第一阶段浚深南沙港区以南段，施工区域从伶仃航道3号、4号浮以南2.3km处开始，至该航道与南沙港区一期工程支航道交汇点G止，疏浚段长约34.5km，疏浚工程量为1160万m³。第二阶段浚深南沙港区以北至西基调头区，施工区域从伶仃航道G点起至西基调头区止，疏浚段长约54.5km，从南往北依次为伶仃航道、川鼻航道、大虎航道、坭洲头航道、莲花山东航道、新沙航道及西基调头区，疏浚工程量约为720万m³，其中风化岩工程量约103万m³，详见图2.10-1及表2.10-1。

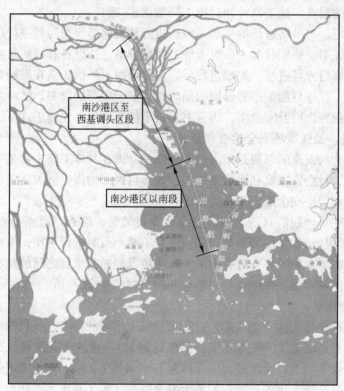

图 2.10-1　广州港出海航道二期工程示意图

广州港出海航道二期工程一览表　　　　　　　　　　　　　　　　表 2.10-1

序号	工程名称	施工时间	工程内容	投入设备
阶段一	广州港出海航道二期工程（南沙港区以南出海段）	2004.03.01～2004.10.14	工程范围从伶仃航道3号、4号浮以南2.3km处开始，至该航道与南沙港区一期工程支航道交汇点G止，疏浚段长约34.5km	耙吸船 绞吸船 耙平器
阶段二	广州港出海航道二期工程（南沙港区至西基调头区段）	2005.06.15～2006.12.18	工程范围自伶仃航道G点起至西基调头区止，全长约54.5km，从南往北依次为伶仃航道(G点以北段)、川鼻航道、大虎航道、坭洲头航道、莲花山东航道、新沙航道及西基调头区	耙吸船 抓斗船 凿岩船 绞吸船 耙平器

工程质量目标：达到交通部《疏浚工程质量检验评定标准》(JTJ 324—96)的优良工程标准要求。

2.10.2　施工工艺

1）工程难点与重点分析

设计提出的施工方案是：由耙吸挖泥船施工主要航段，绝大部分疏浚土抛至南沙临时蓄泥坑，由绞吸挖泥船转吹上岸造陆。莲花山东航道段由绞吸挖泥船开挖，风化岩在新沙预留发展区临时蓄泥坑处理（需开挖临时蓄泥坑）。

项目部根据设计文件和现场情况分析，本工程的难点主要有以下几点：

① 土层较薄，土质变化大，西基调头区、新沙航道、坭洲头航道在施工过程中都开挖到风化岩；莲花山东航道段风化岩面积大、工程量大；

② 边坡开挖工程量大，开挖难度大，效率低；

③ 施工点多线长，现场管理难度大，抛泥运距远；

④ 出入港的大型船舶数量多、密度大，耙吸船在主航道上浚深施工，不能碍航，施工避让频密、航道施工干扰大；

⑤ 适宜开挖莲花山东航道风化岩的大功率绞吸挖泥船紧缺；

⑥ 根据港口生产需要，万吨级及以下船舶绕行莲花山西航道，东航道实施定时封航施工，每天最高潮前3小时至后2小时为万吨级以上船舶通航时间，施工船舶提前1小时撤出航道，恢复正常通航。挖泥船移船避让频率高，施工效率严重受影响，且存在安全隐患。

可以看出，莲花山东航道的施工难度最大，工期最紧，是工程的重点。

2）施工方案比选

针对本工程的重点和难点，项目部优化了施工方案，按土质情况合理划分施工段，配备挖掘能力合适、足量的施工船舶设备；采取科学的施工方法及合理的施工顺序，尽量减少施工回淤；根据不同时期不同航段的自然回淤情况，选择不同类型的施工船舶。在黏土和全风化岩为主的西基调头区将原计划耙吸船改为抓斗船施工；新沙航道、坭洲头航道的风化岩段采用凿岩棒碎岩配合抓斗船清礁半封航施工。由于莲花山东航道的风化岩开挖不允许采用爆破预处理，而大型绞吸挖泥船紧缺，且越往下岩石硬度越大，决定采取凿岩棒碎岩配合抓斗船清礁的施工工艺。

2.10.3　特色技术

本工程在实施过程中使用了多项特色工艺：

① 应用凿岩棒配合抓斗船开挖大面积风化岩的"凿岩棒工法"；

② 在华南地区首次应用耙吸挖泥船艏吹吹填工艺（图2.10-2）；

③ 海床整平器施工工艺。

这些新工艺的应用对本工程的优质按时完成起着至关重要的作用。下面介绍莲花山东航道段采用的凿岩棒施工工艺。

"凿岩棒配合抓斗船"的施工工艺：

在莲花山东航道段的施工中，项目部联合监理、业主和设计院成立了"东航道岩石可挖性课题小组"，对东航道岩石进行可挖性研究，在中北段进行了一次凿岩船配合抓斗船开挖风化岩的试验。通过试挖分析，判断施工方案和选用的船舶能否满足施工质量和进度要求，同时判断使用凿岩棒施工是否会对通航造成影响。

1）典型施工

图 2.10-2 耙吸挖泥船"万顷沙"艏吹吹填施工

首先，在莲花山中北段划出了一块试验区域，安排一艘凿岩船和一组抓斗船进行典型施工。从凿岩船碎岩后由抓斗船开挖的情况看，大部分微风化硬岩石区域能达到设计标高，凿岩棒对岩层的破碎深度达到 0.50m 以上，因此判断凿岩棒能破碎微风化岩层，满足施工质量要求，但是凿岩棒施工效率偏低，不能满足计划进度要求，需要增加凿岩船；另外，需对主航道实行半封航作业(最高潮前后的通航时间凿岩船和抓斗船退出航道)。在整个试验过程中，没有发现封航施工和应急预案中其他未预见的安全隐患。由于保证了莲花山西航道的通航和东航道高潮时段大型船舶的通航，封航施工对广州港的不利影响降到了最低。

2) 大规模推广使用

试验成功后，项目部开始在整个莲花山东航道实施"凿岩船碎岩配合抓斗船清礁"的施工工艺。对于中风化岩区域，适宜使用撞击面积较大的凿岩棒；对于微风化岩区域，适宜使用笔状凿岩棒。根据设计地质资料分析，在凿岩过程以笔状凿岩棒为主，辅以锥形凿岩棒效果最好(几种不同形状和重量的凿岩棒见图 2.10-3)。随着凿岩施工从北向南大规模的进行，给工程的顺利完成提供了有力保障。

斧头型	铅笔型-1	铅笔型-2	多齿型
35t	16t	18t	8t

图 2.10-3 几种不同形状和重量凿岩棒的外观

3)"凿岩棒施工工艺"雏形

为提高凿岩棒施工的施工质量和效率,项目部组织工程技术人员召开专题会议,编制成《凿岩棒施工作业指导书》,对进场施工的各艘凿岩船进行指导,使整个凿岩作业过程处于良好的受控状态。同时,项目部总结出"凿岩棒施工工艺"的雏形,为后来"凿岩棒工法"的形成,上升为中交集团工法打下了基础。

4)"凿岩棒施工工艺"特点

采用凿岩棒配合抓斗挖泥船构成"凿岩棒施工工艺",其设备配置简便经济,仅需对抓斗船稍加改造,配置凿岩棒,不需另外增加挖泥设备,作业方式与抓斗挖泥船施工相似,在办理施工许可证方面没有特别的要求。对硬度不是太大的风化岩石破碎预处理非常经济、有效。与传统钻孔爆破方法相比,凿岩施工成本低,对通航安全影响小,对施工区周围水域环境和建筑物的安全影响不大。在国家对环保要求越来越严格的情况下,凿岩工艺具有良好的环保特性,具有广阔的应用前景。

2.10.4　工期控制

1)施工进度控制

在施工过程中,根据不同施工段土质的分布情况与各施工船舶的挖掘能力,采取分段分层施工,并不断总结探讨新的施工方法与工艺,开展多项 QC 活动,较好地提高了各种挖泥船的时间利用率与施工效率。

① 施工计划管理:

根据施工总进度计划,按施工工艺及施工顺序编制详细进度计划,以周计划作为报告周期,每周发布当前实际进度状况及本周实施计划、下周施工准备计划,由工程主管下达施工船舶或施工班组执行。

② 项目状况评估及报告:

每周召开项目周会,分析与评估项目当前的质量状况及进度状况,确定必须采取的措施和需有关部门协调解决的问题,将项目当前状况、存在的问题及拟采取的措施通过项目周报及时通报业主以及有关单位。

③ 进度控制措施:

项目经理部制订周密的施工总进度计划,并充分考虑自然条件等因素的影响,按计划投入施工船舶。如挖泥船发生故障一时难以排除,及时调派替补船舶接替,或根据工程进度增调施工船舶,组织强有力的现场修理力量,组织现场故障抢修。如现场无法解决,及时进船厂修理,以保证工程需要的挖泥船设备完好率。施工干扰是影响工期的主要因素之一,施工中及时向业主反映,协商处理好现场施工干扰问题,尽量避免由此而造成的停工。工程主管每天到施工现场了解施工进展,发现问题及时解决,如无法解决,应报告工程部长或总工。

2)后方保障措施

公司投入的设备资源充足,同时充分发挥公司本部、船舶后勤保障基地和船舶修理厂都在工程所在地的优势,为工程及时提供各种硬件、软件服务和支持,确保工程按期完成。

2.10.5　质量控制

根据 ISO 9001 标准和公司《质量保证手册》、《项目管理手册》及其支持性文件的要求,建立本工程的质量管理体系。本工程项目经理为质量管理直接责任人,质检人员直接负责，通过专职质检员和各部门主管及兼职质检员，对工程进行全面控制、检测、信息反馈和质量问题的处理，同时接受业主委派的监理工程师及其代表对整个工程的监理。

1) 施工质量管理

严格按照设计图纸、合同条款和有关技术规范、标准等要求，确定施工工艺和方法，编制工程施工程序，制定了详细的质量保证技术措施和质量保证计划，并严格执行。

2) 过程质量管理

在施工过程中，质量检查员监督、指导和维护本工程质量管理体系的有效运行。通过质量体系的健康运行来达到施工过程的质量控制。

① 平面控制：

挖泥船使用 DGPS 定位，并利用《疏浚工程电子图形控制系统》与 HYPACK 软件监控船位。定期对挖泥船的施工质量进行测量检测，每七天检测一次；对冲淤较大的地区，则增加测量次数。若停工时间超过十天，在停工时和复工前均对挖槽进行水深测量。工程收尾扫浅阶段，特别是耙吸挖泥船施工地段，每 1～3 天检测一次。

② 高程控制：

工地建立满足工程需要的验潮站，并安装潮位自动遥报系统为挖泥船和测量船提供实时潮位。施工中定期校核各种施工定位标志和验潮站的高程或水尺零点，做好各种原始记录，并及时分析、整理；检查结果和改正措施均详细记录。定期对挖泥船深度显示器进行校准，加强过程检测，对于漏挖、超挖问题，从多方面分析原因，及时采取相关措施解决。

3) 验收阶段质量管理

① 验收准备阶段：

扫浅阶段，在自检测量合格后，项目部采用多波束测深系统进行复测。发现不合格点立即进行补挖或采用海床平整器清除，确保航槽内无浅点。多波速测深系统首先在莲花山东航道岩石段应用，效果十分理想，漏挖的浅点均被逐一发现和扫除。在其他航段的施工也得到应用，为整个工程的顺利完成发挥了很大作用。

② 工程验收阶段：

自检结果达到优良等级质量要求、具备验收条件后，向监理提出验收申请。由监理组织质监站、设计、业主等单位验收，全面检查项目的完成情况、工程质量和有关施工记录等资料。竣工测量完成后，由项目经理按《疏浚工程技术规范》要求编制验收报告，提交监理、业主、质监站签署意见。验收报告作为工程竣工验收、质量鉴定、办理验收手续的正式文件。按档案资料管理的有关规定编制竣工资料。

通过以上一系列措施，有效地控制了影响工程施工进度和施工质量的各项活动，竣工测量结果表明：各段航道竣工底标高均达到 $-13.0\sim-13.2$m 的设计水深，满足合同要求，边坡也达到设计比例要求，工程质量优良。

该工程完工后，海水水质基本满足国家相应标准要求，保护了鱼虾繁殖和中华白海豚的生存环境，达到了航道工程与环境的和谐发展。

2.10.6 施工组织管理

1) 半封航施工协调方案

广州港出海航道工程施工线长、点多、面广、参与施工船舶繁多，科学设置船舶调度系统显得十分重要。项目部在新港港区设立船舶调度指挥中心，在南沙港区设置船舶施工现场调度室，并配置辅助船舶担负现场后勤补给和应急任务；在特殊性作业或通航条件复杂、船舶密度大的施工区域还专门配置现场调度指挥船，如莲花山东航道的封航施工中专门设置一艘驳船作现场调度指挥用船。

① 建立内部指挥体系：

项目部按公司《船舶安全管理体系》、《职业健康安全管理体系》和《环境管理体系》要求建立从工地项目经理到员工，从项目经理部到各船舶班组，从专管到协管的全员、全方位、全过程的安全、健康、环境管理组织机构，实行项目经理安全负责制。项目经理部先后成立项目安全生产委员会、职业健康和环境管理领导小组、防台指挥领导小组和应急指挥中心。坚持管生产必须管安全的原则，以"科学管理、落实责任、保障安全、保护环境"的安全管理方针，杜绝大交通事故的发生，确保设备完好和人员安全。

② 建立与外围单位的沟通渠道：

在莲花山东航道开工前，项目部和广州海事局新沙海事处、广州交管中心、广州港集团总调度室经过详细协商，各部门均制定了相应的方案，明确了各方的职责和具体措施。特别强调了对外总协调由广州海事局新沙海事处负责。在高潮开封通航期间由海事巡逻艇负责向施工指挥船传达广州港交管中心和广州港集团总调度室的指令，施工指挥船指挥各施工船和封航船撤离航道；经巡逻艇巡视确认后，报告广州港交管中心和广州港集团总调度室，恢复东航道的通航。

2）多项目管理

广州港出海航道二期工程分两个阶段 4 个标段进行施工招标，均由中港广州航道局中标施工。南沙地区同时还有多个项目也由中港广州航道局承建，如南沙港区港池泊位开挖、场地吹填、软基处理、中船龙穴岛造船基地建设项目等。为保证施工生产，本公司实行了多项目管理的尝试。在相邻区域、施工性质接近的项目，实行了整合管理。项目部按照"公司→大型项目→子项目"的多层项目层次结构，底层实际任务执行情况和资源使用情况逐层向上汇总。各子项目的项目经理向总项目经理负责，总项目经理全面负责，最大程度解决各子项目间资源协调问题。总项目经理根据各子项目每个施工流程的重要性和优先级别对资源进行分配，实现对整个项目资源的最优投入产出率。具体实施过程中还遵循"相似性"原则：将施工船型相似、施工工艺相似、优先级相同的项目适当归类统筹安排，以减少和优化资源配置。

2.10.7 体会

本工程采取多种型号"凿岩棒"辅助抓斗船施工清除风化岩施工工艺，替代炸礁工艺和绞吸船开挖工艺，是国内第一个如此大面积使用"凿岩棒"施工工艺疏浚风化岩的工程实例。新工艺的使用还带来了巨大的经济效益和社会效益，节约施工成本，创造了企业效益，节约了临时工程的国家投资。

在本工程中还对多项目管理进行了探索，对浚挖的疏浚土进行分类分区处理。如某些航道段开挖的疏浚土多为中粗砂，在邻近的南沙港区项目建设中正好需要砂资源。项目部将航道工程疏浚的砂运至港区项目中使用，既降低了航道工程的成本，也支持了港区项目的生产，产生了良好的效益。多项目管理给公司的生产、经营提供了有益的尝试，提升了公司管理人员的综合协调管理水平、技术创新能力、风险控制能力以及资源整合能力。

本工程的顺利完工，使广州港出海航道成为真正意义上的"黄金通道"。二期工程竣工当年，广州港货物吞吐量超过 3 亿吨，赢得了建设单位、使用单位的高度评价。

2.11　深水港区陆域形成工程

2.11.1　工程概况

1）工程简介

洋山深水港区位于上海南汇芦潮港东南的崎岖列岛海区，具有良好的水深条件，港区向东经黄泽洋直通外海，与国际远洋航线相距约 104km。

工程自 2002 年 6 月开工，目前港区一、二、三期陆域形成工程已经完成。本案例将综合介绍陆域形成和主要两个边界围堤（一期北围堤、东侧北围堤）的施工管理，施工总平面见图 2.11-1。

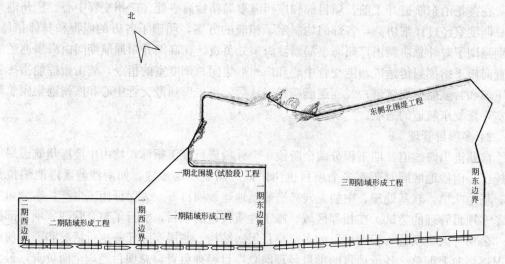

图 2.11-1　洋山深水港区陆域形成工程平面示意图

2）主要工程参数

① 设计简介（见表 2.11-1）

主要设计要求一览表　　　　　　　　　　　　　　　　　　表 2.11-1

工程项目	结构形式	标高	砂质要求	吹填、平整度
一期北围堤	袋装砂堤心 斜坡堤结构	堤顶标高为 +7.0m	>0.075mm 的颗粒含量>85%，<0.005mm 的颗粒含量<10%	
东侧北围堤	袋装砂堤心 宽肩台斜坡堤	堤顶标高为 +7.5m		
一期陆域		+6.5～+7.0m	>0.075mm 的颗粒含量>85%，<0.005mm 的颗粒含量<5%	吹填竣工面平均标高应控制在设计标高的 +10cm 以内，平整度控制在竣工面平均标高的 ±15cm 以内
二期陆域		+9.5m		
三期陆域		+6.0～+8.5m		

② 自然条件(见表 2.11-2)

工程自然条件一览表　　　　　　　　　　　　表 2.11-2

工程项目	波浪	水流	水深	地质	砂源
一期北围堤	主要承受 N、NE 向波浪作用力 50 年一遇的设计波高 $H_{13\%}$(m)=4.68	平均流速 1m/s 左右，最大达到 2.23m/s	平均 −10m 余深，水深最深处在 −22.0~ −27.0m 之间	自然泥面下约 10m 厚的粉细砂，第二层为 10~25m 厚的淤泥质粉质黏土及黏土	洋山附近
东侧北围堤	主要承受 N、NE 向波浪作用力 50 年一遇的设计波高 $H_{13\%}$(m)=3.87	平均流速 1m/s 左右，最大流速在 2m/s 左右	平均 −5m 余深，最深的达 −15.9m	所在区域的地质土层从上至下依次为灰黄色淤泥混砂层、灰~灰黄色砂质粉土等五大层、13 个亚层	洋山附近
一期陆域	从 11 月到翌年 3 月，波向 NNW~NE 向，从 4 月到 10 月，波向 NNE~SSE 向。50 年一遇的设计波浪要素	水域涨潮最大测点流速为 1.95m/s，落潮最大测点流速为 2.64m/s	回填区天然底标高为 0.4~−32.9m	I 灰黄色淤泥，II 3 灰黄~灰色粉细砂，III 1-2 灰黄~灰色淤泥质黏土等六个工程地质层，24 个工程地质单元体	洋山、徐公岛
二期陆域	本工程位于小洋山西南面，主要受 S 向、WS 向波浪作用。50 年一遇的设计波浪要素	由于板桩承台的完成，本施工区域的水流流速较小，对施工干扰较小	平均水深在 −8m 以下	本工程所在区域的地质条件整体上都比较差，尤其是西侧 500m，东侧 400m 相对较好	洋山、长江口
三期陆域	本区域港区内 93.55% 的波高小于 0.8m，但港区外缺少岛屿的掩护，波浪影响较大。50 年一遇的设计波浪要素	涨潮流速大于 1.5m/s，历时一般为 1h 左右，最长为 2.38h；落潮流速约 2.0m/s，历时约为 1.2h	平均水深在 −10m 以上，最深 −37.6m	I 0 灰黄色淤泥混粉砂，I 0t 灰黄色粉砂混淤泥，I 1 灰黄色淤泥等六个大层，21 个亚层	长江口地区

③ 陆域边界(见表 2.11-3)

陆域形成边界一览表　　　　　　　　　　表 2.11-3

工程项目	东边界	南边界	西边界	北边界
一期陆域	抛石斜坡堤	码头驳岸棱体	袋装砂斜坡堤	一期北围堤
二期陆域	一期西边界	码头驳岸棱体	抛石斜坡堤	开山回填区
三期陆域	抛石斜坡堤	码头驳岸棱体	一期东边界	东侧北围堤

④ 工程特点(见表 2.11-4)

工程主要特点一览表 表 2.11-4

工程项目	工程主要特点
一期北围堤	最大水深—23m，最大流速 2.23m/s，这是当时国内建港史上前所未有的。在堤轴线方向呈两边高、中间低的地势，且高差比较大，甚至形成了较大的陡坡。围堤的位置基本上是处在山体之间，随着围堤结构的实施，水流的流向会不断地变化，不规则的流态给施工带来了不少影响。工作量大、工期紧、工作强度高，施工船舶多，施工区域有限
东侧北围堤	工程地处东北风、偏北风直接影响，冬季施工受寒潮影响很大。工程量较大、工期较紧、施工强度大、各工序间干扰较大。工程的功能重要，结构相对复杂、新颖，工程质量要求较高。受进度、风浪、航行通道、参与施工社会船舶较多等因素的影响，安全生产压力大
一期陆域	具有规模大、工期紧、施工干扰大；陆域抛吹南边界逐步完善；陆域抛砂与隔堤、围堤施工交叉在一起，影响了施工效率的发挥等特点
二期陆域	本工程总的施工特点是吹填、墙后棱体、码头结构及地基处理各工序之间相互影响、相互制约；施工水域小，分层吹填施工等
三期陆域	工程量大、工期紧、施工强度高、施工工艺较多。吹填与筑堤、码头及接岸结构施工交叉进行，相互间的施工干扰较大；吹填施工边界条件逐步完善，增加了施工进度、质量控制的难度。砂源区分布较广，砂质控制难度较大。参与施工的船舶较多、构成复杂，施工组织、管理难度高。大部分吹填砂来自距离洋山 170 公里的长江口，运距远，运砂船舶航行安全管理难度高

⑤ 工程量（见表 2.11-5）

主要工程量一览表 表 2.11-5

工程项目	长度（m）	面积（万 m²）	体积（万 m³）
一期北围堤	1188.59		袋装砂 67，抛石 45
东侧北围堤	1883		袋装砂 89，抛石 202
一期陆域		125	吹填砂 2355，抛石 102
二期陆域		43	吹填砂 400，抛石 41
三期陆域		398.6	吹填砂 6514，抛石 401

2.11.2 施工工艺

1）围堤施工主要工艺

由于洋山港区建设所需的石料资源比较紧张，围堤堤心大量采用袋装砂材料，深水海域大规模应用袋装砂在国内鲜见，围堤断面见图 2.11-2。

根据现场施工条件，袋装砂堤心施工中主要应用以下两种施工工艺：

① 抛袋施工工艺流程见图 2.11-3。

② 吊放预制大砂袋工艺流程见图 2.11-4。

2）陆域形成抛、吹填施工工艺。

陆域形成工程由于受砂源区较分散，取砂条件各具特点，施工水域水深条件变化较大，施工南边界逐步形成等因素的影响，整个洋山深水港区陆域形成施工采用了舱容 13000m³ 大型耙吸挖泥船自挖、自抛、自吹、自喷；3500m³/h 大型绞吸挖泥船自挖、自吹；抓斗、链斗、大功率专业吸砂船取砂、专用吹砂船吹填等工艺。

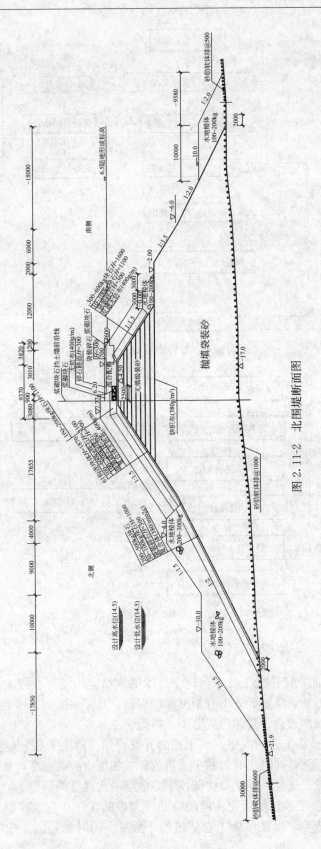

图 2.11-2 北围堤断面图

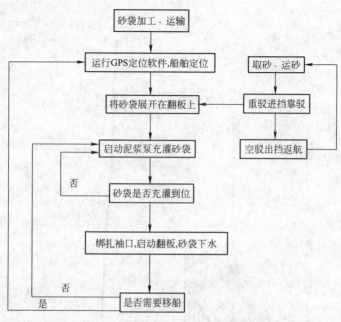

图 2.11-3 抛袋施工工艺流程图

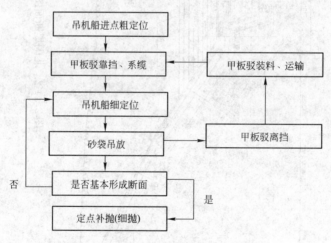

图 2.11-4 吊放预制大砂袋工艺流程图

2.11.3 特色技术

1) 深水铺设护底软体排施工技术：这个技术的成功应用使得在较大水深、流速条件下，大尺度软体排的铺设质量、效率有了可靠的保证。其主要关键技术是施工船舶的锚泊系统、充灌系统的技术改造、排体位置监测手段等

2) 吊放预制大砂袋工艺的应用：该工艺的开发应用，解决了袋装砂堤心施工过程中施工效率"瓶颈"问题，同时也有效减少了吊放砂袋施工中的破损率，从而保证了袋装砂堤心的整体施工质量、进度。其主要关键技术是砂袋吊放机具的研制。

3) 抛填袋装砂施工参数的优化：抛填袋装砂参数的优化，有效控制了破袋率，提高了有效抛填断面的成型，保证了施工总体进度、质量，同时也是施工成本控制的有力手段。施工参数的优化包含了袋体漂移试验、袋体材料及规格、袋体袖口数量及位置、袋体充盈度、充灌砂浓度等多项技术内容。

4）吹填施工技术

采用大型、高效的耙吸、绞吸、抓斗等船舶组合施工工艺，陆域形成施工过程中使用了国外引进的技术先进、自动化程度最高的"新海龙"轮、国内自行改造的舱容为 13000m³ 的耙吸挖泥船"新海鲸"轮和最大挖深达 70m 的"新海狮"轮等大型船舶进行抛、吹、喷的立体交叉施工，这些船舶的成功使用，为陆域形成的顺利实施打下了坚实的基础。

2.11.4 工期控制

工期紧是洋山深水港区工程建设的主要特点之一，在整个围堤、陆域形成施工过程中，为保证总体进度、节点进度的如期实现，采取了计划控制、动态控制、信息控制等有效手段；提前安排、配置优质装备参与施工；开发施工工艺、优化施工参数；施工力量多元化、优选协作施工单位；适时实施分区隔堤等辅助工程；开展劳动竞赛、完善奖罚办法；提前计划安排砂库储砂；寻查、开辟新砂源以保证施工用砂等。

2.11.5 质量控制

质量要求高是洋山深水港区工程建设的主要特点之一，施工过程中一方面使用科学合理的工艺进行预控，另一方面采用动态跟踪、及时分析、监督整改等具体方法及手段，对整个施工质量实行全面动态监控。

1）围堤施工质量控制

① 坚持质量第一方针

贯彻"百年大计，质量第一"的方针，以质量为抓手，狠抓质量管理和措施落实，认真做好各项相关工作，预先进行施工工艺的创新、改进，以先进的施工工艺组织生产，对工程质量实施全方位、全过程的监控，从而为工程达到优良目标打下扎实基础。

② 关键工序质量的控制与管理

围堤施工关键工序包括：施工测量、混凝土预制、土工织物加工、砂质控制、软体排铺设（反滤布铺设）、袋装砂抛填、钩连块体安放等，对这些关键工序均制定了质量控制标准和要求。

2）陆域形成砂质的质量控制

陆域形成抛（吹）填工程质量控制的核心就是如何保证砂质以满足有关要求。由于工程所处环境的影响（施工边界条件的变化、海水含沙量较大、施工干扰造成施工强度的变化等），海水的悬沙落淤对成陆砂质的影响客观存在，在实施质量管理的过程中，始终抓住如何确保进场砂质、提高成陆砂质这两个主要问题，工程中主要采取了如下控制手段：

① 砂源区的控制：

首先对砂源区进行仔细的研究分析，根据砂源区的钻探资料，选定开挖的区域及深度。

② 做好开工前的技术交底工作：

开工前认真做好施工的技术交底工作，尤其做好对关键工序和重点部位技术交底，这是施工质量控制和质量管理的基本手段之一。

③ 典型施工：

开工初期进行试挖、试吹，通过典型施工确定合理的施工参数，并在施工过程中根据实际情况逐步优化。

④ 现场质量监控：

吹填现场每天有质量员携带符合设计要求的砂质样本，进行巡视目测比对，如发现吹填砂含泥量较高或砂质偏细，立即通知吹砂船或取砂船，停止抛（吹）砂或取砂，调整取砂位置或取砂深度。见证取样做到真实、客观，对样品进行封存，贴上标签，标明日期、船名、船次、砂源区。检测结果及时反馈给相关单位。

⑤ 合理布置耙吸挖泥船抛砂区域和吹泥船管线走向：

为了尽可能减少悬泥落淤对砂质的影响，在抛砂、吹砂过程中必须防止抛、吹砂形成沙丘（水下地形高差过大容易造成悬泥落淤），同时保持水路的畅通，以利于减少落淤的影响。

⑥ 测量控制

为有效控制围堤及吹填质量，在施工过程中定期进行施工检测。通过及时准确的测量、监测及相关分析，保证工程的顺利推进。

2.11.6 成本控制

有效控制施工成本是项目管理中的重要内容，对陆域形成施工成本而言，提高船舶装备施工工效，抓好吹填砂的质量和计量工作，就抓住了矛盾的主要方面，也就基本控制了工程的施工成本。

本工程由于投入施工的船舶多，且在同一区域内抛吹填施工，准确、公正地对船舶的装载量和卸载量进行计量，对发挥和提高各船的积极性至关重要，为此，在整个洋山深水港区陆域形成抛（吹）填工程实施中，计量工作采用以下办法：

制定详细具体、可操作的计量方法、规定；建立、完善与计量工作配套的各种规章制度，并严格执行；强化现场计量工作的人员管理，对计量人员的业务进行培训，加强思想等方面的教育；实行自检、专检、抽检的三级计量方法，如在抽检中发现问题，按制定的规定和责任制进行处理。

2.11.7 安全管理

1）加强对社会船舶的安全教育和检查

围堤、陆域形成施工，需使用大批船机设备和组合大量社会力量参与施工，对水上施工安全带来了巨大压力。针对洋山工程的施工环境和特点，安全管理上重点加强对参与施工的社会船舶的安全管理。社会船舶（大部分为民营船舶）的船机状况、安全设施、操作技能等相对较差，特别是船员的安全意识淡薄。针对这一系列问题，制定了较为全面、积极有效的管理规定和奖罚措施。一是严格船舶进场关，装备设施符合相关要求方可投入施工；二是会同船舶所属公司一起定期进行安全宣传教育和检查。

2）加强对施工水域的船舶航行管理

对船舶施工和航行实行动态管理，船舶不论在取砂区、航行区、抛砂区均严格执行海上航行规则和避碰规则，并要求其各类航行仪器、助航设备、救生消防设备齐全且确保良好的使用状态。严格船舶超载（运载砂、载客）的管理。

3）施工过程中的主要安全措施

全面落实安全生产责任制，做到全员参与、责任到人、奖罚分明；严格执行各项安全生产制度，对船舶超载、穿越禁航区等严重违规船舶，采取严厉的经济处罚措施，直至清退出场；加强对长距离航行安全的监控与管理；认真做好季节性安全预防工作及其他专项预案；重视安全宣传教育工作，聘请海事部门专家对相关人员进行针对性的安全培训；定期召开协作单位参加的安全生产专题会，保持各种安全信息的畅通，动态掌控安全生产情况。

2.11.8　结束语

洋山深水港区陆域形成工程开创了国内海上深水围海造陆的先河，在整个施工过程中，业主、设计、施工、监理、质监等参建单位的通力协作是工程成功的重要前提；以大型先进装备领衔和组合社会力量形成的强大施工船队是工程成功的保障；有效的管理体系和全方位的动态管理是项目成功的关键。

2.12　25万吨级航道一期工程

2.12.1　工程概况

本工程主要包括航道加深疏浚和原航道维护，航道疏浚长度36.912km，合同设计工程量为2600万m³（含回淤工程量），合同工期12个月，设计疏浚底高程−18.5m/−19.5m，疏浚主要土质为中密、密实的粉质黏土和砂质粉土，疏浚泥土全部由自航耙吸挖泥船自挖自吹至天津港东疆港岛，先后投入"津航浚106"、"通力"轮、"通坦"轮、"奋威"轮、"亚细亚"轮、"王子"轮、"津航浚109"共7艘大型自航耙吸挖泥船施工，挖泥船基本性能参数见表2.12-1。

投入本工程的施工船基本性能参数表　　　　　　表2.12-1

参数＼船舶	通力轮	通坦轮	津航浚106	奋威	津航浚109	亚西亚	王子
船长(m)	111.4	90.3	100.5	232.35	129.16	133.53	156.00
型宽(m)	21	19.10	17.2	32	18.40	26	28
型深(m)	8.1	7.20	8.9	15.9	9.2	11	15.00
满载吃水(m)	7.15	6.54	7.95	13.68	7.14	9.02	12.02
空载吃水(m)	3.8	4.13	4.16	4.94	5.39		4.63
舱容(m³)	5400	3500	4500	35000	4500	11000	15961
挖深(m)	8~32.5	7~28	8.5~26	15~80	6~23	9~70	9~70
吸管直径(mm)	900	900	900	1200	900	1100/1000	1100/1000
排管直径(mm)	800	800	750	1100	900	900	1000
泵机功率(kW)	1400×1	1320×1	960×2	10000	1580×2	7710/8143	8800
主机功率(kW)	3300×2	2600/2400	1985×2	23000	3234×2	14256	14000
航速(Kn)	13.5	13.5	12	15.7	13.54	15.3	16.2

2.12.2　施工工艺

本工程选用耙吸挖泥船纵向挖泥、定耙挖深、溢流装舱、自挖、自吹（艏吹或侧吹）的施工工艺，利用全球卫星定位系统（GPS）导航，配备计算机挖泥辅助决策系统指导挖泥。根据疏浚土特性、施工条件和施工船舶的性能，采用的主要施工方法有：

1）航槽内部分

采用分段、分层施工的方法进行施工。整个航道共分为7个施工段。分层是结合边坡台阶开挖进行的，泥层厚度2.0m的施工区不分层直接开挖，泥层厚度3.0m的施工区分2层开挖。

2）边坡部分

采用分层、分台阶的施工方法开挖。施工时，泥层厚度2.0m的施工区不分层直接开挖边坡，泥层厚度3.0m的施工区分2层逐层开挖边坡。

3）耙头的选用

由于疏浚土为中密或密实，在选用加利福尼亚耙头发挥耙头重的优势的同时，在耙头上还安装了犁状耙齿，提高破土能力。另外，针对天津港航道密实的粉土，"奋威"轮还研制了专用的"威龙"耙头，齿尖带有高压冲水喷射孔，提高了破土能力和吸入浓度。

4）舱吹施工工艺流程

在施工过程中，挖泥船航行至施工区，减速后定位上线，然后下耙施工，根据驾驶台导航电子海图，按照施工区水深情况合理调整耙头下放深度，挖泥船低速匀速行驶，到达施工区端头时，减速并起耙，然后转头上线进行下一循环。挖泥满舱后，中速航行（由于在港内航道不允许高速航行）至东疆港岛吹填区船窝锚泊，由交通船（艇）将自浮管端头缆送上挖泥船，再由挖泥船将自浮管端头提升上船与船上吹泥管口连接，采用舱吹的方式通过排泥管线将疏浚土吹填至指定吹填区，如此往复，直至耙吸挖泥船施工区域满足设计要求。舱吹施工工艺流程见图2.12-1。

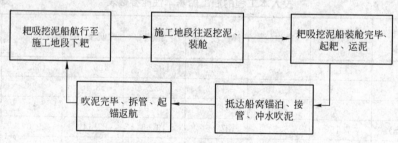

图2.12-1　舱吹施工工艺流程图

5）侧吹施工工艺流程

在施工过程中，船舶挖泥、装舱、航行与4）舱吹施工工艺流程相同，在航行至东疆港岛吹填区船窝时，缓慢掉头靠泊辅助驳船系缆固船，然后用辅助驳船吊车将排泥管自浮管接口与挖泥船侧吹口对接，采用侧吹的方式通过输泥管线将疏浚土吹填至指定吹填区，如此往复，直至耙吸船施工区域满足设计要求。侧吹施工工艺流程见图2.12-2。

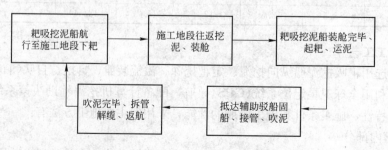

图2.12-2　侧吹施工工艺流程图

2.12.3　工程特点

1）施工里程长，疏浚土质为中密、密实的粉质黏土和砂质粉土混贝壳，不易开挖。

2）施工期间为保证港口的正常运营，造成挖泥船频繁避让，极大地降低了施工生产率和时间利用率。

3）泥土处理采用自挖、自吹施工工艺，所投入的施工船型均为带艏吹、侧吹装置的大型自航耙吸挖泥船。

4）天津港进出港船舶较多，施工干扰较大，施工过程中需充分考虑施工船的避让能力。

5）排泥管线敷设难度大，一是吹填区绝大部分区域为淤泥质土，不具备机械施工的条件，所有吹填使用的管线、设备、材料等的运输上岸只能靠人力进行；二是排泥管径大，"奋威"轮的排泥管规格达到 $\phi1100mm$。

6）工程量大、工期紧、船舶协调工作量大，先后投入了7艘耙吸挖泥船施工。

7）通过租船方式与国外疏浚公司合作，满足了工程需要，实现了双方合作与共盈的目标。

2.12.4　工期控制措施

1）根据合同要求制定周密的工作计划，实行动态计划管理，加强施工进度的统计和分析工作。根据实际施工进度及时调整施工网络计划，随时掌握关键线路的变化状况，确保工程处于受控状态。

2）做好施工技术准备工作，预测施工过程中可能出现的技术难点，提前进行技术储备，确保施工顺利进行。

3）对船机设备实行严格的监测与检查制度，采取动态修船的方式，充分利用施工间隙对挖泥设备维修保养，并对易损易坏的船机备件预先采购，保证船舶使用，提高运转质量与时间利用率。

4）充分利用GPS系统、水位遥报系统和多波束测深系统等先进的设备和技术，根据施工情况及时检测，尽快出图，以指导船舶施工，加快工程进度。

5）在施工后期采取耙头挂链子施工的方法，增加了施工平整度，缩短了扫浅时间。

2.12.5　质量控制措施

1）工程开工前，现场成立以项目经理为组长的质量管理小组，建立健全的质量保证体系，明确工程质量目标。

2）定期检验、校核GPS接收机、耙头深度指示器、多波束测深仪以及潮位自动遥报系统，保证定位控制设备的精度。

3）采取定深挖泥、均匀布耙的施工方法，严格按设计图纸施工，提高施工区的平整度。

4）加强检测频率，及时分析测图，找出施工规律，以调整施工方法、工艺，确保工程质量。

5）充分利用先进技术，在施工后期，除加密施工检测外，将测量资料直接输入到挖泥船电子海图中，采用不同的颜色标示浅区，挖泥船根据浅区位置利用GPS导航以提高准确施工定位的精度，保证施工质量。

6）为了消除因施工区过长，各施工段涨落潮期间潮位存在的潮差，设置两个报潮站，一个设置在南疆，另一个设置在大沽灯塔，航道 21+0 以里采用南疆站水位，21+0 以外采用灯塔处报潮站水位，确保完工后施工区底高程一致。

2.12.6 现场管理

1) 项目部施工技术人员上船了解施工情况，同船长及船舶驾驶员研究分析施工情况，不断改进施工方法，提高船舶生产率，保证施工质量和工程进度。

2) 做好施工日报、旬报、月报的收集、统计整理、分析工作以及测量检测工作，准确掌握施工船的生产情况、计划完成情况、施工质量情况和存在的问题，及时提出改进及调整措施。

3) 项目部每月召开一次工地生产会议，检查计划完成情况，分析存在的问题，提出解决办法，重新调整计划，以保证节点和总工期实现。

4) 每天召开生产调度会，在确保关键工序施工进度的前提下，协调各工序的施工安排。

5) 加强与业主、监理工程师、设计单位的沟通与合作，及时通报施工状况及存在的关键问题，不断改进和提高管理水平。

6) 及时了解气象、海况变化，制定雨季、风天、赶潮作业等施工措施，使自然条件对施工的影响降低到最低程度。

7) 针对天津港营运动态繁忙的实际情况，为了做到安全施工，制定了《天津港航道疏浚工程施工避让措施》。同时，针对"奋威"轮的施工，由海事局签发了专门的《天津港主航道"奋威"轮挖泥施工临时通航管制措施》。

2.12.7 体会

1) 本工程实施过程中采取租船的方式共租用三艘国外疏浚公司的大型耙吸挖泥船，满足了工程的需要，但由于租费高而增加了施工成本。为了充分发挥挖泥船的施工效率，在施工过程中，国外疏浚公司由专职产量工程师确定疏浚参数来指导挖泥船施工的方法值得我们学习。另外，外轮上派驻中方有经验的船长及驾驶员，负责协调避让与通信联系工作，充分发挥了外轮的施工能力，并保证了施工安全。

2) 对于耙吸挖泥船的施工，挖泥质量的控制必须从工程开始抓起，切不可急于抢挖土方而忽视平整度，否则，到后期再控制平整度，难度相当大，势必增加施工成本，甚至造成工程拖期。

3) 工程施工工艺的不断创新，有利于加快工程进度，减少工程成本。本工程在施工后期采用了在耙头安装链子施工的方法，保证了施工区平整度，缩短了后期扫浅时间。

4) 在扫浅阶段，需要加密检测频率并及时提供给挖泥船，以便挖泥船有针对地进行扫浅作业，减少挖泥废方。

5) 项目部进行技术交底时，一定要将施工区底质变化情况详细说明，以便挖泥船制定不同的操作工艺。

6) 测图要准确，且测线要交替布设，每次尽可能提供断面图，以便反映疏浚区域真实水深情况。

7) 根据不同船舶的施工能力、船舶性能安排施工地段，合理调配施工船舶、充分发挥各船优势。另外，施工中根据实际挖泥效果灵活机动的调整各船施工地段。

2.13 大型内河航道整治工程

2.13.1 工程概况

1）工程位置

长江中游嘉鱼～燕子窝河段位于湖北省境内，距下游武汉市 104km，是长江中游重点碍航浅水道之一。河段全长 36km，位于两个弯道之间的顺直分汊河段内，由嘉鱼、王家渡和燕子窝三个水道组成，平面图上呈"两头窄，中间宽"的藕节状。本案例工程位于燕子窝水道的江心滩滩头。

2）建设内容

YR1、YR2 护滩带，YH3、YH4 护底带，钻孔灌注桩防冲墙及附属工程。

2.13.2 组织管理

本项目有工程量大、施工地质和水流条件复杂、施工受水位限制、最佳施工期较短的特点。桩式防冲墙是航道整治工程中的一种新型结构，在本项目地质条件下实施具有一定的难度。根据设计要求，结合现场施工条件，本项目施工总体安排如下：

1）项目部组建

安排有长期从事长江中下游航道整治施工经验的技术管理人员组建项目部，设立了工程技术部等七个职能管理部门和防冲墙、护滩、铺排等六个作业队。

2）施工船机

调遣能满足本工程需要的船机设备，投入的设备有：铺排船、宿舍船、交通艇、混凝土块运输船；制作 D 型混凝土块所需的混凝土搅拌机、振捣器和模具；进行钻孔灌注桩施工的钻机和钢筋制作加工机具以及混凝土搅拌浇筑设备；配备了发电机组、交通车等。

3）施工总平面布置

项目部设在高程较高、距滩头约 1.8km 的 YR2 护滩带根部以后的位置。并建员工宿舍、土工布库房、水泥库房、加工房、沙石堆场，电力由工程船提供。

由于本工程守护滩面高程较低，大部分在 17.0m 高程以下，施工区前沿水域在施工期较浅，船舶无法在施工区近岸抛锚，故安排在右汊深槽修筑临时码头，用于材料和混凝土块装卸。

2.13.3 施工工艺

总体施工工艺流程见图 2.13-1。

1）施工放样及测量

施工放样及测量主要包括控制点校核、施工控制测量、施工放样测量和地形水深测量。

① 控制点校核

② 施工测量控制及放样

a. 水上铺排测量控制

根据已经布设的控制点采用 GPS 定位。

b. 水上抛石测量控制及放样

在岸坡上将抛石轴线、边线以及抛石断面进行放样，并树立明显标志作为岸上控制导标。抛石定位船到位后，采用 GPS 辅助抛石船的精确定位。抛石完成后，采用测深仪进

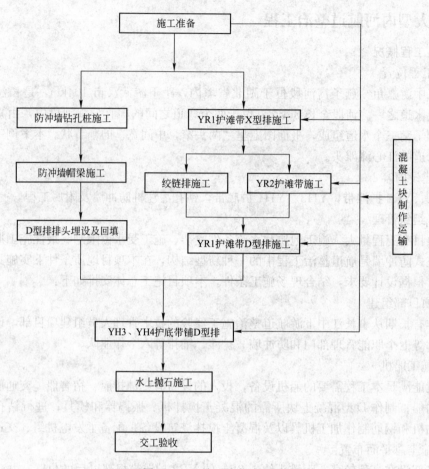

图 2.13-1　施工工艺流程图

行测量，检查抛石范围和厚度是否达到设计要求。

　　c. 陆上护滩工程施工放样

　　施工前，测量人员采用全站仪对护滩范围放样，测量人员将全站仪架设在已知控制点上，测放出护滩范围的角点，并打上木桩，然后用石灰粉将护滩范围在原地面上划出。

　　2）X 型排和铰链排的铺设施工

　　① 施工工艺流程

　　测量放线→修整滩面→铺设 X 型排→固定排头→系混凝土块→缝隙填碎石→灌注沥青。

　　② 测量放线和修整滩面

　　③ X 型排铺设和灌缝

　　X 型排按照由低向高的顺序铺放，施工时，先由人工将排体完全展开铺放在修整完成后的护滩面上，然后人工将 X 型混凝土块摆在排体相应的位置，用系结条将混凝土块绑紧。

　　混凝土块的系结密度应满足设计及规范要求，每张排体横向搭接为 0.5m，用

ϕ1.5mm尼龙绳缝合，接缝强度≥原排垫强度的80%；纵向搭接为两块排的加筋条重叠绑好，并采用ϕ1.5mm尼龙绳连接，强度同横向搭接。

预制混凝土块系接好后，在缝隙处填满碎石，防止缝隙部分在日光作用下老化。最后在设计规定的范围内往碎石上灌注沥青。

3）D型混凝土块排施工

D型混凝土块排采用水上铺排船施工，该项工序对铺排船性能要求较高，铺排船性能和施工水位的选择是保证铺排进度和铺排质量的关键。

① 铺排工艺流程见图2.13-2。

② 施工船机和水位要求

选择具有性能良好、设施齐全、操作方便、施工效率高的水上铺排船。

铺排水深必须满足铺排船的正常作业，水深较浅时，铺排船不能绞移到位，无法进行铺排作业；水深过大时，流速增大，不利于控制船位，铺排质量和进度会受到一定影响。

③ 施工方法

a. 施工准备

施工前，先进行施工区域内的水下测量，如发现有突出尖状物则要清除，保证所沉排体不被破坏。

b. 排头锚固

排头必须锚固在脚槽内并填块石压紧，表面用干砌块石护面，以确保排头固定。排头无法用挖槽固定时，可用预制排头梁固定。

c. 铺排船定位及移动

铺排时，铺排船根据GPS跟踪测量控制其绞移船位，确保排体按设计要求的位置入水。

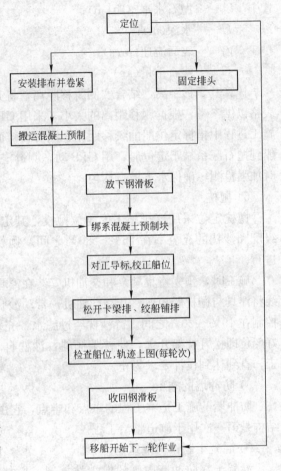

图2.13-2 铺排工艺流程图

d. 系混凝土块排铺放

铺排由岸边向江心、从下游向上游铺放。把预先加工好的排布卷入铺排船卷筒，将排头通过卡排梁平铺于工作平台。然后在工作平台上将混凝土块绑系于排布上，根据GPS辅助定位，绞动铺排船，让系混凝土块排准确沉入河底，并以此循环。

4）水下抛石

① 块石质量要求

质地坚硬，无风化剥落和裂纹，抗风化能力较强，在水中或受冰冻后不崩解。不得使用薄片、条状、尖角等形状的石料。风化石、泥岩等不得作抛填石料，一般不采用片状石（各种页岩）。

石料的规格质量应符合设计要求：其抗压强度应大于 50MPa，软化系数大于 0.7，密度不小于 $2.65t/m^3$，块石重量一般不小于 30kg。

块石应具有合理的级配，一般粒径应控制在 0.15～0.45m 之间。

② 施工方法

本工程水下抛石采取定位船定位，民船装运，人工抛投。抛石前先测量水深、流速、流向，然后根据公式：

$$L_d = 0.74 \times V_f H / G^{1/6}$$

式中　L_d——抛石水平落距(m)；

　　　H——水深(m)；

　　　V_f——表面流速(m/s)；

　　　G——块石重量(kg)。

计算其飘移距离，结合实测飘移距离，将其绘制成水深、流速、流向和飘移距离对应表格以供参考，根据飘移距离的大小，采用 GPS 对定位船的位置进行精确控制，并且在施工过程中指挥定位船的绞移距离，同时在滩面上设立岸上导标，进行抛石控制。运石民船到抛石区系靠于定位船，用 GPS 动态测量定好位后，人工抛石到指定的抛石区。抛石时加强检测，确保水下抛石均匀。

5）抛枕

抛枕定位采用沉排施工船定位抛投，其定位方法同沉排施工。冲枕时应保证沙源的级配和沙枕的充盈率在 75%～80% 之间。抛枕时采取由远而近、先深水后浅水的步骤进行。

施工时，预先将巢湖泵和柴油机安装在浮具上，再将浮具牵引至取沙点，通过输沙管线将浮具与抛枕船相连。开动柴油机，带动沙泵，即可向抛枕船连续输送砂浆，砂浆浓度控制在 15%～20% 之间。待沙枕经过滤水，充盈率达到 80% 左右后，扎紧沙袋袖口，校好船位即松开枕架开关，使枕架倾斜，沙枕自动翻入水中，沉到设计位置。如此循环施工，直到达到设计要求为止。

6）防冲墙的施工

防冲墙的施工是本工程的重点和难点，它由灌注桩、旋喷桩和帽梁三部分组成，这种结构是第一次用于航道整治工程。

① 混凝土制作与浇筑

混凝土在防冲墙内侧的搅拌站拌制，搅拌站配置两台 JDY500 型强制式搅拌机（一台备用）和一台 BHT60 泵车。混凝土拌合料应按施工配合比严格控制材料用量，坍落度控制在 18～22mm 之间，混凝土制作必须满足施工连续浇筑强度要求，保证桩基施工质量。

浇筑采用导管法，桩基混凝土浇筑必须连续进行。

② 钢筋笼制作并安装

③ 长螺旋压灌钢筋混凝土桩施工

长螺旋压灌钢筋混凝土桩是采用长螺旋钻机取土排渣成孔，提钻时同时用混凝土输入泵压灌混凝土至桩顶标高后，下设钢筋笼的一种新型的成桩工艺。该桩型使用成品混凝土，具有成桩速度快、桩身强度高、排污量小、无沉渣且无噪声等优点。

a. 施工工艺流程图（见图 2.13-3）

b. 施工工艺

桩机就位必须铺垫平衡，主塔垂直稳定牢固，钻头对准桩位。

开钻前必须检查钻头上的楔形出料活门是否闭合，严禁开口钻进。

钻孔过程中，未达到设计标高不得反转或提升钻杆。如遇堵管、憋钻等特殊情况要反转提升钻杆，应将钻杆提至地面，重新疏通、闭合活门后重钻。

桩体混凝土制作，严格按照试验配合比加水拌合 45 秒钟，坍落度 18～20cm。

压灌与钻杆提升配合好坏，将直接影响桩的质量。

选用 24m³/h 泵速输送混凝土，空钻 5～10s 后开始提钻。对于 800mm 直径桩，提钻用 Ⅰ-Ⅱ 档。灌至设计标高后，继续泵送混凝土 40～70s 后停泵，以保证超灌 500～1000mm，确保桩头质量。提钻同时应铲除钻杆上渣土。

压灌应连续进行。当泵斗混凝土面接近料口时，司泵及时通知前台停止提升钻杆，待混凝土搅拌好后再进行压灌提钻。

在下设钢筋的过程中，严格控制钢筋笼的垂直度，采用人工操作机械振动至设计标高。

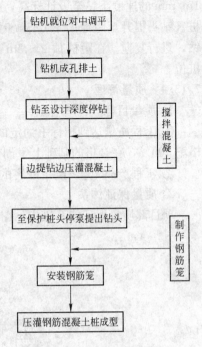

图 2.13-3 压灌钢筋混凝土
桩工艺流程图

④ 旋喷桩施工

a. 原材料的质量要求

旋喷桩用水泥必须为普通硅酸盐水泥或矿渣水泥，使用前进行严格检测，防止过期、受潮、结块、变质等，以免影响成桩质量；

配制水泥浆液时，采用饮用水，污水、地下水不得采用；水泥采用 32.5 级普通硅酸盐水泥；水灰比控制在 1：1 左右，水泥用量为 200kg/m 左右。

b. 施工工艺及施工方法

● 施工工艺

整平原地面→钻机就位→钻杆下沉钻进→上提喷粉（喷浆）强制搅拌→复拌→提杆出钻→钻机移位。

● 施工准备

施工前，先进行试验桩施工。通过试验桩掌握机械性能及人员机械配合情况及钻进速度、提升速度、搅拌速度、空气压力、单位时间喷灰量等技术参数；确定搅拌的均匀性；掌握下钻和提升的阻力情况，选择合理的技术措施。

● 钻进施工

钻机按照测量人员设定的位置就位。就位时，使搅拌轴保持垂直，钻尖对准桩位中心，关闭粉喷机灰路蝶阀，打开气路球阀。钻进时，启动空压机对钻孔供气，喷流钻头以

1m/min 的速度下钻至设计标高，然后关闭气路球阀，开通蝶阀，钻头反转提升，喷搅成桩。钻头提升至距地面下 0.5m 时，停止喷浆，钻头原位转动两分钟，然后正转钻头下钻，进行复搅。在距桩顶 2～3m 内适当增加水泥用量，最后清洗搅拌机，移位至下一桩位。

2.13.4　质量管理

1）质量目标

① 工程质量达到招标书约定的技术标准要求，履约率100％，分项工程和单位工程合格率100％，在合格的基础上争创优良工程；

② 工程产品 100％满足顾客的质量及时间要求。

2）质量保证体系

项目部质量保证体系机构见图 2.13-4。

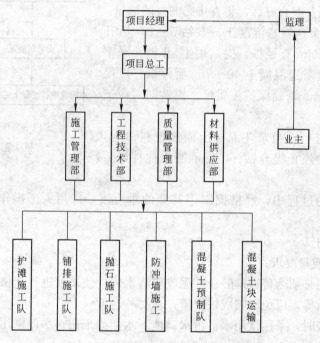

图 2.13-4　项目部质量保证体系机构图

3）制度

建立"谁管理谁负责，谁操作谁保证"的质量管理制度。将质量管理职能分解到每一个部门，每一个岗位。执行企业的质量方针，满足业主提出的质量目标要求，接受监理的检查整改指令。建立以项目经理为质量第一责任人的管理职责及职权体系，形成一个完整的质量体系。管理者必须支持该体系，并由总工程师具体负责该体系的正常运行工作。由专职质量工程师负责质量体系的日常工作，确保质量体系正常运行。

4）质量控制措施

① 工程材料采购

a. 严格按招标文件、设计文件、技术规格书和规范要求的标准进行原材料采购。

b. 按照施工进度计划及技术规格书要求，定期编制采购计划，采购计划中应明确质

量要求。

c. 采购部门应严格按程序办事，充分调查市场，坚持通过评审、评估，确定合格的材料供应商。

d. 所有采购的工程材料应严格按要求进行进货验证、货源地验证、入库验证，采取与实物相适应的方法进行标识与存放。

② 施工过程控制

a. 施工计划控制

由项目经理部各职能部门编制、落实、检查和督促日、周、月生产计划执行情况。

召开调度会，检查落实施工进度、工程质量、安全生产等工作，协调人、机、物，控制工程形象进度。每半月召开一次质量例会，专题研究工程质量情况和改进措施。

b. 设计变更控制

有设计变更时，必须经甲方、监理工程师签认同意后方可施工，并将变更文件妥善保管，作为竣工验收的依据。

c. 工序控制

施工过程中严格执行三检制度如图 2.13-5 所示。

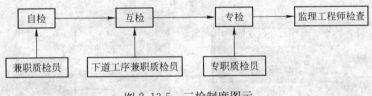

图 2.13-5　三检制度图示

隐蔽工程或监理有明确检查验收意见的分项经专检合格后并填写隐蔽工程验收单报监理复检签认。

2.14　大型沉箱出运新工艺的技术研究

2.14.1　研究背景、目的和意义

沉箱是一种有底无盖的薄壁混凝土箱形结构，下水后可浮运至安装地点，注水坐底就位，主要用于码头、防波堤、海中筑岛、大型灯塔和海水泵房等。沉箱预制及下水安装直接影响沉箱结构建筑物的质量和工期。

沉箱生产方式根据沉箱预制场所和运移下水的方式不同，目前大致可分为：

1) 浮船坞式：直接在浮船坞上预制或在陆上预制完成后移动至浮船坞上出运下水方式；

2) 浮运式：在陆上干船坞内预制完成后，向坞内注水直接起浮出运方式；

3) 滑道式：陆上预制完成后通过斜坡滑道溜放下水方式；

4) 吊放式：陆上预制完成后利用大型起吊设备吊放下水方式。

其中滑道式、吊放式一般适用于较小型沉箱生产。浮运式可依据船坞的起浮能力预制数千吨乃至万吨以上的大型沉箱，但在干船坞内预制沉箱的工程机遇较少，不是通用的工程手段。浮船坞式多用于出运 10000t 以内的各类大型沉箱，是目前国内外固定预制场应用最为广泛的一种沉箱预制、运移下水方式。

以某沉箱预制场为例，在以往的大型沉箱出运中，沉箱顶升采用 8～12 个 500t 千斤顶，沉箱运移采用卷扬机滑轮组牵引系统使运载沉箱的台车沿沟内轨道向前移动，最后运移至坐底浮船坞或半潜驳上出运下水。这种沉箱预制、出运工艺每个台座平面布置除设置两道台车沟外，考虑沉箱顶升，还需布置四条千斤顶沟。其出运作业准备时间长，资源投入多，工序复杂，出运总体效率低。

针对上述弊端，为建设一个国内先进的现代化大型沉箱预制场，适应沉箱向大型化发展的趋势，实现安全、节能环保，优质、高效、低耗完成沉箱生产和出运的目的，决定成立课题研究小组，研发新的大型沉箱顶升、运移工艺。

2.14.2 国内外出运大型沉箱技术现状

1）国内技术现状

自上世纪 80 年代初以来，国内出运大型沉箱比较通用的是千斤顶组顶升，撬车（或台车）运移这一 20 多年不变的方法，期间虽有多项改进（如将出运台车改钢滚轮为车轮式，将滚动改为滑板滑动，将卷扬机牵引改为夹轨器顶推等），但始终没有突破性创新，因而出运沉箱的最大重量长期停留在 3000t 级。分析认为，造成沉箱出运技术没有突破性创新，主要存在两大技术难题：

图 2.14-1　沉箱顶升

图 2.14-2　沉箱牵引

首先，顶升手段仍然停留在使用千斤顶组，未能突破顶升能力达到较高量级，如要提高顶升能力，只有增加顶升用千斤顶数量。而一味增加千斤顶数量来提高顶升能力，就会增加设备投资、增加设备管控难度和操作上的繁琐。

其次，顶升设备和运移设备分离。陆上设在固定位置的千斤顶把沉箱顶起，而后运移车把沉箱送上驳载船，千斤顶留在原地，运移台车被压在沉箱下随沉箱一起下水。这是目前的基本状况。顶升和运移设备彼此分离，不仅增加了设置千斤顶沟造价，而且是沉箱出运效率和预制场周转率难以提高的主要障碍。虽然国内也有在驳载船舶上另设三列千斤顶组，在船上把沉箱二次顶起，让沉箱坐落在垫梁上，拖回运移台车，船上千斤顶组却仍随沉箱一起下水。为了拖回运移台车而增加三列千斤顶组（3000t 级沉箱需 200t 千斤顶 33 台），并且常被淹没入海水。

国内有不少用充气胶囊出运沉箱的工程案例。它是向安装在沉箱底部的胶囊充气，将预制好的沉箱顶起，利用卷扬机牵引沉箱，通过气囊的滚动把沉箱运移到驳载船上。采用此工艺出运的最大沉箱，是深圳某电厂泵房 5000t 沉箱。如图 2.14-3 和图 2.14-4 所示。

图 2.14-3 气囊出运沉箱   图 2.14-4 出运用圆滚式气囊

在大批量生产沉箱的固定预制场，如采用圆滚式气囊顶升、运移沉箱，在高压气囊数量、预制场地周转、投入人工及操作指挥等诸多方面都存在许多问题，因此这种工艺很少被大批量生产沉箱的固定预制场采用。

综观目前国内现状，研究一种新的工艺方法克服上述技术难点，实为推进预制出运沉箱大型化、规范化需要迫切解决的问题。

2）日本的技术现状

日本是世界上建设海上建筑物技术领先的国家，基本能反映当前海工建设的国际水平。20 世纪末开工的日本东海岸常陆那珂港，在沉箱出运技术方面取得了重要进展。该港的成功实践，对课题研究确定研究方向有重要启示。

① 日本常陆那珂港 3500t 沉箱出运工艺

沉箱长×宽×高＝25.5m×20m×17.5m，重 3240t。

该工程采用千斤顶台车，每部台车有 3 台油压千斤顶，最大荷载为 340t。4 部台车组成一列，由 3 列台车组成沉箱顶升、运移的系统。如图 2.14-5 所示。

图 2.14-5 3500t 沉箱纵移台座及出运台车系统

台车设有弹簧系统，若轨道不平和各车受力不均，台车自身即可调整平衡。

由各台车组成36台千斤顶组将沉箱顶起，顶推器后蹬锚座(沿运移道等距离布置)推移沉箱前行，直至运上浮坞。

沉箱由预制区横移至纵移道，并由纵移道运移沉箱上船，都是用同一套台车组(4台3列)。方法是：沉箱从横移道被推移到纵横移道交叉口处，沉箱被坐落在设置于此的存放平台上，然后抽出预制区沟盖板。将各列台车分解后，台车分别在交叉口处的转向盘上转到纵移道上，而后再组装成列，变成纵移道上出运台车系统。

该工艺至少有以下四个技术亮点：

第一，台车与千斤顶合二为一组成千斤顶台车，解决了顶升设备和运移设备分离的问题；

第二，台车设有强力的弹簧系统，可以调整平衡各台车受力不均状况，解决了顶升系统可能出现的运行不同步问题；

第三，顶推器、油泵、电动力操控系统和台车行走装置均组装于一体，使整个出运系统能集中而统一地进行操控；

第四，在纵横移道的交叉口设置沉箱存放平台和台车转向盘，使纵横移道共用一套出运系统。

② 日本常陆那珂港8000t沉箱出运工艺

沉箱长×宽×高＝30m×25m×22m，重8000t。

该港"采用了世界上第一个气垫台车水平移动沉箱工艺"。所说的"气垫台车由气垫系统、供气系统和液压顶推系统组成"，由4列气垫台车组成沉箱顶升、运移系统，每列由5节气垫台车连接而成。

气垫台车移动出运沉箱工艺介绍："首先使用压力空气充满气垫将沉箱顶升离开预制台座100～200mm，然后用液压顶推系统沿运移沟两侧设置的锚定梯形槽顶推沉箱前移。由于供气系统始终保持气垫内充满一定压力，气垫底盘和运移沟钢板面摩擦力很小，故而所需要的推进力也较小。因此比较容易地实现了8000t沉箱的水平移动"。

根据上述介绍，课题小组对该工艺经反复研究、讨论，认为至少有以下创新点：

第一，摒弃了用增加千斤顶以提高顶升能力这种长期束缚沉箱出运能力的传统方法。该港在同一沉箱预制场，对3500t沉箱和8000t沉箱各采用不同的出运工艺。当出运沉箱重量超过3000t级(含3500t)时，研究了一种更具顶升潜力的气垫台车出运新工艺，它的思路给我们以启示。

第二，出运超大沉箱对轮式台车能否承受超大轮压是一个挑战。气垫台车出运工艺利用气垫(形象地说是气浮)方式成功地克服了超大轮压这一问题。

第三，由多台油泵控制的几十个千斤顶同时顶升同一重物，因各台设备"出力"不同步而导致某些设备损坏是必须引起重视的问题。常陆那珂港预制场出运3500t沉箱的千斤顶台车用强力弹簧系统较好地解决了这一问题，出运8000t沉箱气垫台车的可压缩性也同样成功地解决了这一问题。

2.14.3 研发方案选择

在充分学习、研究、讨论国内外各类沉箱出运工艺的基础上，课题研究小组确定争取达到以下目标：

1）取消油压千斤顶（自然也就取消了传统设备的千斤顶沟），实现顶升、运移设备合二为一，以达到减少预制台座造价和缩短建设工期的目的。

2）能够出运 6000t 以上大型沉箱。

3）设备和人力投入尽量减少，运行效率和安全度要高，工作环境符合环保要求，最大限度实现机械化、自动化。

4）适合在固定沉箱预制场推广使用。

最终确定了注水胶囊台车顶升、运移大型沉箱工艺，作为课题研究小组的研发方案。

2.14.4　项目研制经过

经反复研究，确定了本研发工艺由胶囊台车系统、胶囊注水系统、液压顶推系统、沉箱台座设计及船舶改造四大部分组成。其中向高压胶囊注水顶升沉箱是开发的核心技术，高压注水胶囊及胶囊台车是这项技术研发的主体，与之配套的胶囊注水系统和大推力液压夹轨器顶推系统，则是技术工艺系统得以运转的动力保证。

2008 年 6 月开始对专用高压注水顶升胶囊进行模拟试验，历经约 10 个月时间，通过 12 个胶囊的试验，对其材质、配方、技术指标、外型尺寸及结构进行了不断的改进和优化，最终获得成功。并于 2009 年 8 月～10 月在新建贡口预制场进行了该工艺的空载、重载试车，2009 年 11 月胶囊台车正式交付贡口预制场进行沉箱出运工作，至 2010 年 4 月底采用该工艺已成功出运了 3000 吨、4800 吨、6000 吨大型沉箱，完成了该工艺的研发计划。现将工艺四大部分具体研制经过分述如下：

1）胶囊台车系统

胶囊台车系统由专用高压注水胶囊和胶囊台车组成，如图 2.14-6 所示。

① 专用高压注水胶囊

a. 注水胶囊研发原则：专用高压注水胶囊是"胶囊台车顶升、运移大型沉箱出运工艺"的研发主体之一，该工艺能否顺利实施，主要取决于注水胶囊能否研发成功。因此注水胶囊必须通过反复顶升模拟试验确定其结构尺寸、性能及技术参数，满足以下技术指标要求：

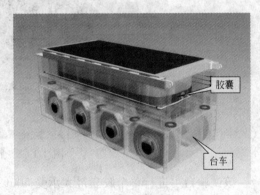

图 2.14-6　胶囊及胶囊台车示意图

● 胶囊必须能够承受高压且能放在四周刚固而密闭的空箱内膨胀和收缩；

● 胶囊注水膨胀顶升高度需能达到 15cm，以满足顶升沉箱时的作业对操作空间的要求；

● 在高压作用下胶囊应能循环使用 300 次以上；

● 胶囊的平面尺寸设计应保证顶升沉箱时沉箱底板的受力安全；

● 在顶升沉箱作业过程中，有 1/5 胶囊万一破裂时，顶升作业可以照常进行。

根据确定的胶囊研发技术指标，课题小组首先与胶囊加工单位技术人员反复研究，并从 2008 年 6 月开始通过对多种不同材料配方的橡胶进行了抗疲劳拉伸试验，在保证伸长率达到 400% 基本无塑性变形的情况下，经比选确定了合适的橡胶硬度，采用以天然橡胶

图 2.14-7　胶囊外形及尺寸

为主体，添加各种辅料经过炼胶、硫化等特殊工序，加工成专用注水顶升胶囊。

b. 胶囊结构尺寸的确定及加工

胶囊尺寸主要取决于胶囊所能承受的最大压力、胶囊顶升高度、沉箱台车沟尺寸及抗疲劳拉伸试验结果。经计算并考虑设备加工能力，与厂家研究初步确定胶囊尺寸为矩形 2400mm×1150mm×115mm，其结构由顶片、底片、边框和专用进水嘴四部分组成，如图 2.14-7 所示。

c. 注水胶囊顶升试验

● 试验装置：为有效实施胶囊顶升模拟试验，按照 1∶1 的比例设计加工了一套试验装置。该装置主要包括：试验台、500t 千斤顶 4 台、高压油泵 1 台、增压泵 1 台，如图 2.14-8 所示。

图 2.14-8　胶囊试验装置

该试验台可进行单个胶囊最大承受 500t 压力、顶升高度 200mm 的试验。首次试验在 200t 压力作用下胶囊顶升 12cm 后粘合缝开裂漏水，试验失败。后经不断改进胶囊粘合工艺，并考虑四角应力集中的影响，将方形胶囊四角改为半径为 0.4m 的圆弧后，又在不同的压力和顶升高度下进行了多次试验，顶升效果越来越好，共先后进行了 12 个胶囊的顶升模拟试验。在历时近 10 个月的试验过程中，对胶囊的配方、内部结构、粘合技术、润滑剂、尺度及胶囊进水嘴等不断进行改进和完善，并通过最后进行的 3 个胶囊的模拟试验，取得如下结果：胶囊在 400t 压力下顶升 12cm，可循环试验超过 300 次，专用注水胶囊研发成功。其结构如图 2.14-9 所示，尺寸为 2400mm×1000mm×115mm。

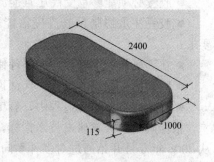

图 2.14-9　专用注水胶囊

② 胶囊台车

a. 胶囊台车设计要求

胶囊台车也是研发的主体，其设计应满足如下要求：

- 按单元标准化设计，且与胶囊尺度吻合；
- 受力、传递明确，尽可能适应轨道变形；
- 在拥有的半潜驳 7 号最大驳载能力 7000t 状况下，台车每延米设计荷载 110t，单元台车设计荷载 300t，极限荷载 400t，当驳载能力提高具有更大型沉箱出运要求时，再提高台车承载力设计值。
- 在满足受力和使用要求的情况下，台车高度尽可能降低。

b. 胶囊台车结构设计

根据设计要求，确定了胶囊台车单元结构和外形尺寸。台车单元主要由活塞、支撑垫块、活塞腔和车架四部分组成，如图 2.14-10 所示。

图 2.14-10　单元胶囊台车组装后情形

根据沉箱不同重量和尺寸，由多节胶囊台车单元进行不同组合，并通过螺栓刚性连接成两列，实现胶囊和台车合二为一，共同顶升、运移沉箱的目的。其中车架主要作用是承担上部荷载运移沉箱；活塞腔及活塞组成一个密闭的空箱，两者间隙设计 2mm，胶囊置于空箱内通过注水膨胀顶升活塞来实现顶升沉箱的目的。支撑垫块是通过下部钢板带将若干个铸铁块连接成一体，呈凹凸形布置，可在活塞腔两侧滑动，主要作用是在沉箱顶起后将其移动至活塞两侧间隔的支撑点下，胶囊放水泄压，沉箱回落重量直接由垫块支撑。台车组各台车单元间的支撑垫块通过连接板相互连接成整体，并通过每列台车前后两端设置的液压手动千斤顶推拉装置将其整体前后移动。推拉装置如图 2.14-11 所示。另外考虑胶囊顶升过程中尽量使每节台车受力均匀及适应沉箱运移过程中轨道高低不平的影响，台车活塞顶面粘贴 15mm 橡胶板。

2）胶囊注水系统

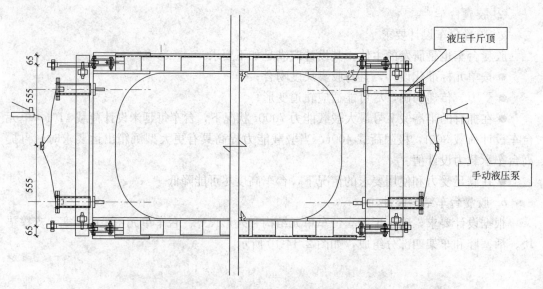

图 2.14-11　垫块推拉装置示意图

① 注水系统设计原则

胶囊注水系统是工艺运行的动力保证系统之一，其设计原则：

a. 实现所有胶囊同时注水、放水；

b. 实现任何胶囊单独注水、放水；

c. 实现任意胶囊组合同时注水、放水。

② 注水系统设计

按照设计原则，注水系统设计主要包括三部分：电控部分，水动力保障部分，胶囊注水管路部分，如图 2.14-12 所示。

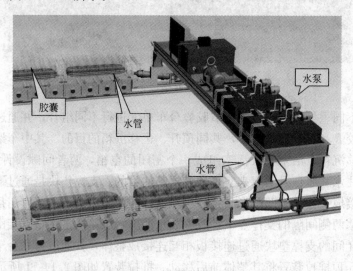

图 2.14-12　注水系统工艺示意图

a. 电控部分

电控部分由操作台和控制线路构成。主要功能是对系统注水、放水进行有效控制及显示系统内工作水压力、工作电压和电流。

b. 水动力保障部分

该部分是注水系统的核心部分，位于移动控制车内，主要由 4 台并联高压柱塞泵、2 个串联的 $2m^3$ 水箱、4 个分水器、多个联络不锈钢球阀、闸阀和 4 个放水电动球阀构成。主要用来保障在沉箱顶升过程中互为备用向系统内提供足够大的水压力及流量，实现胶囊安全、稳定、快速顶升沉箱的目的。而分水器的作用是可同时向多个胶囊供水及放水。

c. 胶囊注水管路部分

该部分水管路由主管线和橡胶高压软管连接组成。为满足任何胶囊可单独注水及时调整沉箱顶升高差，每个胶囊通过分水器由单独一根管线供水，并附设在每节台车活塞腔侧壁上，如图 2.14-13 所示。

图 2.14-13 出运 3000t 沉箱台车及管线单线系统图

3）液压顶推系统

液压顶推系统也是工艺运行的动力保证系统之一。该系统用来驱动胶囊台车水平运移沉箱上船，取代传统的卷扬机牵引系统，主要由电控部分、液压泵站和夹轨器油缸顶推装置三部分组成，如图 2.14-14 所示。

顶推装置由油缸和夹轨器前后铰接一体构成。每套设计最大顶推力 100t，运行速度 1.5m/min。其中油缸采用 $\Phi200$ 缸径，活塞杆直径 $\Phi140mm$，油缸行程 1000mm。夹轨器长 800mm，专门为斜面轨设计，最大顶推力 100t，具有自调功能以保证齿条与 Qu100 钢轨两侧斜面有效接触，它通过两个齿条微动夹紧钢轨实现止退自锁顶推沉箱的目的。

液压顶推系统按出运 8000t 大型沉箱、顶推启动摩擦力为 280t 考虑。其中油泵布置 2 台，夹轨器油缸顶推装置设计 4 套，同时使用时系统正常工作推力为 300t，最大推力 400t。目前使用该系统已成功出运了 6000t 特大型沉箱，满足设计和使用要求。

4）沉箱台座设计及船驳改造

① 沉箱台座设计

根据本项目工艺要求和台车结构尺度设计，沉箱台座取消四条千斤顶沟，只需布置两条台车沟，中心距10.5m，沟宽1.4m，深1.52m，上面盖专用盖板，每条沟内布置两条通长Qu100钢轨并焊接整体，中心距为0.8m，台车沟结构如图2.14-15所示。

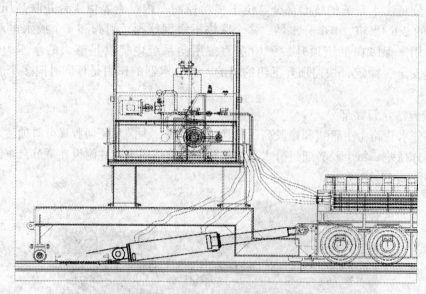

图2.14-14   液压顶推系统图

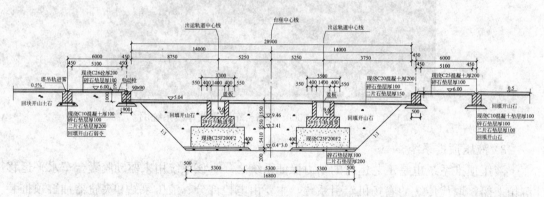

图2.14-15   台车沟结构尺寸图

其中沟盖板采用钢筋混凝土结构，厚100mm，长度与台车吻合，主要以2800mm长为主，随沉箱一起顶升、运移，经实践证明，其性能满足设计和使用要求。

② 船驳改造

船驳改造是指利用现有出运沉箱的半潜驳7号船由原来船舶纵向靠岸改为右侧横向靠岸，并按工艺要求对其进行如下改造：

a. 保留原船上纵向轨道，另外增加横向Qu100轨道，且与台座台车沟轨道一一对应，在台座前沿设连接短轨。

b. 在船上轨道两侧各设一条通常垫梁支撑沉箱，使胶囊台车能回程进入台座而不随船舶下水，实现台车顶升、运移沉箱和船舶运载沉箱下水各自独立作业的目的。其中垫梁高1560mm、宽1000mm，当船坐底后垫梁顶面高出台座面20mm。

c. 根据半潜驳7号船舶坐底梁和垫梁支撑位置需通过计算加固船体。

船驳改造情形如图 2.14-16 所示，经沉箱出运证明，改造方案实施成功。

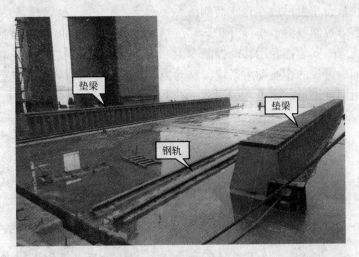

图 2.14-16 船驳改造情形

2.14.5 技术方案

1）工艺概述

采用高压注水胶囊台车顶升、运移大型沉箱的出运工艺是针对青岛胶南贡口新建的大型沉箱预制场研发和实施的。贡口沉箱预制场平面布置如图 2.14-17 所示。

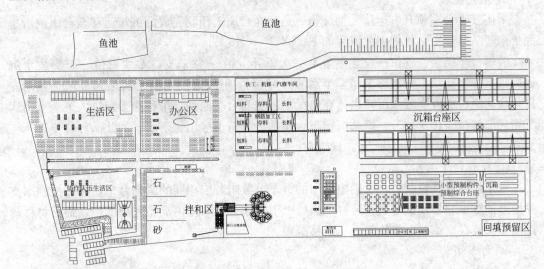

图 2.14-17 贡口沉箱预制场平面图

该预制场位于青岛市胶南董家口港区，主要以沉箱预制为主，现布置 2 条平行沉箱预制生产线，预留一条生产线，每条线台座长 175m，宽 28m。整个工艺实施首先按照胶囊台车标准节和调节段长度，在沉箱预制开始铺底前根据沉箱重量及平行台座尺寸确定每列台车组装节数，一般出运 3000t 沉箱每列需 6 节，6000t 沉箱需 11 节。考虑台车受力合理等因素，每列台车长度应使两端伸出或缩进沉箱边缘的尺寸小于 0.4m 左右。另外铺底前根据每列胶囊台车的布置，在台车沟上每节台车对应位置安放等长专用钢筋混凝土沟盖板，在沉箱顶升和运移过程中盖板始终保持在沉箱与胶囊台车顶面之间，直至胶囊台车回程时盖板再逐块从台车上吊放在台座两侧。

为方便、有效控制胶囊台车顶升和运移沉箱，将水泵、水箱、液压泵站及电控系统操作台等动力系统统一安装在专用移动控制车内，水、油管线分别与沟内胶囊台车和油缸连接，构成完整的、可控的作业动力系统。移动控制车安放在与每列台车组后端连接的支撑架上，与台车组同步进退。该工艺如图 2.14-18 所示。

图 2.14-18　沉箱出运新工艺示意图

2）工艺流程

采用胶囊台车顶升、运移大型沉箱就是把在台座上预制完成的沉箱运移至台座前沿坐底半潜驳 7 号船上，具体工艺流程如下：

胶囊台车组装、就位→胶囊注水第一次顶升沉箱→移动支撑垫块就位→胶囊放水沉箱回落支撑在垫块上→运移沉箱至半潜驳 7 号就位→胶囊注水第二次顶起沉箱→移动支撑垫块回原位→胶囊放水沉箱坐落在垫梁上→胶囊台车回程，吊移沟盖板进入下一个出运沉箱底部就位→再次顶升、运移沉箱至台座前沿等待上船出运下水，如此循环往复。

3）工艺实施

① 胶囊台车组装、就位

台车组装、就位就是将所确定使用的台车节数组装成相同的两列台车，并将控制车支撑架及油缸夹轨器顶推装置安装好，然后牵引台车至台车沟内沉箱底部就位，最后将移动控制车安装在支撑架上等待顶升、运移沉箱。

a. 台车组装

● 注水胶囊安装

台车组装前应先将注水胶囊安放在台车活塞腔内，此时标准单元台车应装配好并运到现场。为保证胶囊注水顶升沉箱安全起见，在其出厂后经外观检验合格的情况下，装入活塞腔以前需通过试验台在 500 吨压力下，顶升 120mm，进行至少 3 次模拟实验，以确认胶囊有无严重制作缺陷，特别是粘和质量，经顶升试验合格后才能进行安装。胶囊安装就是利用台座两侧的塔吊将台车顶部活塞吊移，然后将支撑垫块及活塞腔内清理干净，同时为保证垫块滑移顺畅，在其支撑滑道面上均匀涂抹机油，最后将胶囊放入活塞腔内，如图 2.14-19 和图 2.14-20 所示。

图 2.14-19 安装前的胶囊

图 2.14-20 安装后的胶囊

待胶囊安装、润滑剂铺敷完成后，再将吊移的活塞复位，用高压软管与胶囊进水嘴和台车侧壁对应的主干供水钢管进行连接，如图 2.14-21 所示。

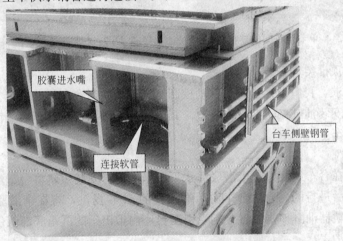

图 2.14-21 进水嘴连接软管后胶囊台车连接

根据工艺要求胶囊台车共连接两列，为保证白天作业且不受潮水影响，台车连接在漂浮状态下的半潜驳 7 号上进行。用台座两侧的 16t 塔吊将安装好胶囊的台车逐节吊移到半潜驳上的钢轨前端，然后利用人力将每节台车推到预定位置再逐节进行连接，如图 2.14-22、图 2.14-23 所示。

图 2.14-22 单节台车吊装

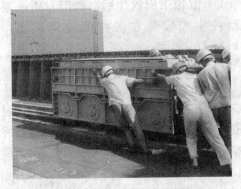

图 2.14-23 单节台车推移

为保证台车连接可靠且起到缓冲作用，在两节台车车架之间竖向放置 10mm 厚橡胶板并用 10 个 M20×80mm 高强螺栓进行连接。当车架连接好后，应将台车上部两侧支撑垫块用连接板和螺栓连接成整体，同时将台车间注水主干钢管用软管进行连接。台车连接情形如图 2.14-24 及图 2.14-25 所示。

图 2.14-24　单节台车间的连接

图 2.14-25　连接好的单列台车

● 支撑架、顶推装置安装

根据工艺要求，我们设计了两个移动控制车支撑架，当台车连接好后将其安装在每列台车后端，然后安装油缸夹轨器顶推装置。其中顶推装置油缸与台车后端铰接、夹轨器安放在回程移动小车上。

b. 台车就位

台车就位是在台车组装好、半潜驳注水下沉坐底后，安装短轨将台车沟内钢轨与船上钢轨连接成整体后进行的。通过台车沟后端设置的 6t 卷扬机，将在半潜驳上组装好的两列台车，包括夹轨器油缸顶推装置分别牵引至台座内拟出运的沉箱底部就位，且保证每节台车与沉箱底部沟盖板一一对应。

c. 移动控制车安装

为集中、有效控制胶囊台车顶升和运移沉箱，将注水系统水泵、水箱、分水器及联络管线、阀门，液压系统泵站及两系统电控操作台统一安装在长 10.64m 宽 2.17m 高 2.00m 的移动控制车内，待胶囊台车沿台车沟牵引至沉箱下面就位后，利用专用吊架将移动控制车安装在沟内的支撑架上，如图 2.14-26 所示。

② 第一次顶升

根据工艺设计要求，胶囊应在台车静止的状态下注水顶升或放水下降沉箱，为保护胶囊和安全出运，沉箱在运移过程中其重量始终由台车垫块支撑，避免胶囊受动荷载作用。

图 2.14-26　安装移动控制车

a. 准备工作

● 水管线连接：将移动控制车内和胶囊台车注水系统管线用高压软管按照编号进行连接。

● 水箱加水：为保证沉箱顶升连续注水，用软管连接台座两侧间隔设置的自来水管接头，向控制车内的水箱注水。

● 胶囊压力设定：通过注水系统液晶显示屏设置胶囊极限承载压力为 2.0MPa，即当胶囊内压力为 2.0MPa 时，系统自动停止供水，以保护胶囊台车受力在安全荷载范围内。

b. 顶升

由控制室操作人员按下自动控制按钮，同时启动 4 台水泵通过各自分水器分别向胶囊内注水，并由专人在台车两端观察管线及沉箱顶升高度，随时用对讲机与控制室人员沟通，及时调整各水泵供水流量，确保沉箱基本同步顶升。当沉箱顶起离开地坪 90mm 左右时，即台车活塞支撑点高出支撑垫块顶面 10mm 以上时，停止注水。

c. 支撑垫块整体移动

为实现沉箱在运移过程中其重量由台车垫块支撑的工艺要求，当沉箱从台座顶起离开地坪到达预定高度 90mm 左右后，开始整体向前移动支撑垫块。为快速、安全起见，每列台车利用一台小型油泵通过三通高压油管带动台车前端推拉装置上的两台 5 吨手动液压水平千斤顶，人工驱动油泵进行牵引，将支撑垫块整体向前移动 175mm 至活塞支撑点下方，应尽量保证两列台车支撑垫块整体前移同时进行。

d. 放水回落

放水回落是指胶囊放水卸载、沉箱回落由台车支撑。即待两列台车支撑垫块整体前移至活塞支撑点下方预定位置后，由控制室操作人员按下总放水按钮同时打开分水器上的 4 只电动放水球阀，在沉箱重力作用下让胶囊放水并沿着各自注水管线流回到水箱里。伴随胶囊放水沉箱缓慢回落直至活塞由垫块直接支撑，即沉箱荷载从上到下由活塞、支撑垫块、活塞腔、车架共同承担。此时沉箱离开台座地坪 70mm 左右，等待顶推运移。当观察操作台上的所有压力表压力为零时，关闭放水阀门，完成沉箱第一次顶升全过程。

③ 沉箱顶推运移

在沉箱第一次顶升完成后，利用安装在每列台车后端的夹轨器油缸顶推装置在电动液压泵站的驱动下顶推沉箱，以 1.0m/m 的速度，将沉箱从台座向前运移至前沿坐底半潜驳上。其中顶推 3000t 以内沉箱采用 2 套夹轨器油缸顶推装置，顶推 3000t 以上沉箱采用 4 套夹轨器油缸顶推装置。

a. 夹轨器就位

夹轨器就位就是利用塔吊将随台车一起牵引至沟内停放在回程移动小车上的夹轨器稍微吊起，然后将移动小车沿轨道前移至夹轨器前端与台车连接，同时将夹轨器放入轨道并松开夹轨器后端紧固齿条的螺母，使齿条在夹具体内弹簧的作用下夹住钢轨。

b. 顶推运移

采用特制的高压软管将移动控制车上的泵站与沟内油缸进、回油口进行连接。然后控制室操作人员开启油泵，通过自动或人工控制开关向油缸内供油使夹轨器通过齿条夹紧钢轨止退自锁，并伸出活塞杆顶推沉箱。当沉箱运移至半潜驳上预定位置停止顶推，收缸后将连接的高压油管从油缸上拔下临时固定在移动控制车上，然后紧固夹轨器后端齿条螺母压紧弹簧，使齿条向后微移齿面离开钢轨，最后利用台座上的塔吊将夹轨器吊起，同时将临时固定在台车后端的回程移动小车向后移至吊起的夹轨器正下方将夹轨器放入移动小车内，完成顶推运移沉箱工作。

④ 第二次顶升

根据工艺设计要求，沉箱第二次顶升是在船上进行，其目的是撤出台车不随船舶下水，实现胶囊台车陆上顶升、运移沉箱和船舶海上运载沉箱下水各自独立进行作业，提高出运和预制效率的目的。

当沉箱运移至半潜驳上就位、二次顶升沉箱准备工作完成后，由控制室操作人员按下自动控制按钮，再次同时启动 4 台水泵通过各自分水器分别向胶囊内注水，当沉箱被顶起 15mm 左右时，即胶囊台车所有活塞支撑点离开垫块顶面超过 10mm 以上时，通知操作人员停止注水，然后启动台车后端推拉装置，将支撑垫块整体向后移动回到原位，最后通过电控系统按钮打开电动放水球阀让胶囊开始放水，沉箱回落到半潜驳的垫梁上，二次顶升结束。如图 2.14-27 所示。

图 2.14-27　船上二次顶升

⑤ 胶囊台车回程

胶囊台车回程是指台车将沉箱从台座运移到船上后再回到台座的过程，基本与台车就位相同。

4）工艺保证措施

为保证"胶囊台车顶升、运移大型沉箱出运工艺"的顺利实施，针对工艺中三大系统关键实施过程均采取了有效保证措施，具体如下：

① 胶囊的可靠性

a. 严格按照标准配方，采用专门加工工艺制作胶囊。

b. 胶囊出厂经外观检验合格后，通过试验台在 500 吨的压力下，顶升 120mm，进行至少 3 次模拟顶升实验，确认合格后安装使用。

c. 根据实验数据确定胶囊顶升 150 个沉箱后更新。

d. 设定胶囊胶囊最大承载压力为 2.0MPa。

② 胶囊注水过程的连续性和可靠性

如在注水过程中个别水泵发生故障，可打开水泵间联络阀门使 4 个分水器串联，由其他三台正常工作的水泵共同担负所有胶囊的注水任务，将沉箱继续顶升。

③ 沉箱顶推过程的保障

为保证沉箱顶推过程中台车和夹轨器运行平稳及液压系统的动力保障，具体采取以下保证措施：

a. 在台车活塞顶面粘贴 15mm 厚橡胶板，使台车适应轨道高低不平的影响。

b. 在台车上安装一套自动润滑加油系统，确保台车在运移过程中能自动加油润滑车轮轴套，延长台车使用寿命。

c. 台车沟钢轨及船上钢轨接头均采取焊接连接方式并处理平滑，确保夹轨器运行平稳。

d. 液压系统压力设限及泵站设两套驱动装置，以确保其中一台油泵或电机发生故障时，由另一套担负全部驱动力，继续运移沉箱。

2.14.6　工艺创新点及技术突破

① 本工艺首创了采用专用高压注水胶囊顶升大型沉箱等预制构件的方法。

② 本工艺开发了胶囊和台车合二为一，取消台座千斤顶沟，具有顶升和运移沉箱双重功能。

③ 本工艺把顶升、运移、上船三大作业的控制系统集中于专用移动控制车内实现电控，基本实现了沉箱出运机械化，自动化。

④ 本工艺实现了陆上顶升、运移沉箱过程与运载船舶驳运沉箱过程分离，使两过程可以分别独立进行，从而提高了沉箱出运和预制效率。

⑤ 本工艺实现了在普通预制沉箱台座上可以预制超大型沉箱，而无须对预制场进行适应性改造。

2.14.7　成果应用情况及推广应用前景

"胶囊台车顶升、运移大型沉箱出运工艺"研发项目于 2008 年 5 月开始立项研发，于 2009 年 9 月 3 日开始进行施工现场重载试车，而后即进入工程实用阶段。截止 2010 年 4 月 30 日，采用该工艺为鲁能集团在建码头成功出运了 2700 吨沉箱 25 个，1550 吨沉箱 16 个，为某海军工程出运 4800 吨沉箱 7 个，为青岛港集团出运 6000 吨沉箱 3 个，完成了项目的研发任务，实现了项目研发的初衷。采用本工艺出运沉箱的速度明显加快，因而也提高了预制效率，其安全性、经济效益和社会效益都是显著的，受到业主单位的一致好评，充分显示了该工艺的独创性和先进性。

采用"胶囊台车顶升、运移大型沉箱出运工艺"经科技查新，属国内外首创，国家知识产权局已受理了该工艺的专利申请，经专家评审总体达到国际先进水平。

新工艺投入使用以来的实践证明："胶囊台车顶升、运移大型沉箱出运工艺"为水工工程出运大型预制构件提供了一种成功的创新方法，是对传统工艺出运沉箱施工技术的一项重大突破，这主要体现在以下两方面：

第一方面，新工艺运行设备少，自动化程度高，节能环保，安全可靠，用人少，效率高，成本低；

第二方面，在运载船舶能力足够大的情况下，使在普通沉箱预制台座上生产超大型沉箱(构件)成为可能，有效促进了沉箱向大型化发展，这对提高港口建设水平具有重要意义。它的社会效益和经济效益是显著的，其推广应用前景是广阔的。

3 港口与航道工程质量与安全事故案例分析

3.1 散货码头岸坡滑坡事故

3.1.1 工程概况

1）工程的结构型式与工程规模

某港拟建 2 个 3.5 万吨级矿石码头泊位，每个泊位长 180m，码头为高桩梁板式结构，桩基为 600mm×600mm 预应力混凝土空心方桩。

2）工程的地质条件

施工区域地层分为 5 层，自上而下分别为：

淤泥层：层厚 7.2～9.5m，流塑状，分布均匀、高压缩性；

淤泥质黏土：层厚 4.1～5.5m，软塑～流塑态，均匀、饱和、高压缩性；

粉质黏土：层厚 2.4～7.9m，可塑、中压缩性；

粉土：层厚 8.9～14.1m，密实，平均 $N=45～52$；

粉砂：极密，平均 $N=62$。

3.1.2 工程项目的组成

1）码头工程

码头主体工程包括沉桩、构件预制、安装、上部结构施工，由业主招标承包给了甲公司。

2）岸坡及港池挖泥

岸坡及码头前方挖泥由业主招标承包给了乙公司。

3）后方软基加固（堆载预压真空预压）

码头后方堆场软基加固分别承包给了丙、丁两个公司同时施工：对应于 1 泊位的软基加固（甲区）承包给丙公司，合同规定采用堆载预压法加固施工；对应于 2 泊位的软基加固（乙区）承包给丁公司，合同规定采用真空预压法加固施工；预压荷载要求为 80kPa。

3.1.3 事故经过

施工全面展开大约 70 天后的某天清晨，施工人员正准备进入施工现场，据目击者称，忽闻现场一阵持续沉闷的轰隆声、地面颤抖，随之在甲区发生了大面积滑坡。经调查测量，滑坡的范围为：沿岸线（东西向）135m、陆域纵深（南北向）125m，面积约 1.5 万 m²，约有 3.5 万 m³ 土、砂滑入海中。同时将前方已经沉毕的 64 根桩全部推倒，岸坡及港池已近竣工的浚深挖泥区，也被滑坡土体全部填充。此外，甲区岸边的插板机、排泥管、空压机、发电机、配电箱、电缆、泵、运输车等也随之滑入海中。所幸是施工人员正在准备但尚未进入现场，没有造成人员伤亡。滑坡区测量平面图如图 3.1-1 所示。

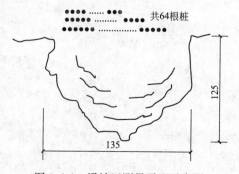

图 3.1-1 滑坡区测量平面示意图

事后调查表明，事故发生时，后方甲、乙两区软基加固塑料板插设已经完成，甲区堆载三级荷载已经加毕(堆高约3.8m)，乙区真空预压的真空度已稳定在80kPa。甲区1泊位岸坡挖泥已完成，沉桩64根，港池浚深正在进行。事故发生后，沉桩、挖泥、软基加固各承包单位施工全部停止。只有乙区的岸坡稳定、真空预压加固软基施工继续正常进行。

3.1.4 事故原因分析

工程的平面布置示意如图3.1-2所示。

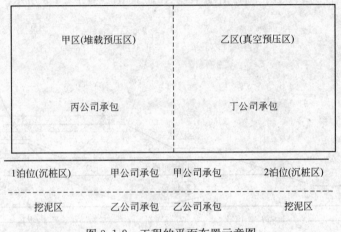

图3.1-2　工程的平面布置示意图

经过现场调查、分析，事故的主要原因如下：

1) 工程施工顺序安排不合理，对岸坡稳定形成了最不利的荷载组合

甲区堆载预压在进行中，堆载已达3级(堆高3.8m)，荷载约为47kPa，致使堆载区的岸坡土体产生向海侧的挤出侧向变形。而此时岸坡和港池的挖泥与堆载同时施工，随着浚深的增加，使岸坡的陡度不断加大。在这种情况下，在岸坡及其前沿同时实施沉桩，沉桩施工的振动(沉桩用D100柴油锤)进一步加剧了滑坡发生的趋势。

2) 港池挖泥严重超挖

由于岸坡挖泥有时受水深限制，有时与沉桩单位相互干扰，在1泊位挖泥区严重超挖，超挖范围大，在码头岸线范围内超挖0.5m以上的达70%以上，平均超挖深2m、最大超挖深为5m。沉桩施工对超挖状态并不知晓。

3) 盲目施工

① 由于承包堆载预压的丙公司将堆载料的运输分包给了某包工队，运输中的野蛮施工将该区所埋设的施工监测仪器(沉降、侧向变形、孔隙水压力仪、测斜仪等)均被不同程度地损坏，使整个堆载施工完全处于一种盲目状态，对于堆载后的地基固结程度、沉降是否稳定，甚至对堆载后预压区不断加剧发展的侧向变形和滑动失稳的临界状态一无所知，当然也未能及时采取应急措施制止滑坡的发生。

② 《工程建设标准强制性条文》中规定"施工期应验算岸坡由于挖泥、回填土、抛填块石和吹填等对稳定性的影响，并考虑打桩振动所带来的不利因素。施工期按可能出现的各种受荷情况，与设计低水位组合，进行岸坡稳定验算"。该工程事先没有进行这种验算，

施工过程中，由于监测仪器的损坏，土体各种指标的变化无从获得，验算也无法进行。否则，滑坡的危险或许会被提前发现和制止。

③ 客观原因是，滑坡发生时恰逢望日（农历八月十六日）大低潮（潮位＋0.5）。

④ 事故发生后对岸坡稳定性的核算

a. 对甲区发生滑坡的核算

根据滑坡发生时的工况，结合滑坡后的地质钻孔资料各土层的指标，应用地基计算系统 DJ95 对滑坡的发生进行了验证性计算。计算结果表明，在②、③层土的结合面，抗滑稳定安全系数 K 仅为 0.831、圆弧滑动半径 R 为 34m，见图 3.1-3 所示。

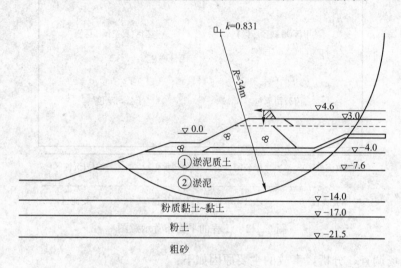

图 3.1-3　对滑坡发生的核算图式

b. 对乙区真空预压岸坡稳定的分析

在甲区发生滑坡时，乙区真空荷载稳定在 80kPa 已 2 周，施工区内埋设的各种监测仪器工作正常、观测数据连续，测得岸坡土体背海向岸侧的平均变形为 12.5cm、平均沉降为 32.7cm，土体得到了一定程度的固结，保证了岸坡稳定，显示了真空预压加固软基有利于岸坡稳定的技术优势。

3.1.5　事故的处理

事故的调查处理，必须坚持"事故原因未查清不放过，事故的责任者未受到处罚不放过，群众未受到教育不放过，防范措施未落实不放过"的原则。具体处理工作是：

1) 事故发生后，各单位立即将情况向各有关部门（各上级主管部门，集团主管部门，交通运输部质量监督部门，当地安全生产监督、质检、公安、检察、工会等部门）作了汇报，内容包括事故发生的时间、地点、经过等。

2) 保护好滑坡事故的现场，在事故调查组调查、取证、记录完成前，不移动、清理现场。

3) 组织调查。在接到事故报告后，企业负责人立即组织生产、技术、安技、工会等部门的人员组成事故调查组赶赴现场进行调查。建设单位牵头，有关单位和部门参加组织了联合调查组。

4) 现场勘察。调查组现场勘察的主要内容有：作出笔录、现场拍照（录像）、现场测绘等。

5）分析事故原因，确定事故性质

① 查明事故的经过，弄清造成事故的人员、设备、管理、技术等方面的问题，确定事故性质和责任；

② 封存、整理、查阅有关资料，根据调查确认事故的事实；

③ 根据调查确认事故的事实，按 GB 6441—86 标准附录 A 的 7 项内容进行分析，确定事故发生的直接和间接原因以及事故的责任者，进一步通过对直接和间接原因的分析，确定事故中的直接责任者和领导责任者，再根据其在事故发生过程中的作用，确定主要责任者。

6）提出调查报告

调查报告的内容包括事故发生的经过、原因分析、责任分析和处理意见、本次事故应接受的教训、整改措施的建议等。调查组全体成员签字后报批。

7）事故处理和结案

事故调查报告经有关上级各部门审批后，确定了本次事故相应的责任人、直接责任者、主要责任者、有关领导者及其应负的责任，分别受到了相应的处罚；总结了教训、落实了整改和防范措施；职工受到了教育。

8）工程处理措施

① 根据现场具体情况，修改设计；

② 有效控制水上挖泥；

③ 采用挤密砂桩加固岸坡；

④ 为防止对岸坡稳定的影响，已倒的 64 根桩，妥善处理，不予拔出；

⑤ 沉桩采取了"间隔跳打"、高潮打近桩、低潮打远桩；

⑥ 重新设置观测仪器、加强观测、指导科学施工。

实践证明，这些措施是有效的，工程已顺利竣工、正常运营多年。

3.1.6　应吸取的教训

1）分散招标，工程又肢解得过于分散

该工程沉桩、挖泥、软基加固的施工，其相互的关联性和制约性很强，对于这样的工程，不应该过于分散地发包。在本工程中，总计发包给了甲、乙、丙、丁 4 个独立、不相干的公司承担，无总承包人，相互之间无制约、难协调，是工程在组织方面酿成事故发生的原因。

2）应该对参与施工的各单位建立起有效的制约和协调机制

这种制约和协调机制应在合同中加以明确和规定，各单位应按合同规定有力地贯彻落实，加以执行，监理工程师应该在工程开工后按合同规定有效地进行监理、监督。

3）施工开始前，应该以承包主体工程施工的甲公司为主，协同参与工程的其他各单位编制统一的施工组织总设计，落实合同中规定的制约和协调机制。各单位必须严格按照施工组织总设计的统一安排，分别编制各自的施工组织设计，并在施工中落实执行。

4）该工程施工，应提前进行甲、乙区的软土地基加固，使软土土体的沉降量、抗剪强度、承载力值达到设计要求的指标。在软基加固的过程中，特别是对于堆载预压，应该加强观测，根据观测结果决定持荷时间及下一级荷载的加荷时间等。岸坡及港池挖泥前应按《工程建设标准强制性条文(水运工程部分)》对岸坡施工期的稳定进行验算，泊位和岸坡挖泥应严格按照设计逐层进行。

5) 软基加固施工中，特别是堆载预压中堆载料的倒运、堆荷，必须强调对所埋设的各种观测仪器的保护。应当根据观测结果科学地指导施工。

6) 在斜坡泥面上沉桩应采取削坡和分区跳打的措施。

3.2 某高桩码头工程桩基偏位质量事故

3.2.1 工程概况

1) 某码头工程为高桩梁板式结构，栈桥码头全长 130m，宽 15m，由 18 个排架组成，每个排架由二根直桩和三根斜桩构成。桩基为 60cm×60cm 的钢筋混凝土预应力桩，斜桩的倾斜度为 4：1，桩基主筋为 12 根 ϕ25mm 的 III 级预应力钢筋，桩长为 44～50m，包括引桥桩共计 104 根。

2) 桩区内土质为海相沉积土层，表层为 20m 厚淤泥质亚黏土，流塑状态，贯入击数为 0～5；其下为 20～40m 厚黏土和亚黏土，贯入击数为 30 以内，处于中等密实状态；再下进入岩层。设计桩尖以亚黏土层作为持力层，未进入岩层。

3) 2006 年 4 月，由某工程公司承包桩基施工，沉桩采用 D128 柴油锤，锤芯重 12.8t，总重 30t，打击最大能量为 417kJ。沉桩定位平面控制采用打桩船上安装的 GPS 定位仪，并在岸上用经纬仪交会法进行校核。标高以岸上水准仪测量控制。

4) 沉桩从 2006 年 4 月 11 日开始，2006 年 6 月 25 日结束，沉桩资料反映桩基平面偏位在规范允许范围内，沉桩结束后未及时夹桩。

3.2.2 检测结果

1) 桩偏位严重

2006 年 7 月 4 日发现部分桩有偏位迹象，7 月 5 日开始夹桩，在夹桩后先后经过二次全面复测检查，发现桩位偏位总体较大，二次复测检查结果相同，其中偏位小于 20cm 占 87.3%，20～50cm 占 9.7%，50～80cm 占 3.0%。

2) 桩偏位有方向性

顺岸向的偏位：向上、下游均有，偏位值较小，104 根桩中偏上游为 48 根，偏下游为 45 根。

海岸方向偏位：104 根桩中 9 根偏岸，其余 94 根全部偏海侧，占 91.2%。9 根偏岸桩，数值较小，平均 7cm，主要集中在第一排，此排桩处于码头前沿，整排桩的偏位值较小。

3) 桩身倾斜度偏差

桩身倾斜度偏差也较大，36 根直桩，倾斜度 1% 以内的共计 8 根，其余 28 根全部向海侧倾斜，倾斜度为 1%～3%。斜桩设计倾斜度为 4：1，实测结果为 3.5～9.2：1，与设计值相差较大，且桩身均向海侧位移。

3.2.3 原因分析

1) 码头栈桥后沿泥面标高为 −1.0m，前沿泥面标高为 −7.6m，平均坡度为 1：2.3 左右，沉桩区泥面坡度太陡，软土层太深，打桩振动易造成岸坡不稳。

2) 从地质资料中显示，桩位处有 20m 左右厚的淤泥质黏土，处于流塑状态，标贯击数值只有 0～5，为岸坡不稳的又一因素。

3）沉桩过程中采用 D128 柴油锤，锤芯重 12.8t，总重 30t，打击最大能量为 417kJ，打桩对岸坡的振动较大。项目部委托某设计院根据码头区地形、地质条件对岸坡打桩振动工况条件下的稳定性进行了计算，计算结果：岸坡稳定的安全系数小于规范允许值，存在打桩振动造成局部滑坡的危险。

本工程的打桩顺序为由引桥向栈桥，由岸侧向海侧，从坡顶到坡脚。每一排桩有直桩和斜桩，桩尖标高均在 −45m 左右，后施打的仰桩伸入已施打完毕的前排桩尖附近。相邻施打的二排桩桩尖相距较近，打桩振动引起了土坡位移，对桩的偏位影响大。桩基偏位的检测结果也表明，先施沉桩平均偏位比后施沉桩的平均偏位大。

4）根据设计院提供的设计地形图和发现桩偏位后复测的水深图及纵、横断面图，沉桩前栈桥后沿线泥面标高在 −1.0m 左右，前沿线泥面标高在 −7.6m 左右，坡度在 1：2.3 左右。沉桩后，栈桥后沿泥面标高在 −2.3～−4.5m，平均为 −3.0m 左右，前沿线泥面标高在 −6.9～−9.2m，平均为 −8.1m 左右，即沉桩后码头栈桥后沿泥面下塌了平均 2m，栈桥前沿泥面标高变化不大，总体坡度变缓为 1：2.9。总体坡度变化表明，岸坡存在整体下滑趋势，引起桩整体偏位，导致桩向海侧偏位和直桩向海侧倾斜。

5）打桩后未能及时夹桩。6 月份沉完桩后，到 7 月份发现偏位，施工单位才开始夹桩，桩在悬臂状态下长达 2 个月。本码头是预应力钢筋混凝土方桩，抗弯性能差，斜桩和直桩悬臂长度达 13m，涨落潮水流力、波浪力等对桩有影响，未按规范施工，也是造成桩基偏位的重要因素。

6）施工单位现场技术管理力量不足，管理程序、内容及措施不到位，未严格按施工规范要求施工。

综上所述，造成该高桩码头桩基偏位的主要原因是沉桩区泥面坡度陡、土质条件差，打桩振动影响造成岸坡土体局部失稳；其次，未及时夹桩、现场监控管理力度不足等也是重要原因。

3.2.4 桩基偏位处理

1）桩基偏位发生后，业主委托某检测中心对所有桩进行了小应变动测检测，检测结果所有桩全部判为 I 类桩，桩身的完整性较好。同时施工单位委托另一检测中心对偏位在 50～80cm 的桩进行检测，复测结果相同。通过检测说明桩位偏位虽然较大，但桩身完整性较好，对桩身无须采取任何补救措施。

2）通过业主、设计方、施工方、监理方和特邀专家的研究，考虑采用以下解决方案：

① 码头基桩偏位是因打桩引起的土体滑坡，土体失去稳定性是由于土体内的剪应力超过了土体抗剪强度，即驳岸码头的岸坡稳定性不足。采取的首要措施即是在抛石护坡前对桩基及其后方岸坡进行削坡处理，然后又对码头引桥和接岸结构的地基进行了水泥搅拌桩软基加固，以消除后患。

② 采用驳岸前沿抛石护坡防冲镇压的抗滑措施，即在码头前沿抛填块石宽为 3.0m，厚 2.0m，防止潮流对码头脚的进一步冲刷，同时具有镇压作用。

③ 对桩基偏位大的部位，采用上部结构局部扩大的办法，以包住偏位大的桩基。

3.2.5 预防码头桩基偏位措施

在码头施工过程中，应采取有效措施预防码头桩基偏位质量事故的再次发生。

1) 首先是在设计过程中要对打桩振动条件下的岸坡稳定进行核算,如岸坡稳定性不足,应根据具体情况选用合理的设计措施,如放缓坡度、铺设排水垫层、打设竖向排水通道等,以保证施工期和使用期的岸坡稳定。

2) 施工前应认真审阅设计文件,必要时进行现场泥面标高、坡度复测,验算施工期土坡的稳定性,如果发现施工期土坡的稳定性不足,应采取增加稳定的临时性措施,并在施工中加强观测,以便及时发现可能出现的失稳迹象。当出现失稳迹象时,应及时采取应急措施,如削坡、坡脚压载、坡顶减载、井点排水等。

3) 在进行桩的测量定位时,根据桩的俯仰状态、斜率的大小、沉桩时潮流的流速流向、岸坡的缓陡与走向以及土层的软硬度,充分考虑预留量;在沉桩施工前,应及时向打桩船船长及相关人员详细交底,并在沉桩过程中与打桩船保持联系。

4) 根据打桩区域的水文、地质情况,合理布置锚位和地锚、适当调整打桩顺序,对不能满足打桩定位要求的锚位,及时调正。

5) 严格控制预制桩的桩尖、桩顶和桩身的预制质量,即控制预制桩桩尖和桩轴线的一致性,使桩尖起到导向作用;桩顶平面与桩轴线必须保持垂直,减少偏心锤击导致桩的偏位和断桩;定期检测预制桩基座的平整度,避免预制桩桩身线型发生变化。

6) 在桩基施工中保持打桩船的平衡。测量人员应细心观察,及时联系打桩船指挥人员,在稳桩前或稳桩时,使打桩船前后、左右保持平衡,确保桩尖与桩顶中心在同一直线上。

7) 桩基施工完毕后,按施工规范要求及时夹桩,并定期观测已施沉桩基的平面位置。

3.3 港池泊位浚深严重超挖导致码头坍塌事故

3.3.1 事故简介

1983年8月23日凌晨3点多,某沿海港口发生了一起码头滑移坍塌事故,正在进行码头泊位前沿浚深施工的中段180多米岸壁主体结构整体向前滑移坍塌,后方纵深60多米场地随之崩塌。由于事故发生在深夜,幸无人伤亡。

3.3.2 事故发生经过

该码头是一座使用多年的长600m顺岸码头,为沉箱重力式结构,其中中段300m设计水深5.0m、两端各150m设计水深3.0m。港池、航道设计水深4.4m(码头平面图和结构图见图3.3-1和图3.3-2)。

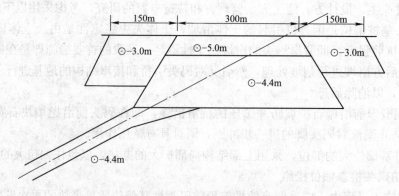

图 3.3-1 码头平面图

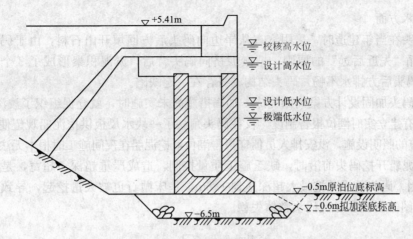

图 3.3-2　码头结构及拟加深泊位水深设计示意图

1983 年 4 月，港口为了扩大经营业务范围，"为海上石油勘探开发提供服务，满足石油基地 6000 马力三用工作船随时进出，以保证 24h 作业，决定将中段 300m 设计水深－5.0m 的码头、港池、航道浚深至－6.0m 水深"。同时决定："为加快进度，减少投资，航道中线仍取与原航道相同。但为船只进出与靠离码头安全方便，浚深范围比原－5.0m 港池略为扩大。"与此同时，考虑到码头前沿浚深后，码头的抛石暗基床变为半明半暗的混合基床，"码头需作加固处理，码头加固设计方案和靠泊措施请设计院随后进行。"

为了抢时间，在码头加固设计方案尚未完成、码头加固工程还未开始时，建设单位便委托疏浚公司承担浚深施工。疏浚公司首先安排了一艘 8m³ 抓斗式挖泥船进场进行码头前沿泊位水域的开挖，在没有进行施工图纸会审、没有透彻理解设计意图、没有组织技术交底、施工人员对工程性质不清楚、对码头结构不了解、施工方案也没制定、对施工质量控制关键点及安全注意事项等均不掌握的情况下，便仓促投入施工。

疏浚挖泥进行到 2 个多月后，连续下了 3 天大暴雨，8 月 23 日凌晨 3 点多，正值大潮最低潮位后约半小时，突然"轰隆隆"一声巨响，码头岸壁中段 180 多米长度范围内主体结构整体滑移坍塌，后方纵深 60 多米的场地随之滑落，两端各 60 多米码头岸壁也出现了不同程度的开裂(见图 3.3-3)。

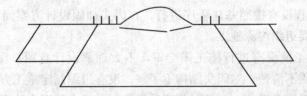

图 3.3-3　码头滑移坍塌平面图

3.3.3　事故原因分析

码头坍塌事故发生后，组成了由行业内有关专家、码头原设计、承建单位、疏浚单位和建设单位代表参加的事故调查组，对事故进行专题调查。调查组通过对事故现场测量、钻探、潜水探摸、计算分析，提出了《事故调查报告》，得出的结论是：

1）技术方面

① 码头在当年建造时，采用汽车从岸边向码头后方回填开山石料，由于码头墙后回填没有遵循"先近后远"的原则，把淤泥挤向码头背后，淤泥积聚形成了3个大的淤泥包，造成码头后方排水不畅，码头结构本身存在一定缺陷。

② 在码头加固设计方案尚未完成、加固措施尚未实施时，就仓促组织了浚深施工。

③ 没有建立实时潮位报告制度。仅在码头角立了一块水尺板供挖泥船观望使用，但没有设置相应的照明设施，没安排人员值守报告潮位，挖泥船在夜间施工时根本无法使用。

④ 挖泥船开挖码头前沿时，缺乏施工质量控制，造成严重超深、超宽，是此次事故的直接原因。码头前沿开挖最大超深达到1.8m，基床抛石也被大量挖起，导致沉箱前趾下悬空（见图3.3-4），导致码头整体失稳。

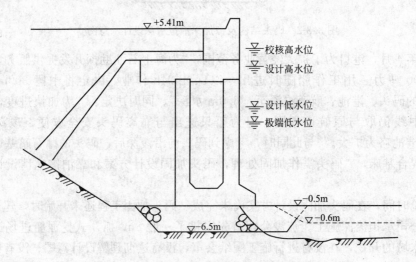

图3.3-4 泊位前沿超深超宽开挖测量断面

⑤ 施工过程中未按规定对码头沉降、位移实施监测。因此当码头结构发生位移时，不能及时掌握岸壁变化，从而没能采取应急措施。

⑥ 连降3天的大暴雨，又遇天文大潮低潮位，墙前、墙后水位差大，也是造成此次事故发生的诱因之一。

2）管理方面

① 码头浚深工程没有按照基建程序进行，在码头加固设计方案尚未完成、加固措施尚未实施时，就仓促组织浚深施工。

② 疏浚施工开工前没有进行施工图会审，不太理解设计意图；没有组织技术交底，施工人员对工程性质不清楚、对码头结构不了解；没有组织制定施工方案，关键部位施工没有制定相应的施工安全措施；船员对施工质量控制关键点及安全注意事项等均不了解的情况下，便盲目地投入施工，管理缺失是此次事故的重要原因。

③ 挖泥船施工超深超宽严重，并挖起了大量基床块石，但没有被引起足够重视，也未及时报告，作业人员缺乏必要的安全生产知识和质量意识。

3.3.4 事故的预防对策

1）加强码头改造工程项目的程序管理。码头浚深改造工程应该严格执行基建程序，并对可行性进行认真论证。在完成码头加固设计方案，进行码头加固后，方能开始进行浚深施工。

2）依法建立健全企业施工生产技术制度，严格按规范进行施工图会审、开工前技术交底和安全注意事项交底。

3）加强浚深工程施工的技术管理。码头浚深改造工程施工应根据工程特点，依照码头结构和相关地质资料，经勘察和计算编制施工方案、制订关键部位施工技术和施工安全措施，定期进行岸壁稳定性的观测记录和对监测结果进行分析，及时预报，提出建议和措施。

3.3.5　一个成功的案例

1998 年，日照港为满足到港散杂货船舶吃水要求，以解燃眉之急，使用较少的资金将现有 1.5 万吨级 9 号泊位改造为 5 万吨级泊位。泊位水深由 −11m 加深到 −14m。经可行性研究认为：码头结构、基础、前沿停泊水域都能在安全可靠的条件下满足改造的需要。首先根据受力条件的变化，对码头进行了整体稳定验算和结构局部强度验算，加大了护舷，规定了系船要求。其次，对码头基床进行了改造，使用抓扬式挖泥船将抛石基床由暗基床改变为明基床，并将泊位水深浚深至 −14m。除抓扬式挖泥船需要精心施工，做到定点、定深开挖外，还需要潜水员配合对码头前肩进行整平和护坡。此外，为使大型船舶吃水满足要求，还专门设置了浮式靠船墩。改造前后码头断面见图 3.3-5。不管是重力式码头还是桩基码头，建设前期都应该根据地质情况，在结构上充分考虑未来发展的需要。本方案之所以能够不采取新的结构措施而进行了成功的改造，主要是取决于原设计的安全储备和地质条件的适应性。

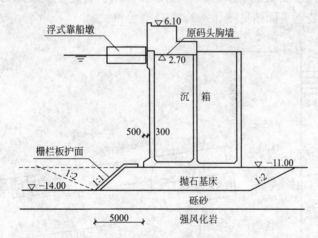

图 3.3-5　增加泊位水深码头结构断面图
（注：图中虚线为改造前的抛石基床断面线和泊位泥面线）

3.4　履带吊机起重臂坠落事故

3.4.1　事故经过

某日上午吊机驾驶员操作 150t 履带吊机（日本 CCH1500E 型），由工地施工技术员指挥，在临近海边的施工现场进行吊装混凝土卸荷板作业。上午 11 点多在吊装编号为第 48 号卸荷板时，由于水下安装面不平整，经过多次反复起吊和变幅后，当再一次进行起吊时，吊机起重臂的钢丝绳突然拉断，发生了吊机起重臂瞬间坠落的事故。事故现场吊机位置侧面图见图 3.4-1。

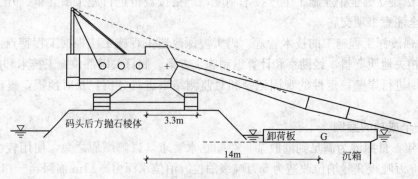

图 3.4-1　事故现场吊机位置侧面图

3.4.2　事故原因

造成此次事故的直接原因和间接原因如下：

1）违反安全操作规程，违章操作。原施工组织设计中卸荷板的预制安装方案为：在主体码头南端预制卸荷板，用 500t 起重船吊装上 2000t 方驳，由拖轮移船到位后，再由 500t 起重船安装。在实施时为了节省费用，并充分利用 150t 吊机，项目部改变了使用起重船安装卸荷板的方案，采用了在 3.5 万吨级码头后方沿线预制和使用 150t 履带式起重机直接安装的方法。后来由于炸礁推迟，影响沉箱安装而形成不了陆域预制场地，为了不使预制停顿，只能在预制场集中预制，然后用 150t 吊机转运至安装点再吊装的方法。卸荷板预制场地和安装点平面图见图 3.4-2。

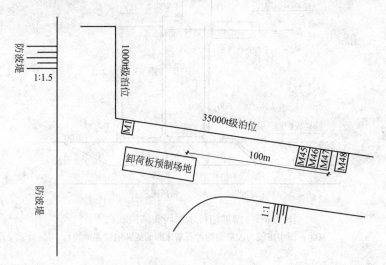

图 3.4-2　卸荷板预制场地距安装点平面图

由于新回填的石堤宽度只够容纳一台吊机的宽度，只能靠吊机吊着 60 多吨的卸荷板，利用起重机的起重臂反复变幅把卸荷板移至安装点，转运距离从刚开始的几米到发生事故时的近 100m。起重机每变幅一次能移动的距离约为 4～5m，这样到发生事故时，每安装一块卸荷板，起重机械就得在满负荷或接近满负荷状态下变幅 20 余次，严重违反了国家建筑工程总局颁发的《建筑安装工人安全技术操作规程》中第660条："起吊在满负荷或接近满负荷时，严禁降落臂杆或同时进行两个动作。"以及本单位颁发的《运输、施工机械安全技术操作规程》"履带起重机安全技术操作规程"第8条："起重机吊重时应尽量避免起落吊臂"和第10条："禁止把起重机当作水平运输机械使用"的规定。

事故发生时履带吊总荷载为62.5t，在当时吊距下吊机额定起重量仅为58.8t。由于起重机经常处在满负荷、部分时间超负荷的工作状态下反复变幅，受很大张力的变幅钢丝绳长期在直径 $\Phi300mm$ 的变幅滑轮组处频繁弯曲而造成部分钢丝断裂，直至最后钢丝绳被拉断。这是造成此次事故的直接原因。

2) 方案改变未报批。项目部改变卸荷板的出运及安装方案，没有详细研究方案修改后技术是否可行，也没有制定安全防护措施，更没有严格执行公司制定的有关技术管理制度，在未将改变后的施工方案及安全防护措施向公司有关部门报批审核的情况下，便草率进行施工，是此次事故发生的起因和主要原因。

3) 无证上岗。项目部在专职起重工离岗后没有及时配备专职起重工担任起重指挥，就由现场施工技术人员临时负责指挥。非持证人员缺乏全面的起重安装安全知识，是造成此次事故的重要原因。

4) 保护装置失灵。据吊机驾驶员反映，从吊卸荷板作业开始，就发现该机电脑超负荷自动报警装置失效，驾驶员安全意识淡薄，没有及时向本单位主管领导和有关部门反映，未能使安全装置起到示警保护作用，是事故发生的间接原因。

5) 检修维护不到位。卸荷板出运安装方案改变后，施工现场有关人员及起重机操作人员只考虑起重机可能会发生倾翻及行走机构受损的情况和后果，没有仔细研究此方案对起重机的其他部件可能构成的损害。当起重机在变幅滑轮组附近变幅钢丝绳发生多处断丝现象时，理应在日常检查保养中得以发现。但由于起重机驾驶员没有严格按照机械保养规定进行认真细致的检查和保养，只是重点检查、保养卷筒附近的钢丝绳，忽视对位于约10m高处变幅滑轮组附近的钢丝绳的检查，没能及时发现和排除事故隐患，是事故发生的另一间接原因。

6) 检查督促不力。公司有关领导及部门和机械租赁公司有关领导、管理人员到现场检查工作不仔细，未能发现并及时制止这一违章事故的发生。

3.4.3 事故性质

根据有关规定，此次事故属于"违反安全操作规程，对设备使用不当，疏于维护保养"造成的机损事故，属于重大机损责任事故。

3.4.4 防止类似事故发生应采取的防范措施

1) 必须强化各级领导和全体员工的安全法制意识，在思想上牢固确立"安全第一、预防为主、综合治理"的安全管理方针。

2) 制定完善的《安全生产责任制》并认真贯彻，相关人员要认真学习并切实掌握起重作业的操作规程，并定期检查落实情况。

3) 必须联系工程实际，认真识别施工项目中的危险源，进行风险评价，并确定相应的具体控制措施。

4) 严格执行施工技术方案制定和修改的审批程序，施工方案一经批准必须严格执行，如施工方案有重大修改，必须报原批准部门重新审批。

5）在工程项目实施前，要认真进行安全技术交底，使操作者能掌握安全风险的防范要领，有效地防止事故的发生。

6）安全检查要认真细致，首先要关注施工方案是否是按批准的方案认真实施，突出重点检查类似起重作业等重大危险源的防控措施落实情况。

7）指挥起重、吊装作业的人员必须持有劳动安全部门核发的"特种作业操作证"，严禁无证上岗。

8）加强机务部门的管理力度，使之有足够的精力去检查、督促机械设备的正常使用和维修保养等基础工作。

9）必须严格执行设备的维修保养制度，尤其是对起重设备安全部件的定期检查保养，发现问题必须立刻整改，待整改完毕后方可投入使用，并留下必要的记录。

3.5 绞吸挖泥船搁浅进水事故

3.5.1 事故经过

绞吸挖泥船 C 于某年 10 月 23 日进入 P 工地为起重船开挖作业水域。10 月 26 日上午气象预报为：白天，东南风 5～6 级，上半夜东南风 6 级，后半夜东南风转东北风 6～7 级、阵风 8 级；16：00 调度收到气象预报：夜间东南风 5～6 级转东北风 7-8 级、阵风 9 级，当即用电话请示主管副经理决定立即把 C 船拖走，现场调度与 C 船船长沟通后决定立即撤船。C 船船长为防止所留水上管线过长碰撞码头桩基，经报告现场调度后决定船尾留下 10 套浮筒管线随船一起拖走。18：40 左右起锚艇开始起拖 C 船，当拖移 200m 左右至排泥管口时，C 船所带的尾部管线和排泥口管线锚缆绞缠在一起。C 船要求向左侧拖，起锚艇此时开全速但不能前进，然后又向右侧拖，但仍拖不动。起锚艇多次拟用车舵摆脱困境，但未能成功。由于风浪继续加大，起锚艇和 C 船被风浪推向岸边，起锚艇右满舵但无法右转，致使被风浪压向 C 船右锚杆，起锚艇被迫解缆，并通知现场调度联系拖轮，起锚艇在附近为 C 船照明。经项目经理部联系，派 T 拖轮接拖，由于 T 拖轮吃水大，不敢靠近挖泥船，不能施救，通知现场调度后返航。

C 船要求起锚艇将船向水深的地方拖 50m，起锚艇再次接缆过程中又被拖缆缠住右车车叶，造成右主机停车。起锚艇此时无法控制船舶，经与项目经理部请示，C 船就地避风，下桥梁、钢桩，防止被风浪压向浅滩。起锚艇只能用左车向 C 船靠近，倒车时又将左车缠住，失去动力，立即通知 C 船为其带缆，起锚艇靠泊在 C 船舷边。夜间由于风浪增大，起锚艇的缆绳多次崩断后只好在附近下锚。10 月 27 日凌晨 01：30 起锚艇走锚被风浪压向东护岸石头坝搁浅。当时起锚艇在船人员有船长、轮机长和 2 名气焊工人。

10 月 27 日凌晨 02：00 点左右 C 船机舱右侧舷窗 6 块玻璃被风浪打碎进水，尤其是液压缸帆布罩被风浪打掉后（液压缸是与机舱直通的），大量海水迅速涌入机舱，经船员堵漏无效后，立即向项目经理部要求救援。项目经理部立即联系拖轮抢救，但由于气象恶劣，联系不到拖轮施救。凌晨 02：30 左右，C 船舱进水太多，导致停机断电，高频电话中断，船舶坐在浅滩上，高潮时主甲板没入水中，当时船上有 7 名船员无法下船。

10 月 27 日中午 12：00 左右，经过积极组织抢救，现场交通船先将 C 船的 7 名船员抢救下船，12：50 又将起锚艇拖离险区。10 月 28 日上午，用水泵将 C 船机舱内进水全部抽干，C 船自浮后于下午 13：00 乘潮用拖轮拖离搁浅区。

3.5.2 原因分析

1）项目经理部接受此项工程时，事先没有组织有关船舶和人员认真分析该工程所在海域的恶劣条件，思想严重麻痹，没有制定具有针对性的防风措施和及时向公司生产调度部门报告。虽然在施工方案中有安全条款叙述，但针对性差，也没有双方签字确认。

2）项目主要负责人没有对起锚艇在恶劣天气时的拖带能力进行恰当的评估，也没有组织落实其他的应急措施（如提前联系落实守护拖轮）。起锚艇在正常天气情况下，拖带 C 船也只有 2 节多。所以当大风浪来临时，起锚艇对 C 船的拖带能力明显不足，加上又预留 10 套浮筒管线使起锚艇的拖带更加困难。

3）发生事故时，现场仅留有一名调度和一名总务，致使发生紧急情况时，指挥、调度不力，贻误时机。

4）C 船船长未在风浪袭击或恶劣天气到来前登船进行有效组织指挥。

5）C 船船长在陆地指挥切断管线时，决定留 10 套浮筒管线随船，造成起锚艇拖带负荷增大，操纵困难，以致在拖带过程中随船管线与留置管线锚缆发生缠挂，近 2 小时不能摆脱，错过了抢险时机。

6）C 船接受此项工程时，对施工任务的困难程度和潜在危险没有足够的认识，存有侥幸心理。尤其是在恶劣气象来临前没有对通气孔、舱盖、舷窗等进行认真检查和采取封闭措施，致使船舶舱室进水。

7）起锚艇违反公司船舶定员规定，船上只留 2 名船员，造成抢险时人员不足。

8）大风比预报来临的早 6 个 h 左右，风浪比预报的大，上午预报 5～6 级转 6～7 级、阵风 8 级；下午预报前半夜 5～6 级转 7～8 级、阵风 9 级。现场实测极人风速分别出现在 26 日 19：40、21：50 时，由于预计不足，致使避风行动不能顺利实施。

9）水上管线与挖泥船连接无快速接头，断开需要时间长，也在一定程度上造成延误。

3.5.3 防范措施

1）项目经理部和施工船舶在转换新工地或施工区域发生较大变化时，应该对防风措施进行符合实际情况的修改补充，必要时报上级安全部门以获得技术支持。

2）进入新工地或工地环境发生变化时，项目经理部应召集现场所有施工及配套船舶，分析施工环境影响安全的因素，落实安全措施，认真进行规范的文字交底，并应明确职责。

3）在受风浪影响较大的施工现场，应充分考虑配套船舶的能力，确保恶劣天气袭击时，有可供拖带船舶的大马力拖轮将施工船拖至避风区域。

4）施工船船长应当在风浪袭击或有预报的恶劣天气到来前，登船现场指挥，履行职责，并控制现场局面。

5）施工船舶应随时备有充满电的手持 VHF，防止船舶断电后影响通信联络。特别是恶劣天气、危险局面时，更应确保通信联络通畅，以免延误时机。

6）避风方案应当根据当地的防风经验，充分考虑到各季节风的不规则性，在风浪袭击前实施，并留有一定的富余时间。切不可存侥幸心理，匆忙应对，造成严重后果。

4 港口与航道工程建设法规和标准规范

4.1 《港口建设管理规定》要点解读

4.1.1 港口建设管理规定的适用范围

在适用范围上，港口建设管理规定对军事和渔业以外的港口建设活动实施了统一管理，包括境内新建、扩建、改建港口建设项目（包括与其他建设项目配套的港口建设项目）及其配套设施的建设活动。

4.1.2 港口建设管理机构和职责

我国港口建设管理模式采用"统一管理、分级负责"的行业管理模式，交通运输部是行业主管部门，港口建设由交通运输部、省级交通主管部门和港口所在地港口行政主管部门分级负责管理。

4.1.3 港口建设程序管理

港口建设主要分为政府投资的港口建设项目和企业投资建设的港口建设项目，《港口建设管理规定》对港口建设从前期工作开始到竣工验收全过程都作出了明确规定，政府投资项目和企业投资项目除在立项程序上有所差别外，在基建程序上是一致的。

1）立项审批、核准程序方面

政府投资的港口建设项目，在立项审批时遵循的程序主要有：开展工程预可行性研究，编制项目建议书；根据批准的项目建议书，进行工程可行性研究，编制可行性研究报告；根据批准的可行性研究报告，编制初步设计文件。

企业投资建设项目在立项时遵循的程序则主要是：开展工程可行性研究，编制工程可行性研究报告；根据工程可行性研究报告，编制项目申请报告或者备案文件，履行核准或者备案手续；根据核准或者备案的项目申请报告或者备案文件，编制初步设计文件。

2）基建程序管理方面

政府和企业投资项目在通过立项审批、核准后，在基建方面应执行的程序性要求大致相同，主要有：

① 根据批准的初步设计，编制施工图设计文件。

港口工程设计管理实行行政许可制度。港口工程设计分为初步设计和施工图设计两个阶段，港口工程初步设计按照港口建设管理机构的权限范围由相应的港口行政管理部门审批，施工图设计则由港口所在地港口行政管理部门审批。

施工图设计经批准后，不得擅自修改、变更，如有必要对已批准的设计方案等进行重大调整时，应报原审批机关批准后方可实施。

② 根据批准的施工图设计，组织项目监理、施工招标。

③ 根据国家有关规定，进行施工前准备工作，并向港口行政管理部门办理开工备案手续。

④ 备案后组织工程实施。

港口建设项目招标投标实行备案制度，港口建设项目应当具备相应的条件，项目法人在开工前应当按照项目管理权限向港口行政管理部门备案。

⑤ 工程完工后，编制竣工验收材料，进行工程竣工验收的各项准备工作。

⑥ 港口行政管理部门按权限组织竣工验收。

港口建设项目完工后，应当按照交通运输部《港口工程竣工验收办法》的有关规定进行验收，验收合格后方可交付使用。

4.1.4　港口建设的管理

港口建设市场的管理主要通过几个方面来实现：一是明确港口建设中的制度要求，如招标投标制度、合同管理制度、工程监理制度、质量安全管理制度等；二是加强对参加港口建设的勘察、设计、施工、监理等从业单位的资质管理，要求相关单位应当具备相应的资质；三是信息报送制度，项目法人及各级交通主管部门应按照《港口建设管理规定》规定的时间汇总报送港口工程信息。

4.1.5　法律责任

《港口建设管理规定》对违反港口建设管理的行为规定了相应的法律责任，对其中构成犯罪的，由司法机关依法追究刑事责任；对违反《港口建设管理规定》中关于招投标活动、勘察设计、质量安全等规定的按照《中华人民共和国招标投标法》、《建设工程质量管理条例》、《建设工程勘察设计管理条例》和交通运输部有关规定进行处罚。对其他违反规定的行为，可对有关单位给予责令限期改正、罚款、通报批评以及按其他相关规定进行处罚等。

4.2　《航道建设管理规定》要点解读

4.2.1　航道建设管理规定的适用范围

航道建设管理规定适用于我国境内的航道建设活动，包括航道整治、航道疏浚和航运枢纽、过船建筑物等航道设施及其他航道附属设施的新建、扩建和改建。对于国际、国界河流上的航道及其生产、生活等附属设施的建设管理，除涉及国家政府间协议的按协议执行外，也适用本规定。

4.2.2　航道建设管理分工

我国港口航道建设实行统一领导、分级管理制度。

交通运输部负责全国航道建设的行业管理，并具体负责国家发展改革委员会批准或核准的航道建设项目相关的监督管理；地方各级交通主管部门负责本行政区域内航道建设的监督管理。

4.2.3　航道建设程序管理

航道建设根据投资主体的不同，主要分为政府投资航道建设项目和企业投资航道建设项目。政府投资航道建设项目实行审批制，企业投资航道建设项目实行核准制和备案制。

1）政府投资的航道建设项目程序

① 根据规划，开展预可行性研究，编制项目建议书。

编制的项目建议书，要符合规定的要求，包括已进行航道建设项目工程预可行性研究，建设方案应符合航道规划，符合有关编制水运工程预可行性研究和项目建议书的深度要求，符合国家和行业的有关规定。

② 根据批准的项目建议书，进行工程可行性研究，编制可行性研究报告。

编制的可行性研究报告应符合航道规划，符合经批准的项目建议书，符合有关编制的水运工程可行性研究报告的深度要求，以及符合国家和行业的有关规定、技术标准和规范。

③ 根据批准的可行性研究报告，编制初步设计文件。

初步设计文件的审批部门在审批前，应委托不低于原初步设计单位资质等级的另一设计单位，对初步设计文件进行技术咨询。

④ 根据批准的初步设计文件，编制施工图设计文件。

施工图设计文件应集中报审。对于工期长、涉及专业多、需分期实施的航道工程项目，可以分期报审，但一个单位工程的施工图设计必须一次报审。

审批部门在审批前应当委托不低于原施工图编制单位资质等级的另一设计单位，对施工图设计文件中关于结构安全、稳定、耐久性的内容进行审查。

同时，《航道建设管理规定》规定，初步设计文件和施工图设计文件一经批准，不得擅自修改、变更，不得以肢解设计变更内容等方式规避设计变更审批。

如确有必要对主体工程建设位置、工程总平面布置、主要建筑物结构型式、工程主要工艺及设备配置、工程造价等进行重大变更的，应经原审批部门批准方可修改，变更文件由原设计单位编制，经原设计单位同意，也可以委托其他有资质的设计单位编制，由编制单位对变更文件承担相应责任。

对因紧急抢险造成的航道建设项目设计变更，项目单位可先行处理，事后办理设计变更审批手续。

⑤ 根据批准的设计文件，组织项目监理、施工招标。

⑥ 根据国家有关规定，进行施工前准备工作，并向交通主管部门办理开工备案。

⑦ 开工备案后组织工程实施。

⑧ 工程完工后，编制竣工资料，办理工程竣工前的各项工作。

⑨ 交通主管部门组织竣工验收，办理固定资产移交手续。

2）企业投资的航道建设项目程序

① 依法确定建设项目投资人。

② 根据规划与需要，编制工程可行性研究报告。

③ 投资人组织编制项目申请报告，按照规定履行核准或者备案手续。

项目申请报告应包含拟建项目的概况、建设用地与有关规划、资源利用、能耗分析、生态环境影响分析、经济和社会效果分析。

④ 根据核准、备案的项目申请报告，编制初步设计文件。

初步设计文件编制要求和后续的建设程序及要求，与政府投资的航道建设项目建设程序相同，在此不再赘述。

4.2.4 航道建设的管理

1）建设市场管理

① 航道建设市场实行准入管理。航道建设的从业单位和人员必须取得相应的资质，

航道建设项目单位的管理机构、人员应具备相应的技术和管理能力，符合交通运输部有关规定的要求。

② 航道建设项目单位对建设项目勘察、设计、施工、监理、重要设备采购等必须按照《中华人民共和国招标投标法》等规定进行招标。

③ 禁止从业单位无证或超越资质等级承揽航道建设工程，禁止转包和违法分包。

2）工程质量和安全管理

① 航道建设工程实行政府监督、法人负责、社会监理、企业自检的质量管理制度。各从业单位应严格执行有关安全生产的法律法规。

②《航道建设管理规定》明确县级以上交通管理部门应当建立工程质量和安全事故举报制度。航道建设项目发生工程质量事故，有关单位应当在24h内按照项目隶属关系及时向有关部门报告。

3）政府投资项目的建设资金管理

对于使用政府投资的航道建设项目，县级以上交通主管部门应加强对建设资金的筹集、使用和管理工作的监管，制定有关资金管理制度，审核、汇总、批复年度资金使用计划，督促工程竣工结算等。对于需要动用工程预留费的，按照水运建设工程概（预）算编制的有关规定执行。

4）工程信息及档案管理

航道建设实行建设项目信息报告制度，项目单位、省级交通主管部门需按照规定的时间及时汇总、报送有关航道建设工程信息。

4.2.5 法律责任

《航道建设管理规定》对违反航道建设管理的行为规定了相应的法律责任，对其中构成犯罪的，由司法机关依法追究刑事责任；对航道建设从业单位违反航道建设基本程序、工程质量、安全管理的，按照《中华人民共和国航道管理条例》、《建设工程勘察设计管理条例》、《安全生产法》等法律法规有关规定处罚。对其他违反《航道建设管理规定》的行为，可对有关单位给予警告、责令限期整改、暂停项目执行等，对直接责任人员依法给予行政处分。

4.3 《公路水运工程安全生产监督管理办法》要点解读

4.3.1 总则

1）立法目的：为加强公路水运工程安全生产监督管理工作，保障人身及财产安全。

2）适用范围：公路水运工程建设活动的安全生产行为及对其实施监督管理，应当遵守本办法。

3）安全生产方针：安全第一、预防为主、综合治理。

4）监督管理：公路水运工程安全生产监督管理实行统一监管、分级负责。交通运输部负责全国公路水运工程安全生产的监督管理工作。县级以上地方人民政府交通主管部门负责本行政区域内的公路水运工程安全生产监督管理工作，但长江干流航道工程安全生产监督管理工作由交通运输部设在长江干流的航务管理机构负责。

交通运输部和县级以上地方人民政府交通主管部门，可以委托其设置的安全监督机构负责具体工作，法律、行政法规规定不能委托的事项除外。

5）监督管理部门的主要职责：

① 宣传、贯彻、执行有关安全生产的法律、法规，按照法定权限制定公路水运工程安全生产管理规章和技术标准；

② 依法对公路水运工程从业单位安全生产条件实施监督管理，组织施工单位的主要负责人、项目负责人、专职安全生产管理人员的考核管理工作；

③ 建立公路水运工程安全生产应急管理机制，制定重大生产安全事故应急预案；

④ 建立公路水运工程从业单位安全生产信用体系，作为交通行业信用体系建设的一部分，对从业单位和人员实施安全生产动态管理；

⑤ 受理公路水运工程安全生产方面的举报和投诉，依法对公路水运工程安全生产实施监督检查和相应的行政处罚；

⑥ 依法组织或者参与调查处理生产安全事故，按照职责权限对公路水运工程生产安全事故进行统计分析，发布公路水运工程安全生产动态信息。省级交通主管部门负责向交通运输部和国务院其他有关部门报送事故信息；

⑦ 指导下级交通主管部门开展公路水运工程安全生产监督管理工作；

⑧ 组织公路水运工程安全生产技术研究和先进技术推广应用；

⑨ 开展公路水运工程安全生产经验交流，普及安全生产知识；

⑩ 法律、法规规定的其他职责。

4.3.2　从业单位的安全生产条件

1）从业单位从事公路水运工程建设活动，应当具备法律、行政法规规定的安全生产条件。任何单位和个人不得降低安全生产条件。

2）施工单位应当取得安全生产许可证，施工单位的主要负责人、项目负责人、专项安全生产管理人员（以下简称安全生产三类人员）必须取得考核合格证书，方可参加公路水运工程投标及施工。

施工单位主要负责人，是指对本企业日常生产经营活动和安全生产工作全面负责、有生产经营决策权的人员，包括企业法定代表人、企业安全生产工作的负责人等。

项目负责人，是指由企业法定代表人授权，负责公路水运工程项目施工管理的负责人。包括项目经理、项目副经理和项目总工。

专职安全生产管理人员，是指在企业专职从事安全生产管理工作的人员，包括企业安全生产管理机构的负责人及其工作人员和施工现场专职安全员。

3）交通运输部负责组织公路水运工程一级及以上资质施工单位安全生产三类人员的考核发证工作。

省级交通主管部门负责组织公路水运丁程二级及以下资质施工单位安全生产三类人员的考核发证工作。

4）施工单位安全生产三类人员考核分为安全生产知识考试和安全管理能力考核两部分。考核合格的，由交通运输部或省级交通主管部门颁发《安全生产考核合格证书》。

5）施工单位的垂直运输机械作业人员、施工船舶作业人员、爆破作业人员、安装拆卸工、起重信号工、电工、焊工等国家规定的特种作业人员，必须按照国家规定经过专门的安全作业培训，并取得特种作业操作资格证书后，方可上岗作业。

6) 施工单位在工程中使用施工起重机械和整体提升式脚手架、滑模爬模、架桥机等自行式架设设施前，应当组织有关单位进行验收，或者委托具有相应资质的检验检测机构进行验收，使用承租的机械设备和施工机具及配件的，由承租单位、出租单位和安装单位共同进行验收，验收合格的方可使用。验收合格后 30 日内，应向当地交通主管部门登记。

7) 从业单位应当对从业人员进行安全生产教育和培训，保证从业人员具备必要的安全生产知识，熟悉有关的安全生产规章制度和安全操作规程，掌握本岗位的安全操作技能。未经安全生产教育和培训合格的从业人员，不得上岗作业。

4.3.3 安全责任

1) 建设单位在编制工程招标文件时，应当确定公路水运工程项目安全作业环境及安全施工措施所需的安全生产费用。安全生产费用由建设单位根据监理工程师对工程安全生产情况的签字确认进行支付。

2) 建设单位在公路水运工程施工招标文件中应当按照法律、法规的规定对施工单位的安全生产条件、安全生产信用情况、安全生产的保障措施等提出明确要求。

建设单位不得对咨询、勘察、设计、监理、施工、设备租赁、材料供应、检测等单位提出不符合工程安全生产法律、法规和工程建设强制性标准规定的要求，不得随意压缩合同规定的工期。

3) 勘察单位应当按照法律、法规和工程建设强制性标准进行勘察，重视地质环境对安全的影响，提交的勘察文件应当真实、准确，满足公路水运工程安全生产的需要。

勘察单位应当对有可能引发公路水运工程安全隐患的地质灾害提出防治建议。

勘察单位及勘察人员对勘察结论负责。

4) 设计单位应当按照法律、法规和工程建设强制性标准进行设计，防止因设计不合理导致安全生产隐患或者生产安全事故的发生。

采用新结构、新材料、新工艺的工程和特殊结构的工程，设计单位应当在设计文件中提出保障施工作业人员安全和预防生产安全事故的措施建议。

设计单位和设计人员应当对其设计负责。

5) 监理单位应当按照法律、法规和工程建设强制性标准进行监理，对工程安全生产承担监理责任。应当编制安全生产监理计划，明确监理人员的岗位职责、监理内容和方法等。对危险性较大的工程作业应当加强巡视检查。

监理单位应当审查施工组织设计中的安全技术措施或者专项施工方案是否符合工程建设强制性标准。监理单位在实施监理过程中，发现存在安全事故隐患的，应当要求施工单位整改，必要时，可下达施工暂停指令并向建设单位和有关部门报告。

监理单位应当填报安全监理日志和监理月报。

6) 为公路水运工程提供施工机械设备、设施和产品的单位，应确保配备齐全有效的保险、限位等安全装置，提供有关安全操作的说明，保证其提供的机械设备和设施等产品的质量和安全性能达到国家有关标准。所提供的机械设备、设施和产品应当具有生产（制造)许可证、产品合格证或者法定检验检测合格证明。对于尚无相关国家标准或者行业标准的设备和设施，应当保障其质量和安全性能。

7) 施工单位应当对施工安全生产承担责任。

施工单位主要负责人依法对本单位的安全生产工作全面负责。施工单位应当建立健全安全生产责任制度和安全生产教育培训制度及安全生产技术交底制度，制定安全生产规章制度和操作规程，保证本单位安全生产条件所需资金的投入，对所承担的公路水运工程进行定期和专项安全检查，并做好安全检查记录。

施工单位的项目负责人依法对项目的安全施工负责，落实安全生产各项制度，确保安全生产费用的有效使用，并根据工程特点组织制定安全施工措施，消除安全事故隐患，及时、如实报告生产安全事故。

安全生产技术交底制度，是指公路水运工程每项工程实施前，施工单位负责项目管理的技术人员对有关安全施工的技术要求向施工作业班组、作业人员详细说明，并由双方签字确认的制度。

8) 施工单位应当设立安全生产管理机构，配备专职安全生产管理人员。施工现场应当按照每 5000 万元施工合同额配备一名的比例配备专职安全生产管理人员，不足 5000 万元的至少配备一名。

专职安全生产管理人员负责对安全生产进行现场监督检查，并做好检查记录，发现生产安全事故隐患，应当及时向项目负责人和安全生产管理机构报告；对违章指挥、违章操作和违反劳动纪律的，应当立即制止。

9) 施工单位在工程报价中应当包含安全生产费用，一般不得低于投标价的 1%，且不得作为竞争性报价。

安全生产费用，应当用于施工安全防护用具及设施的采购和更新、安全施工措施的落实、安全生产条件的改善，不得挪作他用。

10) 施工单位应当在施工组织设计中编制安全技术措施和施工现场临时用电方案，对下列危险性较大的工程应当编制专项施工方案，并附安全验算结果，经施工单位技术负责人、监理工程师审查同意签字后实施，由专职安全生产管理人员进行现场监督：

① 不良地质条件下有潜在危险性的土方、石方开挖：

② 滑坡和高边坡处理；

③ 桩基础、挡墙基础、深水基础及围堰工程；

④ 桥梁工程中的梁、拱、柱等构件施工等；

⑤ 隧道工程中的不良地质隧道、高瓦斯隧道、水底海底隧道等；

⑥ 水上工程中的打桩船作业、施工船作业、外海孤岛作业、边通航边施工作业等；

⑦ 水下工程中的水下焊接、混凝土浇筑、爆破工程等；

⑧ 爆破工程；

⑨ 大型临时工程中的大型支架、模板、便桥的架设与拆除，桥梁、码头的加固与拆除；

⑩ 其他危险性较大的工程。

必要时，施工单位对前款所列工程的专项施工方案，还应当组织专家进行论证、审查。

⑪ 施工单位应当在施工现场出入口或者沿线各交叉口、施工起重机械、拌和场、临时用电设施、爆破物及有害危险气体和液体存放处以及孔洞口、隧道口、基坑边沿、脚手架、码头边沿、桥梁边沿等危险部位，设置明显的安全警示标志或者必要的安全防护设施。

施工单位应当根据不同施工阶段和周围环境及季节、气候的变化，在施工现场采取相应的安全施工措施。施工现场暂时停止施工的，施工单位应当做好现场防护。因施工单位安全生产隐患原因造成工程停工的，所需费用由施工单位承担，其他原因按照合同约定执行。

⑫ 施工单位应当将施工现场的办公、生活区与作业区分开设置，并保持安全距离；办公、生活区的选址应当符合安全性要求。职工的膳食、饮水、休息场所、医疗救助设施等应当符合卫生标准。

施工现场临时搭建的建筑物应当符合安全使用要求。施工现场使用的装配式活动房屋应当具有生产（制造）许可证、产品合格证。

⑬ 施工单位应当在施工现场建立消防安全责任制度，确定消防安全责任人，制定用火、用电、使用易燃易爆材料等各项消防管理制度和操作规程，设置消防通道，配备相应的消防设施和灭火器材。

⑭ 施工单位应当向作业人员提供必需的安全防护用具和安全防护服装，书面告知危险岗位的操作规程并确保其熟悉和掌握有关内容和违章操作的危害。

作业人员有权对施工现场的作业条件、作业程序和作业方式中存在的安全问题提出批评、检举和控告，有权拒绝违章指挥和强令冒险作业。

在施工中发生可能危及人身安全的紧急情况时，作业人员有权立即停止作业或者在采取必要的应急措施后撤离危险区域。

⑮ 作业人员应当遵守安全施工的工程建设强制性标准、规章制度，正确使用安全防护用具、机械设备等。

⑯ 施工单位采购、租赁的安全防护用具、机械设备、施工机具及配件，应当具有生产（制造）许可证、产品合格证，并在进入施工现场前由专职安全管理人员进行查验。

⑰ 施工单位应当对管理人员和作业人员进行每年不少于两次的安全生产教育培训，其教育培训情况记入个人工作档案。

施工单位在采用新技术、新工艺、新设备、新材料时，应当对作业人员进行相应的安全生产教育培训。

新进人员和作业人员进入新的施工现场或者转入新的岗位前，施工单位应当对其进行安全生产培训考核。

未经安全生产教育培训考核或者培训考核不合格的人员，不得上岗作业。

⑱ 施工单位应当为施工现场的人员办理意外伤害保险，意外伤害保险费应由施工单位支付。实行施工总承包的，由总承包单位支付意外伤害保险费。

⑲ 建设工程实行施工总承包的，由总承包单位对施工现场的安全生产负总责。总承包单位依法将建设工程分包给其他单位的，分包合同中应当明确各自的安全生产方面的权利、义务。总承包单位对分包工程的安全生产承担连带责任。

分包单位应当服从总承包单位的安全生产管理，分包单位不服从管理导致生产安全事故的，由分包单位承担主要责任。

⑳ 建设单位、施工单位应当针对本工程项目特点制定生产安全事故应急预案，定期组织演练。发生生产安全事故，施工单位应当立即向建设单位、监理单位和事故发生地的公路水运工程安全生产监督管理部门以及地方安全监督部门报告。建设单位、施工单位应

当立即启动事故应急预案，组织力量抢救，保护好事故现场。

4.3.4 监督检查

1）公路水运工程安全生产监督管理部门在职责范围内履行安全生产监督检查职责时，有权采取下列措施：

① 要求被检查单位提供有关安全生产的文件和资料；

② 进入被检查单位施工现场进行检查；

③ 正施工中违反安全生产要求的行为，依法实施行政处罚。

2）公路水运工程安全生产监督管理部门对从业单位安全生产监督检查的内容主要有：

① 从业单位安全生产条件的符合情况；

② 施工单位安全生产三类人员和特种作业人员具备上岗资格情况；

③ 从业单位执行安全生产法律、法规、规章和工程建设强制性标准的情况；

④ 从业单位对安全生产管理制度、安全责任制度和各项应急预案的建立和落实情况；

⑤ 安全生产管理机构或者专职安全生产管理人员的设置和履行职责情况；

⑥ 员工的安全教育培训情况；

⑦ 其他应当监督检查的情况。

3）公路水运工程安全生产监督管理部门应当对公路水运工程下列施工现场的安全生产情况进行监督检查：

① 现场驻地；

② 施工作业点（面）；

③ 危险品存放地；

④ 预制厂、半成品加工厂；

⑤ 非标施工设备组装厂。

公路水运工程安全生产监督管理部门对易发生生产安全事故的危险工程及施工作业环节应当进行重点监督检查。

4）公路水运工程安全生产监督管理部门对监督检查中发现的安全问题，应当作出如下处理：

① 从业单位存在安全管理问题需要整改的，以书面方式通知存在问题单位限期整改；

② 从业单位存在严重安全事故隐患的，责令立即排除；

③ 重大安全事故隐患在排除前或者在排除过程中无法保证安全的，责令其从危险区域内撤出作业人员或者暂时停止施工；

④ 建设单位违反安全管理规定造成重大生产安全事故的，对全部或者部分使用国有资金的建设项目，暂停资金拨付；

⑤ 建设单位未列建设工程安全生产费用的，责令其限期改正并不得办理监督手续；逾期未改正的，责令该建设工程停止施工并通报批评。

5）公路水运工程安全生产监督管理部门应当建立从业单位信用档案，并将监督检查情况和处理结果及时登录在安全生产信用管理系统中。

6）从业单位整改不力，多次整改仍然存在安全问题的，公路水运工程安全生产监督管理部门将其列入安全监督检查重点名单，登录在安全生产信用管理系统中，并向有关部门通报。

对存在重大安全事故隐患但拒绝整改或者整改效果不明显或者发生重特大安全事故等不再具备安全生产条件的，公路水运工程安全生产监督管理部门应当向安全生产许可证颁发部门通报，建议暂扣或者吊销安全生产许可证，同时向有关资质证书颁发部门建议降低资质等级。

7）公路水运工程安全生产监督管理部门可委托具备国家规定资质条件的机构对容易发生重特大生产全事故的工程项目和危险性较大的工程施工进行安全评价和监测。

4.4 水运工程行业标准规范现状

4.4.1 水运工程建设标准规范发展的简要历程

我国港口与航道工程建设技术标准的制定和修订工作，是与建国后我国的水运工程建设同时起步和发展的，大致经历了筹划酝酿、初步建立、基本完善、全面发展和规范化发展等五个阶段。

1）筹划酝酿阶段（20 世纪 50 年代）：主要是收集资料，翻译前苏联的规范，研究我国水运工程建设标准编制的框架，初步将标准总体上划分为设计部分和施工部分，并将设计部分定名为《港口工程设计标准及技术规范》。

2）初步建立阶段（20 世纪 60 年代）：陆续编制出版了内河通航试行标准、港口总体设计、混凝土结构设计、方块码头和沉箱码头施工等规范。

3）基本完善阶段（20 世纪 70 年代）：陆续出版了河港总体、重力式码头、高桩码头、斜坡码头和浮码头、地基、桩基、混凝土结构设计、混凝土施工、防波堤、海港水文、测量、地质勘察、荷载、混凝土试验、制图、海港总体及工艺设计、海港混凝土结构防腐蚀、钢结构防腐蚀、抗震设计和节能设计等 20 余本规范。

4）全面发展阶段（20 世纪 80～90 年代）：是水运工程建设标准发展的重要时期。一方面对已编的 20 余本港口工程类的规范进行全面协调和修订，汇编了《港口工程技术规范（1987）》合订本，开始编制航道工程方面的规范，成立了《港口工程结构可靠度设计统一标准》编写组，开始新一轮可靠度规范的制定工作。另一方面，随着《港口工程结构可靠度设计统一标准》的颁布，用了近 10 年的时间，陆续完成了新一轮港口工程结构可靠度设计新标准（98 标准）的编制、颁发和出版工作。从此，我国港口工程的结构设计开始从定值单一系数法的徘徊中走出来，步入了以可靠度理论为基础、以分项系数表达的概率极限状态设计法的新阶段。

5）规范化发展阶段（2000～2010 年）：这一阶段，交通运输部先后发布了《水运工程建设标准管理办法》、《水运工程建设标准体系表》和《水运工程建设标准编写规定》，制定并发布了一批工程建设急需的标准等，并对个别不适宜的标准进行了修订。至此，水运工程建设标准管理工作走上正轨。

近年来，标准的制定和修订加速开展，在现行标准的基础上编制了《工程建设标准强制性条文（水运工程部分）》，同时对《水运工程建设标准管理办法》、《水运工程建设标准体系表》和《水运工程建设标准编写规定》进行了重新修订，水运工程建设标准的制定和修订工作走上规范化发展阶段。

4.4.2 水运工程现行标准规范概况

1) 水运工程标准规范体系

2001年，交通运输部水运司编制了《水运工程建设标准体系》，第一次勾画出了水运工程建设标准发展的规划蓝图(见图4.4-1)。

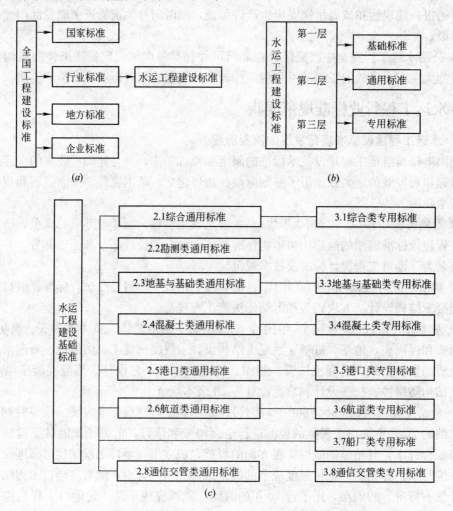

图 4.4-1 水运工程建设标准体系
(*a*)法律框架；(*b*)标准的层次；(*c*)标准体系结构

2) 现行水运工程建设技术标准的分类

截止到2004年年底，我国水运工程建设技术标准的数量已达到100余本。

① 水运工程建设技术标准分为：国家标准、行业标准和专项标准3种。

② 行业标准分为：基本标准类、综合类、勘测类、地基与基础类、混凝土类、港口类、航道与通航建筑物类、修造船水工建筑物类和通信交管类9类。

3) 水运工程建设现行技术标准名称及代号

① 国家标准

01《港口工程基本术语标准》(GB 50186—93)

02《港口工程结构可靠度设计统一标准》(GB 50158—2010)

03《内河通航标准》(GB 50139—2004)

② 行业标准

a 基本标准类

01《水运工程建设标准编写规定》(JTJ 200—2001)

02《航道工程基本术语标准》(JTJ/T 204—96)

03《港口工程制图标准》(JTJ 206—96)

b 综合类(略)

c 勘测类(略)

d 地基与基础类(略)

e 混凝土类(略)

f 港口类(略)

g 航道与通航建筑物类(略)

h 修造船水工建筑物类(略)

I 通信交管类(略)

③ 专项标准(略)

4.4.3 现行行业标准的特点和水平

1) 基本覆盖了水运工程建设行业并形成体系,基本上能够满足当前水运工程建设的需要。

水运工程建设领域包括有港口建设(码头、堆场、防波堤、护岸和助导航设施等)、航道整治(维护和整治等)、疏浚(包括基建性疏浚和维护性疏浚以及吹填等)、通航建筑物(航运枢纽工程、渠化工程、船闸工程和升船机工程等)、修造船水工建筑物(船坞、船台和滑道等)和水上交管系统工程建设等。水运工程现行的101项标准,基本上覆盖了水运工程建设的全行业并形成了体系,基本上能够满足当前水运工程建设的需要。

2) 在国内率先采用了先进的可靠度设计理论,与国际标准基本接轨。

1980年以来,通过国际间的技术交流,水运工程建设标准采用了国际上先进、成熟的技术经验,依据国际标准化组织颁布的《结构可靠度总原则》(ISO 2394),采用了以分项系数表达的概率极限状态设计的先进方法,即可靠度理论。1992年发布《港口工程结构可靠度设计统一标准》,随后对除通航建筑物以外的相关规范,均已按可靠度理论进行了修订,并于1998年陆续颁布实施。

水运工程建设标准向可靠度转轨,受到了国内外各行业专家的好评。我国水运工程建设的新一轮规范已跻身于世界先进行列,特别是对荷载、风浪参数的统计分析、对地基可靠度和土压力的研究,在国际上处于领先水平。

3) 实行动态管理,既注意总结实际工程经验,又及时吸收新技术成果,保证了标准的先进性和可操作性。

水运工程建设标准在注重动态管理的同时,更注重实际工程经验的总结和积极采用新的理论方法、新的技术成果。如新的《海港水文规范》中,就采用了"不规则波的理论方法",在其他相应的规范中采用了"GPS全球定位技术"、"爆炸挤淤处理地基新技术"、

"大圆筒技术"、"大管桩技术"、"水上深层拌和处理地基新技术"和"半圆型防波堤新结构技术"等科技攻关成果，有的还单独成册。

4）标准力求先进，并适当超前。

现行的水运工程标准的制定和修订主要以大中型港口为主，适当考虑小型港口的实际情况，做到既符合我国的实际情况，又尽量提高有关的技术指标，保持标准的先进性。同时，为更好地适应国民经济和水运工程建设发展的需要，在编制标准时，对一些能够看得准的内容，超前考虑制定一些水运工程建设发展可能需要的标准。如《液化天然气码头设计标准》，虽然当时我国还没有这样的码头，但是根据国家发展的趋势和发达国家的实际情况，于1998年开始安排制定这个标准。实践证明，《液化天然气码头设计标准》的发布实施，对目前我国已建和在建的几个液化天然气码头的设计发挥了重要作用。

4.4.4　现行行业标准存在的问题及发展方向

1）现行行业标准存在的问题

① 随着管理体制的改革，水运工程建设标准的分类、内容、体系结构和管理体制需要进行相应的调整和完善。

② 标准虽然采用了可靠度设计理论，但新一轮可靠度设计规范中还需要进行大量的统计分析工作。

③ 对标准制定和修订的相关的基础研究工作还应进一步加强。过去在计划经济时期积累的一些资料，已远远不能满足标准编制的需要。今后应尽量多安排一些基础性研究、工程测试和原型观测工作。

④ 对于涉及码头使用寿命、码头维修和技术改造等关键性技术问题还有待研究和补充。虽然已经颁发了《海港工程混凝土结构防腐蚀技术规范》和《港口设施维护技术规范》等，但是还没有彻底地解决这些问题，还需要做大量工作。

⑤ 部分标准规定过细、过死，部分标准的内容存在交叉和矛盾，需要进行必要的统一整合和协调修订。

2）水运工程建设行业标准的发展方向

目前我国水运工程建设技术标准的体制是采用强制性与推荐性相结合的标准体制，这一体制的确立是根据《中华人民共和国标准化法》所规定的。

根据建设部关于工程标准体制改革的指导思想，我国的工程建设标准将逐步向目前世界上大多数国家所采取的技术法规与技术标准相结合的管理体制过渡。我国水运工程建设标准的发展方向应是逐步将"强制性标准"和"推荐性标准"分开，并逐步向技术法规与技术标准相结合的管理体制过渡。为搞好过渡，近几年应重点着手下列工作。

① 对现行体系表进行修订，完善水运工程建设标准的体系结构。

② 在原有的结构基础上增加工程建设管理类标准和工程维护技术类标准。

③ 将设计标准与施工标准分离，整合内容交叉和性质类同的标准。

④ 增加设计通则、施工通则和耐久性设计等标准，将涉及安全、环保、节能、可持续发展和通用的强制性条款统一编入通则中，为实现"强制性标准"与"推荐性标准"分离做好准备。

⑤ 对标准的管理体制进行改革，为逐步形成技术法规、技术标准、指南和手册等并存的管理模式奠定基础。

4.4.5 新编《水运工程建设标准体系表》

2007 年 5 月交通部编制了新的《水运工程建设标准体系表》，它是标准体系发展方向的具体体现，是编制水运工程建设标准项目库的依据，是开展水运工程建设标准工作的指导性文件，是今后一定时期内标准立项和编制年度计划的重要依据，也是标准科学管理的基础。

原《水运工程建设标准体系表》自 2001 年 12 月颁布实施以来，对指导和加强水运工程建设标准的制定和修订工作起到了积极的作用。但随着我国社会主义市场经济体制的逐步建立和完善，随着我国水运工程建设的不断发展，原体系表已不能适应新形势的需要。为满足社会主义市场经济条件下国民经济发展对水运工程建设标准化工作的要求，满足我国加入 WTO 后对水运工程建设提出的新要求，迫切需要对原体系表进行修改、补充和完善。随着水运工程建设技术的不断发展和标准体制改革的不断深化，为保持水运工程建设标准体系的科学性和合理性，从标准动态管理的角度而言，也应对《水运工程建设标准体系表》进行补充和完善。因此，交通部水运司组织进行了本次修订。

本次体系表的修订，在第一层扩充了工程建设管理类标准和工程维护技术类标准，完善了体系结构；调整了标准体系号，将设计标准与施工标准分离，整合了内容交叉和性质类同的标准，增强了标准体系对新技术、新工艺、新材料和新设备应用的适应性；增加了设计通则、施工通则、耐久性设计等标准，拟将涉及安全、环保、节能、可持续发展和通用的强制性条款统一编入通则中，为实现"强制性标准"与"推荐性标准"的分离，为"强制性标准"上升为"技术法规"，并为逐步形成"技术法规"和"指南"、"手册"并存的管理模式奠定了基础。

本次修订录入体系表的标准共 87 本，每本体系标准均赋予一个体系号，以便于体系表的管理。

为了使新体系表和现行标准管理能顺利衔接，本次修订建立了具有可整合性和可扩展性的水运工程建设标准项目库。项目库纳入了水运工程建设已颁标准、在编标准和拟编标准，详见《水运工程建设标准体系表》（中华人民共和国交通部 2007 年 5 月）。

目前，水运工程建设标准已形成了较完备的标准体系，现行的水运工程建设标准共 134 项，其中建设技术标准 121 项，建设项目标准 13 项，这些水运工程标准涉及港口、航道、疏浚、通航建筑物和修造船水工建筑物等方面，基本上满足了我国当前水运工程建设的需要。表 4.4-1 为现行标准一览表，表 4.4-2 为在编标准一览表。

现行标准一览表　　　　　　　　　　　　　　　　表 4.4-1

序号	标准体系号	标准名称	标准代码
1	A.1.T.2	水运工程建设标准编写规定	JTJ 200—2001
2	A.1.T.3-1	港口工程基本术语标准	GB 50186—93
3	A.1.T.3-2	航道工程基本术语标准	JTJ/T 204—96
4	A.1.T.5-1	港口建设项目环境影响评价规范	JTJ 226—97
5	A.1.T.5-2	内河航运建设项目环境影响评价规范	JTJ 227—2001

序号	标准体系号	标准名称	标准代码
6	A.3.T.1-4	港口工程初步设计文件编制规定	JTS 110—4—2008
7	A.3.T.1-5	航道工程初步设计文件编制规定	JTS 110—5—2008
8	A.8.T.1-1	沿海港口建设工程概算预算编制规定	2004 年版
9	A.8.T.1-2	内河航运建设工程概算预算编制规定	1998 年版
10	A.8.T.1-3	沿海港口建设工程投资估算编制规定	1996 年版
11	A.8.T.1-5	船厂水工建筑及设备安装工程概算预算编制规定	1996 年版
12	A.8.T.1-6	疏浚工程概算、预算编制规定	1997 年版
13	A.8.T.1-7	航道测量工程预算编制规定	1995 年版
14	B.2.T.1	水运工程测量规范	JTJ 203—2001
15	B.2.T.2-1	水运工程波浪观测和分析技术规程	JTJ/T 277—2006
16	B.2.T.3-1	港口岩土工程勘察规范	JTS 133—1—2010
17	B.2.T.3-2	渠化工程地质勘察规范	JTJ 241—98
18	B.2.T.3-3	航道工程地质勘察规范	JTS 133—3—2010
19	B.3.T.2-1	港口工程制图标准	JTJ 206—96
20	B.3.T.3-1	港口工程结构可靠度设计统一标准	GB 50158—92
21	B.3.T.4-1	港口工程荷载规范	JTS 144—1—2010
22	B.3.T.5-1	内河航道与港口水文规范	JTJ 214—2000
23	B.3.T.5-2	海港水文规范	JTJ 213—98
24	B.3.T.6	水运工程抗震设计规范	JTJ 225—98
25	B.3.T.7-1	港口工程地基规范	JTS 147—1—2010
26	B.3.T.7-2	真空预压加固软土地基技术规程	JTS 147—2—2009
27	B.3.T.7-4	港口工程粉煤灰填筑技术规程	JTJ/T 260—97
28	B.3.T.7-5	水下深层水泥搅拌法加固软土地基技术规程	JTJ/T 259—2004
29	B.3.T.7-6	港口工程碎石桩复合地基设计与施工规程	JTJ 246—2004
30	B.3.T.8	水运工程土工合成材料应用技术规范	JTJ 239—2005
31	B.3.T.9-1	港口工程环境保护设计规范	JTS 149—1—2007
32	B.3.T.10-1	水运工程设计节能规范	JTS 150—2007
33	B.3.T.11-1	港口工程混凝土结构设计规范	JTJ 267—98
34	B.3.T.12-1	港口工程钢结构设计规范	JTJ 283—99
35	B.3.T.13-1	海港工程混凝土结构防腐蚀技术规范	JTJ 275—2000
36	B.3.T.13-3	海港工程钢结构防腐蚀技术规定	JTS 153—3—2007
37	B.3.T.14-1	防波堤设计与施工规范	JTJ 298—98
38	B.3.T.14-2	港口及航道护岸工程设计与施工规范	JTJ 300—2000
39	B.3.Z1.1-1	海港总平面设计规范	JTJ 211—99
40	B.3.Z1.1-2	海港集装箱码头设计船型标准	JTS 165—2—2009
41	B.3.Z1.1-3	开敞式码头设计与施工技术规程	JTJ 295—2000

续表

序号	标准体系号	标准名称	标准代码
42	B.3.Z1.1-5	液化天然气码头设计规范	JTS 165—5—2009
43	B.3.Z1.1-6	滚装船码头设计规范	JTS 165—6—2008
44	B.3.Z1.1-8	石油化工码头装卸工艺设计规范	JTS 165—8—2007
45	B.3.Z1.1-9	装卸油品码头防火设计规范	JTJ 237—99
46	B.3.Z1.1-11	淤泥质海港适航水深应用技术规范	JTJ/T 325—2006
47	B.3.Z1.2-1	河港工程设计规范	GB 50192—93
48	B.3.Z1.2-2	河港工程总体设计规范	JTJ 212—2006
49	B.3.Z1.3-1	高桩码头设计与施工规范	JTS 167—1—2010
50	B.3.Z1.3-2	重力式码头设计与施工规范	JTS 167—2—2009
51	B.3.Z1.3-3	板桩码头设计与施工规范	JTS 167—3—2009
52	B.3.Z1.3-4	港口工程桩基规范	JTJ 254—98
53	B.3.Z1.3-5	港口工程嵌岩桩设计与施工规程	JTJ 285—2000
54	B.3.Z1.3-6	港口工程预应力混凝土大直径管桩设计与施工规程	JTJ/T 261—97
55	B.3.Z1.3-7	港口工程灌注桩设计与施工规程	JTJ 248—2001
56	B.3.Z1.3-9	斜坡码头及浮码头设计与施工规范	JTJ 294—98
57	B.3.Z1.3-10	港口工程桩式柔性靠船设施设计与施工技术规程	JTJ 279—2005
58	B.3.Z1.3-11	港口工程地下连续墙结构设计与施工规程	JTJ 303—2003
59	B.3.Z1.3-12	格型钢板桩码头设计与施工规程	JTJ 293—98
60	B.3.Z1.4-1	港口道路、堆场铺面设计与施工规范	JTJ 296—96
61	B.3.Z1.5	码头附属设施技术规范	JTJ 297—2001
62	B.3.Z2.1-1	内河通航标准	GB 50139—2004
63	B.3.Z2.1-3	通航海轮桥梁通航标准	JTJ 311—97
64	B.3.Z2.2-1	航道整治工程技术规范	JTJ 312—2003
65	B.3.Z2.2-4	水运工程导标设计规范	JTJ 237—94
66	B.3.Z2.3-1	渠化工程枢纽总体设计规范	JTS 182—1—2009
67	B.3.Z2.3-2	船闸总体设计规范	JTJ 305—2001
68	B.3.Z2.3-3	船闸输水系统设计规范	JTJ 306—2001
69	B.3.Z2.3-4	船闸水工建筑物设计规范	JTJ 307—2001
70	B.3.Z2.3-5	船闸闸阀门设计规范	JTJ308—2003
71	B.3.Z2.3-6	船闸启闭机设计规范	JTJ 309—2005
72	B.3.Z2.3-7	船闸电气设计规范	JTJ 310—2004
73	B.3.Z3.1-1	干船坞工艺设计规范	JTJ 251—87
74	B.3.Z3.1-2	干船坞水工结构设计规范	GB 252—87
75	B.3.Z3.1-3	干船坞坞门及灌水排水系统设计规范	JTJ 253—87
76	B.3.Z4.1	船舶交通管理系统工程技术规范	JTJ/T 351—96
77	B.3.Z4.2-1	港口地区有线电话通信系统工程设计规范	JTJ/T 343—96

序号	标准体系号	标准名称	标准代码
78	B. 3. Z4. 2-2	甚高频海岸电台工程设计规范	JTJ/T 345—99
79	B. 3. Z4. 2-3	海岸电台总体及工艺设计规范	JTJ/T 341—96
80	B. 3. Z4. 3-1	集装箱码头计算机管理控制系统设计规范	JTJ/T 282—2006
81	B. 3. Z4. 4-5	三峡船闸设施安全检测技术规程	JTS 196—5—2009
82	B. 3. Z4. 4-7	长江三峡库区港口客运缆车安全设施技术规范	JTS 196—7—2007
83	B. 4. T. 2	水运工程混凝土施工规范	JTJ 268—96
84	B. 4. T. 2-1	水运工程大体积混凝土温度裂缝控制技术规程	JTS 202—1—2010
85	B. 4. T. 2-2	港口工程粉煤灰混凝土技术规程	JTJ/T 273—97
86	B. 4. T. 2-3	港口工程液态渣混凝土技术规程	JTJ/T 274—98
87	B. 4. T. 2-5	港口工程混凝土粘接修补技术规程	JTJ/T 271—99
88	B. 4. T. 4	水运工程爆破技术规范	JTS 204—2008
89	B. 4. T. 5-1	水运工程施工安全防护技术规范	JTS 205—1—2008
90	B. 4. T. 6-1	水运工程塑料排水板应用技术规程	JTS 206—1—2009
91	B. 4. T. 7-1	疏浚岩土分类标准	JTJ/T 320—96
92	B. 4. T. 7-2	疏浚工程土石方计量标准	JTJ/T 321—96
93	B. 4. T. 7-3	淤泥质港口维护性疏浚工程土方计量技术规程	JTJ/T 322—99
94	B. 4. T. 7-4	疏浚工程技术规范	JTJ 319—99
95	B. 4. Z1.3	港口设备安装工程技术规范	JTJ 280—2002
96	B. 5. T. 1-2	海岸与河口潮流泥沙模拟技术规程	JTS/T 231—2—2010
97	B. 5. T. 1-3	波浪模型试验规程	JTJ/T 234—2001
98	B. 5. T. 1-4	内河航道与港口水流泥沙模拟技术规程	JTJ/T 232—98
99	B. 5. T. 1-5	通航建筑物水力学模拟技术规程	JTJ/T 235—2003
100	B. 5. T. 5	水运工程水工建筑物原型观测技术规范	JTJ 218—2005
101	B. 5. T. 6-1	水运工程混凝土试验规程	JTJ 270—98
102	B. 5. T. 6-3	港口工程混凝土非破损检测技术规程	JTJ/T 272—99
103	B. 5. T. 7-1	港口工程基桩静载荷试验规程	JTJ 255—2002
104	B. 5. T. 7-2	港口工程桩基动力检测规程	JTJ 249—2001
105	B. 6. T. 2	水运工程施工监理规范	JTJ 216—2000
106	B. 7. T. 1-1	水运工程混凝土质量控制标准	JTJ 269—96
107	B. 7. T. 3	水运工程测量质量检验标准	JTS 258—2008
108	B. 7. T. 4	疏浚与吹填工程质量检验标准	JTJ 324—2006
109	B. 7. Z1. 1	港口工程质量检验标准	
110	B. 7. Z1. 1-1	港口工程质量检验评定标准	JTJ 221—98
111	B. 7. Z1. 1-2	塑料排水板质量检验标准	JTJ/T 257—96
112	B. 7. Z1. 2	港口设备安装工程质量检验标准	JTJ 244—2005
113	B. 7. Z2. 1-1	航道整治工程质量检验评定标准	JTJ 314—2004

续表

序号	标准体系号	标准名称	标准代码
114	B.7.Z2.2-2	船闸工程质量检验评定标准	JTJ 288—93
115	B.7.Z3.1-1	干船坞工程质量检验评定标准	JTJ 332—98
116	B.8.T.2-1	内河航运水工建筑工程定额	1998年版
117	B.8.T.2-2	内河航运设备安装工程定额	1998年版
118	B.8.T.2-3	内河航运工程船舶机械艘(台)班费用定额	1998年版
119	B.8.T.3-1	疏浚工程预算定额	1997年版
120	B.8.T.3-2	疏浚工程船舶艘班费用定额	1997年版
121	B.8.Z1.1-1	沿海港口水工建筑工程定额	2004年版
122	B.8.Z1.1-2	沿海港口装卸机械设备安装工程定额	2004年版
123	B.8.Z1.1-3	沿海港口水工建筑及装卸机械设备安装工程船舶机械艘(台)班费用定额	2004年版
124	B.8.Z1.1-4	水运工程混凝土和砂浆材料用量定额	2004年版
125	B.8.Z1.1-5	沿海港口建设工程投资估算指标	1996年版
126	B.8.Z2.1-1	航道测量工程预算定额	1995年版
127	B.8.Z2.1-2	航道测量工程船舶艘班费用定额	1995年版
128	B.8.Z2.1-3	航道测量工程仪器台班费用定额	1995年版
129	B.8.Z3.1-1	船厂水工建筑工程定额	1996年版
130	B.8.Z3.1-2	船厂起重机、船坞及移船下水设备安装工程定额	1996年版
131	B.8.Z3.1-3	船厂水工建筑及设备安装工程船舶机械艘(台)班费用定额	1996年版
132	B.8.Z3.1-4	船厂水工建筑及设备安装工程混凝土和砂浆材料用量定额	1996年版
133	C.1.T.4-1	港口水工建筑物检测与评估技术规范	JTJ 302—2006
134	C.1.Z1.1-1	港口设施维护技术规程	JTJ/T 289—97
135	C.1.Z2.1-1	内河航道维护技术规范	JTJ 287—2005

在编标准一览表　　　　　　　　　　　　　　　　　　　表 4.4-2

序号	标准体系号	标准名称
1	A.1.T.5-3	水运工程竣工验收环境影响调查技术规程
2	A.3.T.1-6	水运支持保障系统工程初步设计编制规定
3	A.8.T.1-8	沿海内河围堤吹填工程概算、预算编制规定
4	B.3.T.13-2	海港工程钢筋混凝土电化学防腐蚀保护技术规范
5	B.3.Z1.1-4	海港集装箱码头设计规范
6	B.3.Z1.1-10	沿海港口通过能力测算标准
7	B.3.Z1.2-3	内河集装箱码头工艺设计规范
8	B.3.Z1.3-8	水运工程先张法预应力高强混凝土管桩设计与施工规程
9	B.3.Z1.3-13	大圆筒码头结构设计与施工规范
10	B.3.Z1.3-14	大管桩全直桩码头结构技术规程

序号	标准体系号	标准名称
11	B. 3. Z2. 1-2	运河通航标准
12	B. 3. Z4. 4-1	海港集装箱码头建设标准
13	B. 3. Z4. 4-6	三峡船闸通航调度技术规程
14	B. 3. Z4. 4-8	大水位差码头货运缆车安全设施技术规范
15	B. 4. T. 2-4	港口水工建筑物修补技术规范
16	B. 6. T. 2-1	水运工程机电设备安装监理规范
17	B. 7. T. 1-2	海港工程高性能混凝土质量控制标准
18	B. 7. T. 2	水运工程建设项目质量验收标准
19	B. 7. Z2. 1-2	航标工程质量检验评定标准
20	B. 7. Z2. 2-1	船闸工程质量控制标准
21	B. 8. T. 1-1	水运工程工程量清单计价标准
22	B. 8. T. 1-2	疏浚与吹填工程工程量清单计价标准
23	B. 8. T. 3-3	沿海内河围堤吹填工程预算定额
24	B. 8. T. 3-4	沿海内河围堤吹填工程船舶机械艘（台）班费用定额
25	B. 8. T. 3-5	疏浚工程概算定额
26	B. 8. T. 3-6	疏浚工程建设项目造价指标定额
27	B. 8. T. 4-1	水运工程数字模拟试验参考定额
28	C. 1. Z2. 1-4	船闸原型调试技术规程

4.5 《水运工程工法管理办法》要点解读

4.5.1 工程建设工法一般知识

1）工法的概念

工法是以工程为对象，工艺为核心，运用系统工程原理，把先进技术和科学管理结合起来，经过一定的工程实践形成的综合配套的施工方法。工法编写内容应包括：前言、工法特点、适用范围、工艺原理、施工工艺流程及操作要点、材料与设备、质量控制、安全措施、环保措施、效益分析和应用实例。

2）工法的主要特征

① 工法的主要服务对象是工程建设，它来自工程实践，又回到工程实践中去应用。

② 工法是技术和管理相结合、综合配套的施工技术。

③ 工法是用系统工程原理和方法总结出来的施工经验，具有较强的系统型、科学性和实用性。

④ 工法的核心是工艺。

⑤ 工法是其企业标准的重要组成部分，并对保证工程质量、提高施工效率、降低施工成本有重大的作用。凡涉及技术保密方面的问题，将严格按照知识产权的有关规定予以保护。

3）工法的意义和作用

① 有利于企业的技术积累。

② 有利于加强企业的技术管理，促进科技成果迅速转化为生产力。工法的应用与科技推广紧密结合有利于企业采用新技术。

③ 工法是企业技术标准的一部分，对内可作为组织施工和普及技术教育的工具性文件，对外有利于投标竞争与企业的开拓经营。

④ 企业的工法体系形成后，可以简化施工组织设计的编制和施工方案的准备。企业可根据国家相关法律法规的规定有偿转让工法所有权。

⑤ 据建设部《施工总承包企业特级资质标准》（建市［2007］72号），以后申报施工总承包特级资质的企业将必须具有3项以上国家级工法。

4）工法的分类、分级

① 工法分为房屋建筑工程、土木工程、工业安装工程三个类别。

② 工法分为国家级、省（部）级和企业级。

企业根据承建工程的特点、科研开发规划和市场需求开发、编写的工法，经企业组织审定，为企业级工法。

省（部）级工法由企业自愿申报，由省、自治区、直辖市建设主管部门或国务院主管部门（行业协会）负责审定和公布。

国家级工法由企业自愿申报，由建设部负责审定和公布。

4.5.2　水运工程工法管理办法

1）水运工程工法的分类

① 水运工程工法分为港口工程、航道工程、通航建筑物工程、船厂水工建筑物工程、水上交通管制工程和维护类6个类别。

② 水运工程工法分为一级工法和二级工法。

一级工法：水运工程施工企业经过工程实践形成的工法，其关键技术达到国内领先及以上水平，有显著的经济效益和社会效益。

二级工法：水运工程施工企业经过工程实践形成的工法，其关键技术达到国内先进水平，有较好的经济效益和社会效益。

2）申报条件

① 申报水运工程工法必须符合国家水运工程建设的方针、政策及国家和行业的规定、标准、规范。必须具有先进性、科学性和实用性，保证工程质量和安全，提高施工效率，降低工程成本，节约资源，保护环境等特点。

② 水运工程工法的关键性技术属于水运工程建设行业先进水平；工法中采用的新技术、新工艺、新材料和新设备，在执行水运工程建设行业标准规范的基础上要有所创新。

③ 申报水运工程工法要经过两个（含）以上项目应用，被企业评定为水运工程企业工法，得到建设单位的认可，工程质量和安全保证可靠，具有较高经济效益和社会效益。

3）申报要求

① 申报水运工程工法的单位应于每年3月底之前按要求将申报材料报送中国水运建设行业协会。

② 申报材料包括：

a. 水运工程工法申报表；

b. 水运工程工法编写具体内容材料；

c. 水运工程工法编写具体内容材料；

d. 关键技术鉴定证明材料；

e. 申报项目的施工录像资料(5 分钟)；

f. 其他证明材料。

4）评审工作

① 中国水运建设行业协会负责申报材料的接收和汇总，进行符合性初审，经交通运输部水运局核定后将符合要求的材料提交评审专家组。

② 中国水运建设行业协会从专家库中选取专家，组成当年的水运工程工法评审专家组。

③ 水运工程工法的评审实行主、副审制。每项工法评审采取主审一人，副主审一人。每项工法在评审会召开前由主、副审详细审阅材料，并由主、副审提出基本评审意见，评审意见应明确该工法的等级。

④ 评审时，评审专家组全体成员观看水运工程工法施工录像，听取主、副审对工法的基本评审意见，并进行充分讨论，最后采取无记名投票方式确定，有效票数在三分之二（含）以上同意方可通过。

⑤ 中国水运建设行业协会根据评审专家组评审意见，提出专家评审报告，并以书面形式报送交通运输部水运局。

⑥ 交通运输部水运局对中国水运建设行业协会提交的专家评审报告进行审查，并将审查结果（包括工法完成单位及个人）在交通运输部网站上公示 10 个工作日。

⑦ 经公示无不同意见，由交通运输部予以公布，并对获得水运工程工法的单位和个人颁发证书。

5）成果管理

① 水运工程工法所有权单位，可根据国家相关法律、法规的规定申请专利和奖励。

② 批准的水运工程工法作为施工企业申报资质的必要条件，有效期限为五年。

③ 已批准的水运工程工法参加其他与工法评选有关的活动时须经交通运输部审核同意。

④ 中国水运建设行业协会协助有关部门对水运工程工法进行宣传、推广，不定期组织水运工程工法的技术交流活动，促进企业的科技创新，提高行业工程建设技术水平。

4.6 《水运工程工程量清单计价规范》要点解读

建设项目的计价是指建设项目开始立项至建成投产全过程的价格形成过程。由于项目建设周期长，涉及门类多，计价过程复杂，因此建设项目的计价是一项政策性极强的技术经济工作。

4.6.1 水运工程计价模式的历史沿革

我国的工程建设造价体系建立于 20 世纪 50 年代。政府是建设项目的唯一投资主体，工程项目的建设单位、使用单位、施工单位等成为一体，仅是分工不同。因此，建筑业不是生产部门，而是消费部门，称之为基本建设单位。建筑产品的价格采取实报实销的制度，没有真正的计价体系。

随着第一个五年计划的实施，我国面临着大规模的恢复重建工作，任务十分繁重，如何更加合理地利用有限的基本建设资金，成为该阶段工程投资与建设的核心任务。在全面学习前苏联的模式指引下，开始引入前苏联的一套工程概预算定额计价制度。即：所有的工程建设项目均按照事先编制好的国家统一颁布的各项工程建设定额标准编制"单位估价表"，从而进行整个建设项目的计价，这个制度在全国建筑工程中采用，形成我国独特的建筑产品计价方式，称之为"建设项目的概预算制度"，也叫做"定额计价体系"。

建筑工程定额是指在工程建设活动中，建设主管部门对建设项目建设过程中所使用的人工、材料、施工船舶机械以及资金等消耗量的限额标准，是建设项目最基本的计价依据。

我国计划经济时期，由于长期"价格管制"制度的实施，各种建设要素（例如人工、材料、施工船舶机械、资金等）的价格长期保持相对固定，各种建设要素价格和消耗量标准等，全部由政府主管部门统一颁布，体现了政府对工程项目的投资管理。

回顾水运工程定额计价的历程大致分为四个阶段：

第一阶段是第一个五年计划时期（1953～1957年）。交通部1955年颁发《航务工程设计预算试行办法（水工建筑部分）》，1956年颁发《航务水工建筑工程船舶艘台班定额》、《航务水工建筑安装工程统一施工定额》，1957年颁发《航务水工建筑预算定额》、《航务水工间接费定额》。在这个阶段水运工程计价定额标准从无到有，初步形成了水运工程的定额计价体系。

第二阶段是大跃进与文革期间（1958～1976年）。全国性的"大跃进运动"开始后，中央权力下放、造价管理机构削弱、只算政治账不算经济账，刚刚建立的定额计价体系遭到严重破坏；文化大革命的十年动乱时期，建设项目的造价制度被否定，计价定额被说成是"管、卡、压"的工具，建设工程的计价重新回到实报实销形式，事前不算账，事后不核算，结算超预算、预算超概算、概算超估算现象严重，许多工程投资缺口大、建设工期长、工程质量差、造价失控，国家经济倒退。

第三阶段是水运工程定额计价制度的重建和发展阶段。改革开放与经济发展期间（1977～1996年），党的十一届三中全会提出经济建设为中心，加强基本建设管理工作，强化建设项目决策的科学性、造价的可控性，交通部成立了"水运工程定额站"，专门从事定额标准和水运工程建设项目的计价管理。之后，相继发布了水运工程建设定额41本，形成比较完整、配套的定额计价体系，水运工程造价管理得到进一步规范和发展。

第四阶段是水运工程计价制度改革阶段。从20世纪末，我国实行改革开放、建立有中国特色的社会主义市场经济，特别是加入WTO后，我国的建设项目计价模式也要和国际接轨，水运工程开始全面实行招标投标制度，要建立新的计价模式适应建设项目招标投标和造价管理的需要，计划经济体制下行之有效的定额计价模式的变革迫在眉睫。因此，不仅要对定额计价体系进行改革，同时要在建设项目中实行工程量清单计价制度，2003年建设部发布《建设工程工程量清单计价规范》（GB 50500—2003）后，2008年交通部颁布《水运工程工程量清单计价规范》（JTS 271—2008）标志着水运工程清单计价模式的开始。

近年来，我国水运工程投资呈现出多元化发展，政府不再是唯一的投资主体，因此在建设市场的交易过程中必须引入竞争机制。随着招标投标成为工程发包的主要方式，如果不对定额计价制度进行根本性的改革，将会使得市场主体之间的竞争演变为计算能力的比较，而不是企业生产和管理能力的竞争。工程项目需要新的、更适应市场经济发展的、更有利于建设项目通过市场竞争合理形成造价的计价方式来确定其建造价格。为此，政府主管部门推行了工程量清单计价制度，以适应市场定价的改革目标。在这种定价方式下，工程量清单报价由招标人给出工程量清单，投标人完全依据企业技术、管理水平的整体实力确定单价，充分发挥工程建设市场主体的主动性和能动性，是一种与市场经济相适应的工程计价方式。

虽然我国已经制定并开始推行工程量清单计价制度，但是由于多年来定额计价的习惯，目前的工程造价计价方式不可避免地出现双轨并行的局面，即在保留了传统定额计价方式的基础上，又参照国际惯例引入了市场自主定价的工程量清单计价方式。随着我国工程造价管理体制改革的不断深入和市场竞争的不断规范，企业自主定价模式将逐渐占据主导地位。

4.6.2 清单计价与定额计价的主要区别

清单计价与定额计价是建设项目不同的造价管理模式，其主要区别有：

1）依据的标准不同。定额计价的依据是国家、行业颁布的计价定额，依据定额标准编制建设项目的估算、概算或施工图预算，并根据相关规定进行结算；清单计价则根据国家或行业清单计价规范，通过招标、投标、评标确定合同价格，按照合同约定进行结算。

2）编码规则不同。定额计价是按照定额编码自成体系；清单计价是全国统一编码。清单编码共12位，其中前两位是行业编码：建筑工程01、装饰工程02、安装工程03、市政工程04、园林工程05……水运工程10……

3）划分对象不同。定额计价是依据定额对建设项目划分分部分项工程，并根据定额对分部分项工程的工序、工艺编制单位估价表；清单计价则是以工程的工作物为对象，划分清单项目，在项目划分中没有工序和工艺的区别。

4）费用内容不同。定额计价是量价合一的计价方式，定额消耗量中既有正式工程的工程量，又有施工规范规定的工程量延展、施工损耗等所增加的工程量，施工取费中既有规费，又有施工措施费等；清单计价中将工程量、损耗量、施工措施、非竞争费用等均作了严格划分，体现量价分离的原则。

5）使用阶段不同。根据现行规定，工程项目的立项、初步设计、施工图阶段仍采用定额计价方式；招标、投标、工程实施阶段必须实行清单计价方式。

6）基本作用不同。定额计价的作用是编制工程估算、概算、施工图预算，国家和建设主管部门据此对建设项目实施宏观管理，投资人根据定额计价进行投资筹措、安排建设计划等；清单计价则通过投标、评标确定合同价格，建设单位按照合同的约定对施工单位进行管理，对工程费进行约束。

7）单价水平不同。定额计价是按照统一的定额标准进行计价，同一工程不同人计算结果是唯一的，反映的是社会平均价格水平；清单计价是由投标人根据自身的管理水平、技术能力和预期盈利计价，反映的是企业个别价格。

8）单价组成不同。定额计价是按照规定的内容计算单位估价表，其单价仅是直接费；清单计价的综合单价包括直接费、间接费、风险费、利润等（水运工程为方便使用，将税金计入综合单价中）。

9）工程量计算规则不同。定额计价是按照定额的规定将施工损耗等计入工程数量；清单计价则以图纸净量为准，除规定的范围外，施工所产生的延展、损耗、措施等需要增加的工程量全部以价格形式体现。

10）工程量计算责任人不同。定额计价的工程量计算可以是设计单位、建设单位，也可以是施工单位；清单计价的工程量计算则规定以发包人的工程量计算为准，任何人不得修改，投标人只对报价负责。

4.6.3 《水运工程工程量清单计价规范》的主要内容

2008 年 12 月 22 日交通部第 42 号公告发布，其主要内容：

1）总则

指出了《规范》的目的、原则和使用范围。即：规范水运工程清单计价行为，遵循客观、公平、公正的原则，在港口工程、航道工程、修造船厂水工建筑物工程以及与之配套的水运建设工程中使用。

2）术语

界定了规范中术语的概念。包括：工程量清单、项目编码、综合单价、一般项目、计日工、暂列金额。

3）工程量清单编制

规定了工程量清单由招标人编制，是招标文件的组成部分，工程量清单编制要满足五个统一："统一项目编码、统一项目名称、统一计量单位、统一工程量计算规则、统一项目特征"。

4）工程量清单计价

规定了招标标底、投标报价、合同价款、工程结算均应执行本《规范》，企业应按照施工能力和技术水平编制可竞争费用的报价。

5）工程量清单及其计价格式

明确了清单格式、计价格式的使用要求。

4.6.4 附录释义

1）附录 A 工程量清单表示

招标人使用的表示，共 7 种，使用方法简要说明如下：

封　面　　　　　　　　　　　　　　表 A.0.1

＿＿＿×××＿＿＿＿工程   工　程　量　清　单   招　标　人＿＿＿＿×××＿＿＿＿（单位盖章） 法定代表人 或授权代理人＿＿＿×××＿＿（签字盖章） 编制单位＿＿＿×××＿＿＿（单位盖章） 水运工程造价人 员及资格证书编号＿＿＿×××＿（签字盖章） 编制时间＿＿＿×××＿＿

总 说 明

表 A.0.2

工程名称：×××工程

第×页 共×页

(1) 招标工程概况，包括建设规模、工程特征、计划工期、施工现场和交通运输情况、自然地理条件、环境保护要求等；

(2) 工程招标范围；

(3) 工程量清单编制依据；

(4) 工程质量、材料、施工等特殊要求；

(5) 招标人自行采购材料的名称、规格、型号、数量等；

(6) 其他需要说明的问题。主要有：

非竞争性费用的计算办法、补充的清单项目的编码、名称、计量单位、工程量计算办法、特征等。

工程量清单项目汇总表

表 A.0.3

工程名称：×××工程

第×页 共×页

序 号	项 目 名 称	备 注
一	一般项目	
二	单位工程	
(一)	××××码头工程	
(二)	××××防波堤工程	
…	……	
三	计日工项目	

分项工程量清单

表 A.0.4

单位工程名称：××××码头工程

第×页 共×页

序号	项目编码	项目名称	计量单位	工程数量	项 目 特 征
1	100502001000	基槽挖泥	m^3	(10000)	
1.1	100502001001	基槽挖泥	m^3	10000	平均挖深 26m；Ⅱ类土；抛泥区 4km
2	100503020000	填筑连续基床块石	m^3	(13000)	抛石水深 23m，基床厚度 5.5m，分 2 层夯实
2.1	100503020001	基床抛石 10～100kg	m^3	10000	
2.2	100503020002	基床抛石 100～200kg	m^3	3000	抛石水深 23m，详见技术要求××××
3	100601002000	钢筋混凝土空心方桩	根	(1800)	
3.1	100601002001	60×60 直桩	根	1000	桩长 55～65m；其他详见图××
3.2	100601002002	60×60 斜桩	根	300	桩长 55～65m，3∶1，其他详见图××
3.3	100601002003	50×50 直桩	根	500	桩长 50～55m；其他详见图××

注意：① 不同特征、不同技术要求的项目应分别列项。

② 特征描述比较多或表达复杂时，可以指明图号或招标文件的具体位置。

③ 编码最后三位是招标人根据工程实际填写的工程项目的编码。

④ 计量单位应根据清单项目规定的计量单位填写，有两种计量单位时应选择其中的一种。

一般项目清单

表 A.0.5

工程名称：×××工程

第×页　共×页

序号	项目编码	项目名称
1	100100101000	暂定金额
2	100100102000	规费
2.1	100100102001	招标代理费
2.2	100100102002	劳保统筹费
3	100100103000	保险费
3.1	100100103001	第三者责任险
3.2	100100103002	工程一切险
4	100100104000	安全文明施工费
5	100100105000	施工环保费
6	100100106000	生产及生活房屋
7	100100107000	临时道路
8	100100108000	临时用电
9	100100109000	临时用水
10	100100110000	临时通信
11	100100111000	临时用地
12	100100112000	临时码头
12.1	100100112001	砂石料出运码头
12.2	100100112002	构件出运码头
13	100100113000	预制厂建设
14	100100114000	临时工作项目
15	100100115000	竣工文件编制
16	100100116000	施工措施项目
16.1	100100116001	施工降水
16.2	100100116002	基坑支护
16.3	100100116003	混凝土构件模板

注意：① 非竞争费用，在招标文件中明确计算办法。

② 招标人可根据需要，提出具体项目，由投标人报价。

③ 本表计量单位为"项"，若招标人规定必须建设的施工措施(如大临工程)应由招标人给出"分项工程量清单"，由投标人报价。

计日工项目清单

表 A.0.6

工程名称：×××工程

第×页　共×页

序号	名称	规格(工种)	计量单位	数量
1	人工		工日	
1.1	人工	普工	工日	50
1.2	人工	测量工	工日	30
1.3	人工	起重工	工日	20
2	材料			
2.1	块石	10～100kg	m³	200
2.2	块石	200～300kg	m³	200
2.3	砂	中粗	m³	300

续表

序号	名称	规格(工种)	计量单位	数量
3	船机		艘(台)班	
3.1	起重船	200t	艘班	5
3.2	拖轮	1000hp	艘班	10
3.3	潜水组		组日	10
3.4	履带吊	150t	台班	20

注意：① 计日工是在施工过程中为完成监理人指令完成合同以外，不能以工程量表示的零星工作，结算时以现场签认使用的人工、材料、施工船舶机械为准。

② 项目内容及数量由招标人根据工程实际进行预测填写。

招标人供应材料设备表 表 A.0.7

工程名称：×××工程 第×页 共×页

序号	名称	规格型号	单位	数量	单价	交货地点	备注

注意：① 投标人将按照本表对使用的材料提出进场时间要求，并按照规定的单价装入报价中。

② 实际施工中超过本表提出的数量时，可由双方在合同中明确解决办法。

2）附录 B 工程量清单计价表示

投标人使用的表示，共 8 种，使用方法简要说明如下：

封 面 表 B.0.1

_____×××_____工程

工 程 量 清 单

招 标 人_____×××_____(单位盖章)

法定代表人

或授权代理人_____×××_____(签字盖章)

水运工程造价人

员及资格证书编号_____×××_____(签字盖章)

编制时间_____×××_____

工程量清单项目总价表 表 B.0.2

工程名称：×××工程 第×页 共×页

序号	项目名称	金额(元)
一	一般项目	××××××
二	单位工程	××××××
(一)	××××码头工程	××××××

续表

序号	项目名称	金额(元)
(二)	××××防波堤工程	××××××
...	......	......
三	计日工项目	××××××
	合计	××××××

投标单位＿＿＿＿＿＿＿＿＿(盖章)

法定代表人或授权代理人＿＿＿＿＿(签字)

注意：本表是报价汇总表，要求签字、盖章，其内容已经包括其他报价表，因此其他表没有签字、盖章要求。

一般项目清单计价表　　　　　　　　　　　　　表 B.0.3

工程名称：×××工程　　　　　　　　　　　　　　第×页　共×页

序号	项目编码	项目名称	金额(元)
1	100100101000	暂定金额	××××××
2	100100102000	规费	×××××××
2.1	100100102001	招标代理费	××××××
2.2	100100102002	劳保统筹费	××××××
3	100100103000	保险费	×××××××
3.1	100100103001	第三者责任险	××××××
3.2	100100103002	工程一切险	××××××
4	100100104000	安全文明施工费	××××××
5	100100105000	施工环保费	××××××
6	100100106000	生产及生活房屋	××××××
7	100100107000	临时道路	××××××
8	100100108000	临时用电	××××××
9	100100109000	临时用水	××××××
10	100100110000	临时通信	××××××
11	100100111000	临时用地	××××××
12	100100112000	临时码头	×××××××
12.1	100100112001	砂石料出运码头	××××××
12.2	100100112002	构件出运码头	××××××
13	100100113000	预制厂建设	××××××
14	100100114000	临时工作项目	××××××
15	100100115000	竣工文件编制	××××××
16	100100116000	施工措施项目	×××××××
16.1	100100116001	施工降水	××××××
16.2	100100116002	基坑支护	××××××
16.3	100100116003	混凝土构件模板	××××××
		合计	×××××××××

注意：① 本表单位为"项"。

② 非竞争性费用按照招标文件规定的项目、计算标准计算；竞争性费用由投标人自行报价。

③ 规范中缺少"合计"项。

④ 非竞争性费用是否在评标总价中扣除要根据评标办法的规定。

计日工项目清单计价表　　　　　　表 B. 0. 4

工程名称：××××工程　　　　　　　　　　　　　　　　　　　　第×页　共×页

序号	名称	规格（工种）	计量单位	数量	金额（元）	
					综合单价	合价
1	人工		工日			
1.1	人工	普工	工日	50	65	3250
1.2	人工	测量工	工日	30	110	3300
1.3	人工	起重工	工日	20	95	1900
		小计				8450
2	材料					
2.1	块石	10～100kg	m³	200	75	15000
2.2	块石	200～300kg	m³	200	105	21000
2.3	砂	中粗	m³	300	60	18000
		小计				54000
3	船机		艘（台）班			
3.1	起重船	200t	艘班	5	20000	100000
3.2	拖轮	1000hp	艘班	10	8500	85000
3.3	潜水组			10	1500	15000
3.4	履带吊	150t	台班	20	10000	200000
		小计				400000
		合计				462450

注意：① 由于各单价要作为结算依据，报价时应考虑风险、管理费、税金等因素，因此本表报价通常要高于单价分析表中的价格。

　　　② 是否在评标总价中扣除要根据评标办法的规定。

分项工程量清单计价表　　　　　　表 B. 0. 5

单位工程名称：××××码头工程　　　　　　　　　　　　　　　　第×页　共×页

序号	项目编码	项目名称	计量单位	工程数量	金额（元）	
					综合单价	合价
1	100502001000	基槽挖泥	m³	(10000)		
1.1	100502001001	基槽挖泥	m³	200000	29.49	5898000
2	100503020000	填筑连续基床块石	m³	(13000)		
2.1	100503020001	基床抛石 10～100kg	m³	10000	×××	××××
2.2	100503020002	基床抛石 100～200kg	m³	3000	×××	××××
3	100601002000	钢筋混凝土空心方桩	根	(1800)	×××	××××
3.1	100601002001	60×60 直桩	根	1000	×××	××××
3.2	100601002002	60×60 斜桩	根	300	×××	××××
3.3	100601002003	50×50 直桩	根	500	×××	××××
	合计					×××××

注意：按照招标人提供的清单编码、项目、单位、数量、特征，投标人填出报价。

综合单价分析表　　　　　　表 B. 0. 6

清单项目编码：100502001001

清单项目名称：基槽挖泥　　　　　　　　　　　　　　　　　　　　第×页　共×页

序号	名称	型号规格	计量单位	数量	单价（元）	合价（元）
1	直接费		元			24.10
1.1	人工费		工日	0.0034	99.50	0.34
1.2	材料费		元			
1.2.1			元			

续表

序号	名称	型号规格	计量单位	数量	单价(元)	合价(元)
1.3	船舶机械使用费		元			23.76
1.3.1	4m³ 抓斗挖泥船	4m³	艘班	0.00261	4562.93	11.91
1.3.2	500m³ 泥驳	500m³	艘班	0.00393	2138.60	8.40
1.3.3	294kW 拖轮	294kW	艘班	0.00125	2760.00	3.45
2	间接费		元			2.95
3	利润		元			1.47
4	税金		元			0.97
5	合计		元			29.49
6	单价		元/m³			29.49

分项工程量清单综合单价汇总表　　　　　　表 B.0.7

单位工程名称：××××码头工程　　　　　　　　　　　　　第×页　共×页

序号	项目编码	项目名称	计量单位	工程数量	综合单价	合价	其中					
							人工费	材料费	船机使用费	间接费	利润	税金
1.1	100502001001	基槽挖泥	m³	200000	29.49	5898000	68000	—	4752000	590000	294000	194000
2.1	100503020001	基床抛石 10～100kg	m³	10000	××××	××××××	××××	××	××××	×××××	×××××	××××
2.2	100503020002	基床抛石 100～200kg	m³	3000	××××	××××××	××××	××	××××	×××××	×××××	××××
3.1	100601002001	60×60 直桩	根	1000	××××	××××××	××××	××	××××	×××××	×××××	××××
3.2	100601002002	60×60 斜桩	根	300	××××	××××××	××××	××	××××	×××××	×××××	××××
3.3	100601002003	50×50 直桩	根	500	××××	××××××	××××	××	××××	×××××	×××××	××××
总计							××××	××××	××××××	××××××	×××××	××××

注意：① 序号、名称、计量单位等应与"分项工程量清单计价表"一致。

　　　② 本表汇总各类费用组成，由于投标人自主报价，不同投标人之间，各类费用所占有的比例没有可比性。

主要材料设备价格表　　　　　　　　　　表 B.0.8

工程名称：×××工程　　　　　　　　　　　　　　　第×页　共×页

序号	名称	规格型号	单位	单价(元)	数量	交货地点	备注
一				招标人供应			
…	……						
二				投标人采购			
…	……						

3）附录 C　水运工程工程量清单项目

水运工程具体的清单项目，共 408 项，见下表：

序号	编码	章节		项目数	
1	100100	一般项目		16	
2	100200	疏浚工程		6	
3	100300	测量工程		3	
4	100400	导助航设施工程		4	
5	100500	土石方工程	陆上开挖工程	15	92
			水下挖泥炸礁工程	4	
			填筑工程	48	
			砌筑工程	25	
6	100600	地基与基础工程	基础打入桩工程	9	30
			基础灌注桩工程	2	
			软土地基加固工程	11	
			钻孔灌浆工程	7	
			沉井工程	1	
7	100700	混凝土工程	混凝土构件预制安装工程	43	120
			现浇混凝土工程	77	
8	100800	钢筋工程	非预应力钢筋工程	7	11
			预应力钢筋工程	4	
9	100900	金属结构工程			23
10	101000	设备安装工程	装卸设备安装工程	51	105
			配套设备安装工程	10	
			机电设备安装工程	31	
			安全监测备安装工程	13	
11	101100	其他工程			21
12		合计			408

清单项目中基本包括了目前全部水运工程的项目，使用时发现不足时可以补充，其编码、项目名称、计量单位等应按照《规范》统一的规则编制。补充项目应在招标人编制的清单说明中详细说明其工作内容、工程量计算规则、项目特征等，便于投标人理解。规范中没有"暂估价"，需要时可以补充。"暂估价"指肯定会发生，价格暂时无法确定；"暂列金额"指不一定会发生，必须经过监理签认才能使用，二者概念不同。

4）附录 D　水运工程工程量计算规则

规定了水运工程工程量计算规则。主要内容有：

① 一般规定

3.2.8 工程量的计算应按附录 D 中的工程量计算规则执行，工程数量应以设计图纸净尺度为准（《规范》强制性条文）。

D.1.1 工程量计算应依据下列文件：

招标文件及设计图纸；

技术规范、工程质量检验标准；

经有关部门批准的有关技术经济文件。

D.1.2 除本规范另有规定外，施工过程中损耗或扩展而增加的工程量不得计算在工程量清单的工程数量中，所发生的费用可在工程单价中考虑。

D.1.3 工程量清单的工程项目，应按照设计图纸、工程部位及分部分项工程顺序依次排序。

D.1.4 施工水位应采用设计文件提供的数值。当设计文件未作明确规定时，施工水位可按下列要求确定：

有潮港采用工程所在地平均潮位；

无潮港采用工程所在地施工季节的历年平均水位；

内河航道工程，根据工程类型和《内河航道与港口水文规范》中关于施工水位的规定确定。

D.1.6 土木工程应以施工水位为界，划分水上工程和水下工程，土木工程与陆域工程界线的划分应根据工程部位、结构要求确定，并应以保证水工建筑物结构及各组成部分的完整性为原则。

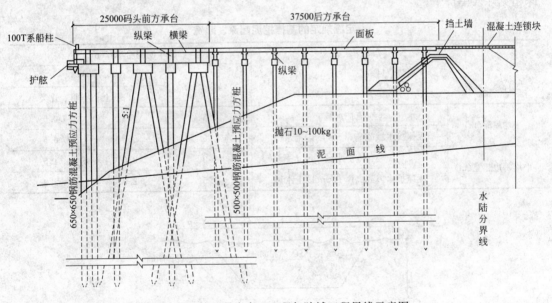

图 4.6-1 桩基码头水工工程与陆域工程界线示意图

② 名词与定义

D.6.3 基础打入桩工程量计算应满足下列要求。

斜度小于或等于 8：1 的基桩按直桩计算；

斜度大于 8：1 的基桩按斜桩计算；

在同一节点由一对不同方向的斜桩组成的基桩按叉桩计算；

在同一节点中由两对不同方向叉桩组成的基桩组按同节点双向叉桩计算；

独立墩或独立承台结构体下的基桩或含三根及三根以上斜桩且不与其他基桩联系的其他结构体下的基桩按墩台式基桩计算；

引桥设计纵向中心线岸端起点至码头前沿线最远点垂线距离大于 500m 时，码头部分的基桩按长引桥码头基桩计算。

D. 6.4 陆上施打钢筋混凝土方桩、管桩，当桩顶低于地面 2m 时应按深送桩计算。

③ 重要规定

a 原土沉降应计入工程量

D. 5.26 水下抛填工程应计入原土沉降增加的工程量。

D. 6.10 软土地基加固堆载预压工程量的计算应满足下列要求：

原土体的沉降，应单独计算工程量。

b 零星的工程量不扣除

D. 7.1 混凝土及钢筋混凝土的工程量应根据设计图纸、浇筑部位及混凝土强度、抗冻、抗渗等级以体积计算。不应扣除钢筋、铁件、螺栓孔、三角条、吊孔盒、马腿盒等所占体积和单孔面积在 0.2m² 以内的孔洞所占体积。

c 工程量计算规则中最重要的是除上述 D.5.26、D.6.10、D.7.1 外全部按照图纸净量计算，这与定额计价有显著区别。

例如：基床挖泥定额规定应将超深超宽计入工程数量，而清单计价工程量计算时将超深超宽计入单价中。

定额规定的基槽挖泥超深、超宽

项　　目		抓斗挖泥船斗容(m³)		
		4 以下	4~8	
			Ⅰ、Ⅱ类土	Ⅲ、Ⅳ类土
平均超深(m)	有掩护水域	0.3	0.8	0.5
	无掩护水域或离岸 500m 以上水域	0.5	0.8	0.5
平均每边超宽(m)	有掩护水域	1.0	2.0	1.5
	无掩护水域或离岸 500m 以上水域	1.5	2.0	2.0

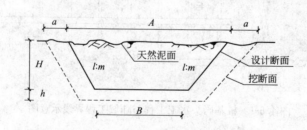

图 4.6-2 基槽挖泥计算断面示意图

图中：

A——设计顶宽

$A=B+2mH$

B——设计底宽；

H——设计挖深；

h——允许超深值；

a——允许超宽值；

l：m——设计边坡。

4.4.3 基槽挖泥的工程量计算参考公式:

$$V=\sum FL$$

式中　$\sum F$——合计断面面积$(F+\Delta F)$;

　　　L——挖槽分段长度;

（根据泥面变化大小确定计算分段的长度）

$$\sum F=F+\Delta F=(2a+B)(H+h)+m(H+h)(H-h)$$

F——设计挖泥断面面积,$F=(B+mH)H$;

ΔF——允许超挖断面面积,$\Delta F=2a(H+h)+(B-mh)h$。

定额计价工程量为:$F+\Delta F=(B+mH)H+2a(H+h)+(B-mh)h$

清单计价工程量为:$F=(B+mH)H$

某码头在现有防波堤内建设,设计断面底宽$B=30m$,基床深$H=5m$,设计边坡1：m＝1：2,基床长1000m,施工采用4方挖泥船。

定额计价工程量计算结果为:

超深$h=0.3m$,超宽$a=1.0m$

$$\begin{aligned}F+\Delta F&=(B+mH)H+2a(H+h)+(B-mh)h\\&=(30+2\times5)\times5+2\times1\times(5+0.3)+(30-2\times0.3)\times0.3\\&=220m^2\end{aligned}$$

挖泥量为$220m^2\times1000m=220000m^3$

清单计价工程量计算结果为:

$$\begin{aligned}F&=(B+mH)H\\&=(30+2\times5)\times5\\&=200m^2\end{aligned}$$

挖泥量为$200m^2\times1000m=200000m^3$

上述计算结果相差10%。

这里参考计价定额数据编制单价

序号	项目名称		单位	数量	基价(元)		市场价(元)	
					单价	合计	单价	合计
1	合计		元			1934.34		2060.79
2	其中	人工费	元			10.64		10.64
3		材料费	元					
4		船机费	元			1923.70		2050.15
5	人工		工日	0.34	31.30	10.64	31.30	10.64
6	4m³ 抓斗挖泥船		艘班	0.261	3467.76	905.09	3646.28	951.68
7	500m³ 泥驳		艘班	0.393	1861.24	731.47	1902.28	747.60
8	294kW 拖轮		艘班	0.125	2287.88	285.99	2797.08	349.64
9	其他船机		%	0.6		1.15		1.23
	直接费单价		元/m³					20.61
	间接费、利润、税金							6.20
	综合单价							26.81

挖泥工程报价为：

26.81 元/m³×220000m³＝5898200 元

采用清单计价报价时，由于工程量的差异，必须将超深超宽增加的工程量计入单价中，投标人会将单价调增 10%(29.49 元/m³)后作为挖泥单价。具体调整方法：

(1)调整全部单价或个别单价。

(2)调整全部消耗数量或个别消耗数量。

(3)调整间接费、利润、税金或其中一项(税金必须调整)。

(4)增加或减少某项内容。

调整时要综合考虑，不要造成逻辑错误，否则不利于成本单价分析。

综合单价分析表

清单项目编码：100502001001

清单项目名称：基槽挖泥

第×页　共×页

序号	名称	型号规格	计量单位	数量	单价(元)	合价(元)
1	直接费		元			24.10
1.1	人工费		工日	0.0034	99.50	0.34
1.2	材料费		元			
1.2.1			元			
1.3	船舶机械使用费		元			23.76
1.3.1	4m³ 抓斗挖泥船	4m³	艘班	0.00261	4562.93	11.91
1.3.2	500m³ 泥驳	500m³	艘班	0.00393	2138.60	8.40
1.3.3	294kW 拖轮	294kW	艘班	0.00125	2760.00	3.45
2	间接费		元			2.95
3	利润		元			1.47
4	税金		元			0.97
5	合计		元			29.49
6	单价		元/m³			29.49

本单价调整时取消了其他船机费项，效率未变，单价作了相应得调整(应避免单价调整中涉及其他分项工程使用的单价，而造成单价不平衡)。

挖泥工程报价为：

29.49 元/m³×200000m³＝5898000 元

由于长期以来计价主要依靠定额，投标单位大多还没有企业自己的计价标准，随着清单计价的使用，企业将逐渐建立自己的报价定额或标准，依赖国家定额的状态将逐渐减少。

4.7　《水运工程建设市场信用信息管理办法(试行)》要点解读

4.7.1　适用范围

由于水运工程建设市场信用体系建设涉及许多方面，本着抓住重点、控制全面的原则，经过调查分析，交通运输部将《水运工程建设市场信用信息管理办法(试行)》(以下简称《信用信息管理办法》)作为市场监督的行业管理制度，现阶段适用于建设单位、勘察设计单位、监理单位和试验检测单位五个主要责任主体。这五个主要责任主体是水运工程建设市场的主要组成部分，抓好这五个责任主体的诚信管理，就是抓住了水运工程建设市场信用体系建设的主体，对市场监管将起到明显的促进作用。

对于其他责任主体和从业人员的信用管理，可参照本《信用信息管理办法》执行。

4.7.2 管理体制

根据"统一领导，分级管理"的原则，确定信用信息管理体制，明确责任分工职责，形成全国性的工作网系，从全国性行业管理的角度讲，实行两级管理体制。而各省级交通运输主管部门对所辖市、县如何分级管理，由各省级交通运输主管部门自行确定，并在制定本省《信用信息管理办法》实施细则中予以明确。

交通运输部负责全国水运工程建设市场信用信息统一管理工作。具体负责组织制定有关管理制度和标准；建立和完善部水运工程建设市场信用信息管理平台；指导有关省、自治区、直辖市交通运输主管部门开展水运工程建设市场信用信息管理工作。

省级交通运输主管部门负责所管辖行政区域内的水运工程建设市场信用信息管理，具体负责所管辖行政区域水运工程建设市场信用信息管理实施细则的制定和实施；建立区域性信息采集体系，并负责所管辖行政区的信用信息的采集、审核、汇总上报和发布等工作。

市场信用信息体系建设的核心是保障信息源、保证信息上传和发布渠道畅通。因此，各省级交通运输主管部门负责信息采集、审核、汇总上报和发布等工作，责任重大，任务繁重，应予以高度重视，采取有效措施，落实好市场信用信息建设工作。

4.7.3 信息分类和定义

水运工程建设市场信用信息分为三类，即基本情况信息、良好行为记录信息和不良行为记录信息。

基本情况信息包括主要当事责任主体的名称、资质、人员和设备、产值、注册资金、主要业绩以及承建的项目等主要信息。从保护企业秘密和企业利益出发，对填报的部分内容注明了"不公开"。

良好行为记录信息指主要当事责任主体在实施具体水运工程建设过程中严格遵守有关法律、法规、规章、规范和有关强制性标准，严格履行合同，重信诺，在维护市场秩序中起到良好作用，受到有关行政主管部门或行业协会的奖励和表彰所形成的良好行为记录信息。

不良行为记录信息指当事责任主体在实施具体水运工程建设过程中违反有关法律、法规、规章和有关强制性标准，在工期、质量、安全、环保和市场秩序等方面造成不良影响，经工程所在地区的市级及以上交通运输主管部门和其他有关行政主管部门给予处罚所形成的不良行为记录信息。

4.7.4 信息采集

1) 基本情况信息的采集：基本情况信息由当事责任主体填报，经企业注册地省级交通运输主管部门审核后在企业注册所在地和工程所在地省级交通运输主管部门信息平台公布，并上报省级信用信息系统。

2) 良好行为记录信息的采集：良好行为记录信息由当事责任主体填报，经工程所在地省级交通运输主管部门审核后在信息平台公布，并上报部级信用信息平台。

3）不良行为记录信息的采集：当事责任主体不良行为记录信息由工程所在地的市级交通运输主管部门向工程所在地省级交通运输主管部门提供，经审核认定后在省级信用信息平台发布，并上传交通运输部水运建设市场信用信息平台。

交通运输部和省级交通运输主管部门给予处罚的主要当事责任主体不良行为记录信息可直接采用。

当事责任主体在参加投标等活动时，应如实填写在异地受到处罚等不良行为记录，如有瞒报等现象，将按照不良行为记录处理。

4）其他：

信用信息要实行动态管理，对信息要根据情况变化及时更新，保证信息适时和准确。并应随时抽查其信息的真实性与准确性。

省、市级交通运输主管部门应与其他行政主管部门加强联系，建立沟通联动机制，及时采集有关责任主体的不良行为记录信息。

4.7.5 信息发布及后续管理

《水运工程建设市场信用信息管理办法》对信息的公布和持续时间做了明确规定。信息发布由省级交通运输主管部门建立的地区信息平台和交通运输部建立的信息平台分别进行。

不良行为记录信息应事实清楚，经省级交通运输主管部门核实后5个工作日予以发布，发布持续期限不少于6个月。法律法规另有规定的，从其规定。

属于《交通运输部水运建设市场主要责任主体不良行为记录认定标准》范围内的不良行为记录信息，除在省级交通运输管理部门信息平台发布外，需在信息发布之日至5个工作日内上报交通运输部。

交通运输部根据各省级交通运输主管部门上报的不良行为记录信息，在交通运输部信息平台上发布。发布期限不少于3个月。

对于通过行政复议、行政诉讼以及行政执法监督变更或撤销的处罚决定，应及时变更或删除当事责任主体的不良记录，并在相应的信息平台上予以公告。

不良行为记录公布后，还要对当事责任主体进行整改跟踪，掌握其整改情况。对拒不整改或整改不力的，可根据情节适当延长不良行为记录的公布期限，给予进一步的督促。这项要求可在各省的"实施细则"中加以明确。

4.7.6 关于奖惩机制

建立奖惩机制，是建立市场信用体系的主要内容之一，是体系运行的必要措施和保证，是实施"曝光不良、规范市场"必须要做的工作。曝光不良，建立黑名单制度，就是对水运工程建设中不诚信的当事责任主体的一种惩罚，使其在社会信誉上受损，也势必影响其经营活动和发展，并在水运工程建设市场准入、招投标管理、资质管理、工程担保、表彰评优等多方面明确奖惩内容，充分体现诚信和不诚信不一样，不诚信要受到惩罚，承担后果。

由于水运工程分布很广，奖惩机制涉及许多方面，具体问题十分复杂，短时间内很难做出统一规定。因此，目前这项工作由省级交通运输主管部门在建立本地区水运工程建设市场信用信息体系中具体实施，并在《实施细则》中做出相应的规定。根据其他行业和有关省市的工作经验，建议可在市场准入、评标记分等方面先做出一些具体规定，会收到明显的效果。

为了保证市场的公平、公正,《信用信息管理办法》中明确规定,在机制的建立和健全工作中,严禁设置市场壁垒和存在地方保护的垄断行为。

4.7.7 需要说明的有关问题

1)《信用信息管理办法》是全行业市场监督的制度,主要确定适用范围、工作体制、信息采集、传递渠道、发布办法等原则问题,在贯彻执行中势必遇到许多具体问题,这就需要各有关省级水运建设行政主管部门制定《实施细则》予以补充和细化。两者配套,才能实质性开展体系建设工作,满足实际工作需要。

2)信用信息体系的建设涉及面广,工作量大,特别是缺少可借鉴的经验和模式,是一项新的工作。贯彻落实《信用信息管理办法》的过程,应该也是一个不断学习、探讨、总结和提高的过程。首先是认真贯彻落实,在此基础上提倡深入探讨,提出问题,大胆创新,使水运工程建设市场信用信息管理不断得到完善和提高。

4.8 《水运工程建设市场主要责任主体不良行为记录认定标准(试行)》要点解读

交通运输部《水运工程建设市场主要责任主体不良行为记录认定标准》(试行)(以下简称《不良行为记录认定标准》)是用于对水运工程建设五个方面责任主体不良行为记录的具体判别和认定,是全行业"曝光不良、规范市场"、建立黑名单制度的统一标准。同时可以用于加强企业和个人自律,开展自查自检工作,提高诚信意识,及时改进工作。

《不良行为记录认定标准》是水运工程建设市场信用体系建设中制度建设中的重要组成部分,与《信用信息管理办法》配套使用。

4.8.1 依据和特点

1)《不良行为记录认定标准》以现行有关法律法规为依据,所有条款都引用有关法律法规的相关条款,包括认定条款和惩罚条款,对应条款具体明确,并由法律专业人员认真进行审核。因此,该项"认定标准"具有鲜明的法律特性。由于"曝光不良"对当事责任主体的社会影响很大,十分敏感,所以必须以法律法规依据,从而保证水运工程建设市场"曝光不良"工作的权威性和准确性,避免不必要的纠纷;

2)"不良行为记录"的定义具体化,在经过调查研究的基础上,分类选择列入市场不良行为的具体内容,条款针对性强,易于判别认定;

3)对"不良行为记录"的选择方面注意其多发性和关键性,常见且多发的不良行为要制约,逐步达到根治;对影响工程招投标、资质管理、工程承发包、工程质量与安全、工程付款、环保节能、知识产权等方面关键性市场不良行为要尽量列入认定标准,特别是对社会影响大、敏感性强的不良行为,一定要列入曝光范围,充分体现在市场监督中贯彻科学发展观和构造和谐社会的理念。例如拖欠工程和拖欠民工工资以及环保方面的问题,均列入有关条款。

对于只有法律法规的认定依据,但缺少处罚的法律法规依据的不良行为,暂时没有列入认定标准内。

4)《不良行为记录认定标准》的制定,密切结合工程建设的实际情况和行业特点,在全面引用相关法律法规的基础上,突出水运工程建设行业受理制度的应用,行业特征比较鲜明。

4.8.2 《不良行为记录认定标准》的编制过程

《不良行为记录认定标准》的编制以市场运作实践情况调研为基础，以法律法规为依据，组织主要责任主体参与，汇总多方面意见，多次广泛征求各方面意见，多次修改完善而形成的，因此是比较全面、可靠和可行的。

1）对水运工程建设市场的运行情况做调查研究，采用多种方式搜集相关信息，分别对五个责任主体不良行为记录进行调查搜集；

2）对发生的不良行为记录进行汇总和梳理，根据多发性和关键性进行分类，选择列入的具体条款；

3）根据不良行为的分类和具体条款，针对性地列入法律法规依据和惩罚依据，并由法律专业人员进行逐条审核，确保准确、可靠；

4）对《不良行为记录认定标准》进行审查，经修改后形成征求意见稿，向行业内全面征求意见，多次进行调整修改和定稿。

4.8.3 《不良行为记录认定标准》的适用范围

《不良行为记录认定标准》用于水运工程建设市场的"曝光不良，规范市场"工作，适用于水运工程建设市场主要责任主体，包括建设单位、勘察设计单位、施工单位、试验检测单位。

对水运工程建设的其他责任主体，如工程咨询、招标代理、造价咨询、建筑材料和设备供应、预制构件生产、商品混凝土供应商等，以及在水运工程建设领域实行个人注册执业制度的各类从业人员，也可参照本"认定标准"，认定有关的市场不良行为记录。

4.8.4 《不良行为记录认定标准》的内容组成和表达方式

《不良行为记录认定标准》由行为类别、行为代码、不良行为、法律法规依据四部分组成。行为类别是根据不同责任主体的不良行为分成几类，也是对不良行为的定性；行为代码主要是考虑文件的条理和查询方便，特别是适用于信息化管理，按五个责任主体不良行为条款统一进行编码；"不良行为"一栏列出了具体的不良行为表现，文字基本上择有相关法律法规和部门规章制度的相应原文，力求规范化；法律法规依据是针对不良行为的具体表现，列出相应的条款，是对不良行为记录界定和处罚的依据。

《不良行为记录认定标准》以表格的形式表述，横向展开四个方面的表述内容，列明不良行为的认定和处罚依据的法律法规和部门规章制度的相应条目，使之一目了然，便于查阅和使用。

4.8.5 各分项"认定标准"的说明

1）"建设单位不良行为记录认定标准"的制定

建设单位是工程项目的主办单位，在工程前期工作和工程建设实施中涉及面广，与另外几个主要责任主体都发生工作关系，所以可能发生的市场不良行为涉及的面也比较广。

在《不良行为记录认定标准》中，建设单位不良行为记录认定标准条款最多，共计66条。建设单位市场不良行为包括建设程序、招标发包、质量安全、环保卫生和资金付款等五个方面，内容比较全面、具体，从市场监管方面对建设单位提出较高要求。在环保卫生、资金付款等方面，相对其他行业有关信用体系的做法有明显的创新性，对社会上比较普遍存在拖欠工程款问题明确列入条款，涉及海洋环保等有关问题也做出了相应的认定标准，符合水运工程建设的特点。

2)"勘察设计单位不良行为记录认定标准"的制定

勘察设计工作在水运工程建设中至关重要,勘察设计工作的诚信和设计质量直接关系到工程是否能够顺利实施。针对勘察设计工作的特点,其不良行为记录包括资质、承揽业务、质量安全、社会责任、环保节能和知识产权六个方面,共计 25 条。认定标准中突出了市场经营活动中的诚信,勘察设计工作的质量保证,同时在工程安全控制监管、社会责任方面列出条款,显示出严格的诚信自律意识。在环保节能方面,体现从设计环节严格把关的责任心,贯彻环保节能的持续发展政策。

3)"施工单位不良行为记录认定标准"的制定

施工单位作为工程承建单位,合同额大,涉及面广,执行合同的时间相对较长,参加施工的人员较多,也是市场诚信不良行为的多发区,是水运工程建设市场信用体系建设的重点。施工单位市场不良行为包括资质、承揽业务、工程质量、工程安全、工程环境和其他六个方面,共计 42 条。"施工单位不良行为记录认定标准"突出了水运工程施工单位的特点,对涉及水上作业的质量、安全和环保的有关内容做出比较全面和详细的规定,对社会比较关注的拖欠农民工工资的问题列入条款。对工程安全问题很重视,所列条款比较详细,体现了安全第一、以人为本的理念。

4)"监理单位不良行为记录认定标准"的制定

监理单位作为工程建设的监督单位,本身就是诚信的监管单位之一,更应对诚信提出高标准、严要求,认真和严格履行监管职责,做出榜样,起到示范作用。根据监理单位的工作特点,"监理单位不良行为记录认定标准"包括资质、承揽业务、质量安全等三个方面,共计 19 条。

5)"试验检测单位不良行为记录认定标准"的制定

试验检测单位为工程建设提供技术数据,也是为市场监管提供了可靠的科学依据。严格执行科学、客观、严谨、公正的原则,确保检测数据的真实和准确,诚信行为尤为重要。根据试验检测单位的工作特点,"试验检测单位不良行为记录认定标准"包括资质、承揽业务、合同履行三个方面,共计 18 条。从专业工作特点出发,全部的认定标准和处罚条款均引用本行业的有关规定,符合水运工程试验检测的特点。

4.9 《关于进一步加快水运建设市场信用体系建设的通知》要点解读

《关于进一步加快水运建设市场信用体系建设的通知》(以下简称《通知》),旨在深入推进水运建设市场信用体系建设,提高信用管理信息化水平,规范水运建设市场行为,维护水运建设市场秩序,促进水运建设又好又快发展。

为加快水运建设市场信用体系建设,交通运输部曾先后印发了《水运工程建设市场信用信息管理办法(试行)》(以下简称《管理办法》)和《水运工程建设市场主要责任主体不良行为记录认定标准(试行)》(以下简称《认定标准》),组织开发了全国水运工程建设市场信用信息管理系统(以下简称部级平台)。《通知》要求,切实加快省级水运工程建设市场信用信息管理系统(以下简称省级平台)建设。有关省级交通运输主管部门应对省级平台建设高度重视,加强领导,加快进度,确保 2011 年 3 月底前实现与部级平台互联互通。

《通知》指出,有关省级交通运输主管部门应结合本省(区、市)水运建设市场实际,按照部统一要求，抓紧制定本省（区、市）水运工程建设市场信用信息管理实施细则，于2011年6月底前报部备案。实施细则应严格按照《管理办法》和《认定标准》两个文件确定的原则、方法，在已有框架内对有关规定进行细化或补充，并结合本省（区、市）情况，明确工作机制和工作主体，明确工作步骤、环节、责任人员、不良行为处罚等内容。

《通知》强调，做好信息录入和审核工作，确保数据完整、准确、及时。各省级交通运输主管部门应按照《管理办法》和《认定标准》要求，认真做好市场责任主体信用信息录入和更新维护。按照属地化管理的原则，各类责任主体信息的更新维护和动态监管工作由其注册地省级交通运输主管部门负责，不得拒绝受理、拖延或疏于监管。

《通知》最后要求，各省级交通运输主管部门应完善工作保障措施，明确信用体系建设专门机构，落实信用信息管理系统建设与维护工作经费，确保信用体系建设各项工作顺利开展。

4.10 《中华人民共和国水上水下活动通航安全管理规定》要点解读

为了维护水上交通秩序，保障船舶航行、停泊和作业安全，保护水域环境，依据《中华人民共和国海上交通安全法》、《中华人民共和国内河交通安全管理条例》等法律法规，制定本规定。

4.10.1 适用范围

公民、法人或者其他组织在中华人民共和国内河通航水域或者岸线上和国家管辖海域从事下列可能影响通航安全的水上水下活动，适用本规定：

1）勘探、采掘、爆破；

2）构筑、设置、维修、拆除水上水下构筑物或者设施；

3）架设桥梁、索道；

4）铺设、检修、拆除水上水下电缆或者管道；

5）设置系船浮筒、浮趸、缆桩等设施；

6）航道建设，航道、码头前沿水域疏浚；

7）举行大型群众性活动、体育比赛；

8）打捞沉船、沉物；

9）在国家管辖海域内进行调查、测量、过驳、大型设施和移动式平台拖带、捕捞、养殖、科学试验等水上水下施工活动以及在港区、锚地、航道、通航密集区进行的其他有碍航行安全的活动；

10）在内河通航水域进行的气象观测、测量、地质调查，航道日常养护、大面积清除水面垃圾和可能影响内河通航水域交通安全的其他行为。

4.10.2 主管部门

国务院交通运输主管部门主管全国水上水下活动通航安全管理工作。

国家海事管理机构在国务院交通运输主管部门的领导下，负责全国水上水下活动通航安全监督管理工作。

各级海事管理机构依照各自的职责权限，负责本辖区水上水下活动通航安全监督管理工作。

4.10.3　许可证申办

1) 从事本规定第二条第(一)项至第(九)项的水上水下活动的建设单位、主办单位或者对工程总负责的施工作业者，应当按照《中华人民共和国海事行政许可条件规定》明确的相应条件向活动地的海事管理机构提出申请并报送相应的材料。在取得海事管理机构颁发的《中华人民共和国水上水下活动许可证》(以下简称许可证)后，方可进行相应的水上水下活动。

2) 水上水下活动水域涉及两个以上海事管理机构的，许可证的申请应当向其共同的上一级海事管理机构或者共同的上一级海事管理机构指定的海事管理机构提出。

3) 从事水上水下活动需要设置安全作业区的，应当经海事管理机构核准公告。

4) 遇有紧急情况，需要对航道进行修复或者对航道、码头前沿水域进行疏浚的，作业单位可以边申请边施工。

5) 许可证应当注明允许从事水上水下活动的单位名称、船名、时间、水域、活动内容、有效期等事项。

6) 许可证的有效期由海事管理机构根据活动的期限及水域环境的特点确定，最长不得超过三年。许可证有效期届满不能结束施工作业的，申请人应当于许可证有效期届满20日前到海事管理机构办理延期手续，由海事管理机构在原证上签注延期期限后方能继续从事相应活动。

7) 许可证上注明的船舶在水上水下活动期间发生变更的，建设单位或者主办单位应当及时到作出许可决定的海事管理机构办理变更手续。在变更手续未办妥前，变更的船舶不得从事相应的水上水下活动。

许可证上注明的实施施工作业的单位、活动内容、水域发生变更的，建设单位或者主办单位应当重新申请许可证。

8) 有下列情形之一的，许可证的申请者应当及时向原发证的海事管理机构报告，并办理许可证注销手续：

① 涉水工程及其设施中止的；

② 三个月以上不开工的；

③ 提前完工的；

④ 因许可事项变更而重新办理了新的许可证的；

⑤ 因不可抗力导致批准的水上水下活动无法实施的；

⑥ 法律、行政法规规定的应当注销行政许可的其他情形。

9) 有下列情形之一的，许可证的申请者应当及时向原发证的海事管理机构报告，并办理许可证注销手续：

① 涉水工程及其设施中止的；

② 三个月以上不开工的；

③ 提前完工的；

④ 因许可事项变更而重新办理了新的许可证的；

⑤ 因不可抗力导致批准的水上水下活动无法实施的；

⑥ 法律、行政法规规定的应当注销行政许可的其他情形。

4.10.4 航行警告、航行通告

从事按规定需要发布航行警告、航行通告的水上水下活动，应当在活动开始前办妥相关手续。

4.10.5 相关论证与评估

按照国家规定需要立项的对通航安全可能产生影响的涉水工程，在工程立项前交通运输主管部门应当按照职责组织通航安全影响论证审查，论证审查意见作为工程立项审批的条件。

水上水下活动在建设期间或者活动期间对通航安全、防治船舶污染可能构成重大影响的，建设单位或者主办单位应当在申请海事管理机构水上水下活动许可之前进行通航安全评估。

4.10.6 制度建设

1）涉水工程建设单位、施工单位、业主单位和经营管理单位应当按照《中华人民共和国安全生产法》的要求，建立健全涉水工程水上交通安全制度和管理体系，严格履行涉水工程建设期和使用期水上交通安全有关职责。

2）涉水工程建设单位应当在工程招投标前对参与施工作业的船舶、浮动设施明确应具备的安全标准和条件，在工程招投标后督促施工单位落实施工过程中各项安全保障措施，将施工作业船舶、浮动设施及人员和为施工作业或者活动服务的所有船舶纳入水上交通安全管理体系，并与其签订安全协议。

3）涉水工程建设单位、业主单位应当加强安全生产管理，落实安全生产主体责任。根据国家有关法律、法规及规章要求，明确本单位和施工单位、经营管理单位安全责任人。督促施工单位落实水上交通安全和防治船舶污染的各项要求，并落实通航安全评估以及活动方案中提出的各项安全和防污染的措施。

4）涉水工程建设单位、业主单位应当确保水上交通安全设施与主体工程同时设计、同时施工、同时投入生产和使用。

5）涉水工程勘察设计单位、施工单位应当具备法律、法规规定的资质。

6）涉水工程施工单位应当落实国家安全作业和防火、防爆、防污染等有关法律法规，制定施工安全保障方案，完善安全生产条件，采取有效安全防范措施，制定水上应急预案，保障涉水工程的水域通航安全。

7）涉水工程业主单位、经营管理单位，应当采取有效安全措施，保证涉水工程试运行期、竣工后的水上交通安全。

4.10.7 施工单位和作业人员应当遵守的规定

1）按照海事管理机构批准的作业内容、核定的水域范围和使用核准的船舶进行作业，不得妨碍其他船舶的正常航行；

2）及时向海事管理机构通报施工进度及计划，并保持工程水域良好的通航环境；

3）使船舶、浮动设施保持在适于安全航行、停泊或者从事有关活动的状态；

4）实施施工作业或者活动的船舶、设施应当按照有关规定在明显处昼夜显示规定的号灯号型。在现场作业船舶或者警戒船上配备有效的通信设备，施工作业或者活动期间指派专人警戒，并在指定的频道上守听；

5）制定、落实有效的防范措施，禁止随意倾倒废弃物，禁止违章向水体投弃施工建

筑垃圾、船舶垃圾、排放船舶污染物、生活污水和其他有害物质；

　　6）遵守有关水上交通安全和防治污染的相关规定，不得有超载等违法行为。

4.10.8　完工清场

　　水上水下活动完成后，建设单位或者主办单位不得遗留任何妨碍航行的物体，并应当向海事管理机构提交通航安全报告。

　　海事管理机构收到通航安全报告后，应当及时予以核查。核查中发现存在有碍航行和作业的安全隐患的，海事管理机构有权暂停或者限制涉水工程投入使用。

4.10.9　责令停工、改正

　　1）有下列情形之一的，海事管理机构应当责令建设单位、施工单位立即停止施工作业，并采取安全防范措施。

　　① 因恶劣自然条件严重影响安全的；

　　② 施工作业水域内发生水上交通事故，危及周围人命、财产安全的；

　　③ 其他严重影响施工作业安全或通航安全的情形。

　　2）有下列情形之一的，海事管理机构应当责令改正，拒不改正的，海事管理机构应当责令其停止作业：

　　① 建设单位或者业主单位未履行安全管理主体责任的；

　　② 未落实通航安全评估提出的安全防范措施的；

　　③ 未经批准擅自更换或者增加施工作业船舶的；

　　④ 未按规定采取安全和防污染措施进行水上水下活动的；

　　⑤ 雇佣不符合安全标准的船舶和设施进行水上水下活动的；

　　⑥ 其他不满足安全生产的情形。

4.10.10　诚信制度和奖惩机制

　　1）在监督检查过程中对发生的下列情形予以通告：

　　① 施工过程中发生水上交通事故和船舶污染事故，造成人员伤亡和重大水域污染的；

　　② 以不正当手段取得许可证并违法施工的；

　　③ 不服从管理、未按规定落实水上交通安全保障措施或者存在重大通航安全隐患，拒不改正而强行施工的。

　　2）违反本规定，隐瞒有关情况或者提供虚假材料，以欺骗或其他不正当手段取得许可证的，由海事管理机构撤销其水上水下施工作业许可，注销其许可证，并处 5000 元以上 3 万元以下的罚款。

　　3）有下列行为或者情形之一的，海事管理机构应当责令施工作业单位、施工作业的船舶和设施立即停止施工作业，责令限期改正，并处 5000 元以上 3 万元以下的罚款。属于内河通航水域水上水下活动的，处 5000 元以上 5 万元以下的罚款：

　　① 应申请许可证而未取得，擅自进行水上水下活动的；

　　② 许可证失效后仍进行水上水下活动的；

　　③ 使用涂改或者非法受让的许可证进行水上水下活动的；

　　④ 未按本规定报备水上水下活动的。

　　4）有下列行为或者情形之一的，海事管理机构应当责令改正，并可以处以 2000 元以下的罚款；拒不改正的，海事管理机构应当责令施工作业单位、施工作业的船舶和设施停止作业。

① 未按有关规定申请发布航行警告、航行通告即行实施水上水下活动的;

② 水上水下活动与航行警告、航行通告中公告的内容不符的。

5)未按本规定取得许可证,擅自构筑、设置水上水下建筑物或设施的,禁止任何船舶进行靠泊作业。影响通航环境的,应当责令构筑、设置者限期搬迁或拆除,搬迁或拆除的有关费用由构筑、设置者自行承担。

6)违反本规定,未妥善处理有碍航行和作业安全隐患并按照海事管理机构的要求采取清除、设置标志、显示信号等措施的,由海事管理机构责令改正,并处 5000 元以上 3 万元以下的罚款。

7)海事管理机构工作人员不按法定的条件进行海事行政许可或者不依法履行职责进行监督检查,有滥用职权、徇私舞弊、玩忽职守等行为的,由其所在机构或上级机构依法给予行政处分;构成犯罪的,由司法机关依法追究刑事责任。

4.10.11 1999 年 10 月 8 日原交通部发布的《中华人民共和国水上水下施工作业通航安全管理规定》(交通部令 1999 年第 4 号)同时废止。

4.11 《绿色施工导则》要点解读

4.11.1 充分认识绿色施工在推动建筑业可持续发展中的重要作用

胡锦涛总书记在十七大报告中指出,要促进国民经济又好又快发展,加强能源资源节约和生态环境保护,增强可持续发展能力。因此,建筑业可持续发展必须满足国民经济又好又快发展的需要,同时建筑业自身也必须符合国家节约资源能源和生态保护的基本要求。

1)全面准确理解绿色施工的内涵

绿色施工作为建筑全寿命周期中的一个重要阶段,是实现建筑领域资源节约和节能减排的关键环节。绿色施工是指工程建设中,在保证质量、安全等基本要求的前提下,通过科学管理和技术进步,最大限度地节约资源并减少对环境负面影响的施工活动,实现节能、节地、节水、节材和环境保护("四节一环保")。实施绿色施工,应依据因地制宜的原则,贯彻执行国家、行业和地方相关的技术经济政策。

① 实施绿色施工的原则。一是要进行总体方案优化,在规划、设计阶段,充分考虑绿色施工的总体要求,为绿色施工提供基础条件。二是对施工策划、材料采购、现场施工、工程验收等各阶段进行控制,加强整个施工过程的管理和监督。绿色施工的总体框架由施工管理、环境保护、节材与材料资源利用、节水与水资源利用、节能与能源利用、节地与施工用地保护六个方面组成。

② 绿色施工不同于绿色建筑。去年建设部发布的《绿色建筑评价标准》中定义,绿色建筑是指在建筑的全寿命周期内,最大限度地节约资源、保护环境和减少污染,为人们提供健康、适用和高效的使用空间,与自然和谐共生的建筑。因此,绿色建筑体现在建筑物本身的安全、舒适、节能和环保,绿色施工则体现在工程建设过程的四节一环保。绿色施工以打造绿色建筑为落脚点,但是又不仅仅局限于绿色建筑的性能要求,更侧重于过程控制。没有绿色施工,建造绿色建筑就成为空谈。

③ 绿色施工不同于文明施工。前两年,绿色施工的概念刚刚出现时,它的涵义尚不

清晰，不少人很容易把绿色施工与文明施工混淆理解。当时从某种程度上，文明施工可以理解为狭义的绿色施工。随着国家战略政策和技术水平的发展，绿色施工的内涵也在不断深化。绿色施工除了涵盖文明施工外，还包括采用降耗环保型的施工工艺和技术，节约水、电、材料等资源能源。因此，绿色施工高于、严于文明施工。例如，《导则》中对地下设施、文物和资源的保护，节材、节能措施等都有所规定。绿色施工也需要遵循因地制宜的原则，结合各地区不同自然条件和发展状况稳步扎实地开展，避免做表面文章而浪费。

2）绿色施工是建筑业承担社会责任的具体实践

胡锦涛总书记在十七大报告中指出，必须把建设资源节约型、环境友好型社会放在工业化、现代化发展战略的突出位置，落实到每个单位、每个家庭。建设资源节约型环境友好型社会，建筑业肩负着义不容辞的社会责任。绿色施工是建筑业积极承担这份社会责任的重要举措和实践形式。建筑活动一直是自然资源和能源高消耗的生产性活动之一，建筑物所占用的土地，建筑材料的加工、使用以及工程建设过程中产生废弃物和对周边的污染等都对生态环境产生极大影响。据统计，在建造和使用过程中直接消耗的能源占全社会总能耗的近30%，建筑用水、钢、水泥等都占很大比例。比如建筑用水，据有关方面统计，全国每年缺水量达60亿吨，有1/6的城市严重缺水。我国年混凝土制成量达20亿立方米，配制这些混凝土所需的用水量约有3亿多立方米，再加上混凝土养护用水量（如果按照传统做法浇水养护，水的消耗量将超过搅拌用水），相当于每年60亿吨缺水量的1/10。而且目前施工用水几乎都是自来水，造成不必要的浪费，因为混凝土搅拌和养护完全可以使用中水。尽管建筑施工水资源的消耗量相对于高水耗工业企业，单位产值耗水量比重较低，但是工程建设本身的流动性和临时性造成施工用水管理比较粗放，还有较大的水资源节约和再利用的空间。还有，比如建筑垃圾，根据北京、上海两地统计，每施工一万平方米平均产生建筑垃圾500～600吨。而这些建筑垃圾可以通过填埋和铺路等方式再利用。由此可见，建筑业为贯彻国家节能减排战略、建设节约型环境友好型社会贡献的潜力巨大，责任重大。绿色施工的指导思想立足于建筑业以工程建设实践"四节一环保"，责无旁贷地承担起可持续发展的社会责任。

《导则》在施工中如何做到四节一环保都提供了针对性控制措施，在节水与水资源利用中，涉及提高用水效率、加强非传统水源利用（中水、雨水、基坑降水阶段的地下水）和用水安全；在节材与材料资源利用中，强调节材措施、结构材料的标准化专业化生产加工和安装方法优化、围护材料的节能性能、周转材料的合理重复使用；在节能与能源利用中提出机械设备机具、施工用电照明、生产生活及办公临时设施选用节能的机具设备、合理设计工序和配置设施降低耗能的要求；在节地与施工用地保护中，提出严格临时用地指标、强化临时用地保护、合理紧凑施工总平面布置，充分利用原有建筑物、道路管线和交通线路；在环境保护中，强调扬尘控制要根据不同施工阶段不同材料采取分类控制措施和指标，如土方作业区目测扬尘高度低于1.5米，结构安装作业区目测扬尘高度低于0.5米，在建筑垃圾减量化中，住宅建筑每万平方米的建筑垃圾不宜超过400吨，力争建筑垃圾的再利用和回收率达到30%，建筑拆除产生的废弃物的再利用和回收率达到40%，土石方类的达到50%等控制要点。

3）绿色施工是实现建筑业发展方式转变的重要途径之一

建筑业能否抓住未来机遇实现可持续发展，适应国民经济又好又快发展的国家战略，关键在于发展方式的根本转变。建筑业发展方式的转变，要从加快建筑业企业改革发展，提升建筑业综合竞争力入手，核心在于增强自主创新能力，加强管理创新和技术创新，提高从业人员素质。建筑业可持续发展，从传统高消耗的粗放型增长方式向高效率的集约型方式转变，建造方式从劳动力密集型向技术密集型转变，绿色施工正是实现这一转变的重要途径之一。

绿色施工的提出，对企业管理和工程管理提出了更高要求，从而促使企业更加科学合理高效地组织工程建设各个环节，以创新管理方法、优化流程、提高效率的精细化管理，取代单纯依靠生产要素量的投入为特征的粗放式管理，摆脱原始落后的生产方式。绿色施工的提出，必然要求大力推广应用新型环保材料和节能型设备，应用先进成熟的施工技术，加强数字化工地等信息技术应用，并大力发展建筑标准件，加大建筑部品部件的工业化生产比重，从而有利于构建密切联系生产的企业技术创新机制和推广机制，增强企业原始创新、集成创新、引进消化吸收再创新能力，加快建筑业技术进步的步伐。绿色施工的提出，必然对施工现场一线工人素质提出更高要求，需要重视并加强工人的培训教育，尤其是对一线农民工的培训教育，保证绿色施工的实施，从而有利于提高整个行业从业人员的素质。

4）绿色施工是企业转变发展观念、提高综合效益的重要手段

绿色施工的实施主体是企业。当前我国建筑业企业仍然主要通过铺摊子、比设备、拼人力来获取企业效益，往往最注重经济效益，越来越关注社会效益，对环境效益还缺乏足够认识。企业项目组织管理和施工现场管理的重心一直放在工程建设速度和经济效益上，现场污染和浪费现象普遍严重。绿色施工的根本宗旨就是要实现经济效益、社会效益和环境效益的统一。实施绿色施工并不意味着企业必须要高投入，影响工期和经济效益，相反会增进了企业的综合效益。

首先，绿色施工是在向技术、管理和节约要效益。绿色施工在规划管理阶段要编制绿色施工方案，方案包括环境保护、节能、节地、节水、节材的措施，这些措施都将直接为工程建设节约成本。因此，绿色施工在履行保护环境节约资源的社会责任的同时，也节约了企业自身成本，促使工程项目管理更加科学合理。

其次，环境效益是可以转化为经济效益、社会效益的。建筑业企业在工程建设过程中，注重环境保护，势必树立良好的社会形象，进而形成潜在效益。比如在环境保护方面，如果扬尘、噪声振动、光污染、水污染、土壤保护、建筑垃圾、地下设施文物和资源保护等控制措施到位，将有效改善建筑施工脏、乱、差、闹的社会形象。企业树立自身良好形象有利于取得社会支持，保证工程建设各项工作的顺利进行，乃至获得市场青睐。所以说，企业在绿色施工过程中既产生经济效益，也派生了社会效益、环境效益，最终形成企业的综合效益。

4.11.2 加快推进建筑业绿色施工的步伐

1）加强研究和积累，建立完善绿色施工的法规标准和制度

我国的绿色施工尚处于起步阶段，但是发展势头良好。建设部里出台《绿色施工导则》仅仅是一个开端，还属于导向性要求。相关绿色施工法规和标准都还没有跟上，尤其量化方面的指标，比如能耗指标。因此，我们还有大量的基础工作要做。

一方面要在推进绿色施工的实践中，及时总结地区和企业经验，对绿色施工评价指标进一步量化，并逐步形成相关标准和规范，使绿色施工管理有标可依。比如《导则》中评价管理属于企业自我评估，有关评估指标和方法尚需要企业结合工程特点和自身情况自我掌握。随着社会进步和经济发展，我们将把一些企业的好经验及时总结和研究，条件成熟时上升为标准，有些还可以上升为强制性标准。

另一方面研究建立工程建设各方主体的绿色施工责任制及社会承诺保证制度，促进各方企业在绿色施工中自觉落实责任，形成有利于开展绿色施工的外部环境和管理机制。

2）以绿色施工应用示范工程为切入点，建立完善激励机制

推行绿色施工应用示范工程能够以点带面，发挥典型示范作用。为此，《导则》专设"绿色施工应用示范工程"一章，鼓励各地区通过加快试点和示范工程，引导绿色施工的健康发展，同时制定引导企业实施绿色施工的激励机制。目前，要对绿色施工应用示范工程的技术内容和推广重点做进一步研究，逐步建立激励政策，以示范工程为平台，促进绿色施工技术和管理经验更多更快地应用于工程建设。此外，要在相关的工程评优中，加入绿色施工的内容要求，提升工程的绿色含量，强化激励作用，激发企业参与的积极性。

3）加强绿色施工宣传和培训，创造良好运行环境

要大力组织开展绿色施工宣传活动，引导建筑业企业和社会公众提高对绿色施工的认识，深刻理解绿色施工的重要意义，增强社会责任意识，加强开展绿色施工的统一性和协调性。要充分利用建筑业既有人力资源优势，通过加强技术和管理人员以及一线建筑工人分类培训，使广大工程建设者尽早熟悉掌握绿色施工的要求、原则、方法，及时有效地运用于工程建设实践，保障绿色施工的实施效果。

4）积极发挥建筑业企业实施绿色施工的主力军作用

实施绿色施工，政府的导向作用固然不可或缺，但是关键还在于建筑业企业。企业才是实施绿色施工的主力军。要依靠建设、设计、施工、监理等建设各方企业，加强绿色施工的技术和管理创新，把绿色施工理念真正贯穿到施工全过程。例如绿色施工方案的合理优化，绿色施工的评价管理以及各项技术控制措施等等，都需要企业在实施过程中，不断创新和丰富，积累技术和经验。建筑业企业要着力于积极采用绿色施工技术措施，提高企业发展质量，研发绿色施工的新技术、新材料和新工艺，全面提高自主创新实力。

网上增值服务说明

为了给注册建造师继续教育人员提供更优质、持续的服务，应广大读者要求，我社提供网上免费增值服务。

增值服务主要包括三方面内容：①答疑解惑；②我社相关专业案例方面图书的摘要；③相关专业的最新法律法规等。

使用方法如下：

1. 请读者登录我社网站(www.cabp.com.cn)"图书网上增值服务"板块，或直接登录(http://www.cabp.com.cn/zzfw.jsp)，点击进入"建造师继续教育网上增值服务平台"。

2. 刮开封底的防伪码，根据防伪码上的 ID 及 SN 号，上网通过验证后下载相关内容。

3. 如果输入 ID 及 SN 号后无法通过验证，请及时与我社联系：

E-mail：jzs_bjb@163.com

联系电话：4008-188-688；010-58934837(周一至周五)

防盗版举报电话：010-58337026

网上增值服务如有不完善之处，敬请广大读者谅解并欢迎提出宝贵意见和建议，谢谢！